DES

CHEMINS DE FER.

2.711,

IMPRIMERIE DE DUCESSOIS,
quai des Augustins, 55.

DE L'INFLUENCE

DES

CHEMINS DE FER

ET DE L'ART

DE LES TRACER ET DE LES CONSTRUIRE,

PAR SEGUIN AÎNÉ.

« L'industrie est devenue la vie des peuples. »

PARIS

CARILIAN-GŒURY ET Vᵉ DALMONT,

LIBRAIRES DES CORPS ROYAUX DES PONTS ET CHAUSSÉES ET DES MINES,

QUAI DES AUGUSTINS, 39 ET 41.

LONDRES. — JOHN WEALE, 59, High Holborn.

1839

INTRODUCTION.

Accroître le bien-être et les jouissances de la vie
matérielle, telle est aujourd'hui l'idée dominante
des nations civilisées. Tous les efforts se sont tournés
vers l'industrie, parce que c'est d'elle seule qu'on
peut attendre le progrès. C'est elle qui fait naître et
qui développe chez les hommes de nouveaux besoins, et qui leur donne en même temps le moyen
de les satisfaire. L'industrie est devenue la vie des

peuples. C'est donc à son développement que doivent tendre tous les vœux, tous les talents, toutes les intelligences; c'est autour de ce puissant levier que doivent se réunir les esprits supérieurs, qui aspirent à l'honneur de concourir à notre régénération sociale.

Où sont les bornes devant lesquelles s'arrêtera la puissance humaine? Les intelligences vulgaires ne les supposent jamais au delà de leur étroit horizon; et cependant chaque jour cet horizon s'agrandit, et chaque jour les bornes sont reculées. Jetons les yeux autour de nous; partout, depuis vingt ans, les éléments de la vieille civilisation ont été modifiés, perfectionnés, renouvelés; partout il s'est opéré des merveilles. Les jouissances, les commodités de la vie, qui n'étaient réservées qu'à la fortune, l'artisan en dispose; quelques pas encore, et elles seront également réparties dans toutes les classes. Mille industries, mille inventions sont nées simultanément, qui ont amené d'autres découvertes; et celles-ci, à leur tour, sont devenues ou deviendront le point de départ d'un nouveau progrès; et tous ces changements s'opèrent au profit de la généralité, et tendent à vulgariser le bien-être. C'est une nouvelle ère, basée sur l'amour du bon et du beau, qui s'élève sur les débris des préjugés des castes et des monopoles de la richesse. Dans toutes les créations, dans toutes les innovations, le même caractère se représente ; le bas prix et l'utilité générale sont les conditions essentielles de la vitalité des arts industriels. Les gouvernements, aussi bien que les administrations locales, entraînés dans le mouvement irrésistible des masses, ont subi la même impulsion ; et ce n'est qu'en accordant des réformes aux exigences des temps, qu'ils ont pu se soutenir ; et ce n'est qu'en subordonnant ces réformes au point de vue des idées modernes, qu'ils ont pu les faire accepter. Le vieux monde a secoué le joug de ses vieilles habitudes ; il se retrempe et se refait. Aussi, voyez, tout change autour de nous : l'aspect des villes, la physionomie des campagnes, le cours des rivières, les travaux des populations, les productions du sol et de l'industrie, la distribution des propriétés ; tout a pris une physionomie nouvelle[1]. Et quand la puissance di-

[1] Le tableau de tous ces rapides progrès, dus au développe-

recte, la force matérielle de l'homme s'est trouvée insuffisante pour accomplir son œuvre et persévérer dans le progrès; quand sa volonté semblait devoir se briser contre d'insurmontables obstacles, voici qu'une goutte d'eau réduite en vapeur est venue suppléer à sa faiblesse, et lui créer une puissance dont on n'a pu encore, dont on ne pourra de longtemps peut-être mesurer l'étendue.

Dès lors, avec l'auxiliaire de cet agent, des prodiges se sont accomplis, et des merveilles que nos pères n'auraient pas crues réalisables par les efforts réunis de tous leurs magiciens, sont entrées dans le cours ordinaire des choses. Des machines qui n'exigent de l'homme qu'une oisive surveillance nous filent et nous tissent d'elles-mêmes le chanvre, le coton, la laine, la soie, et nous rendent en étoffes variées les matières que nous leur livrons à l'état natif; puis après avoir subi une préparation chimique de quelques heures, ces toiles, plongées dans un bain, en sortiront peintes tout à coup et

ment de l'industrie, a été tracé sous les couleurs les plus brillantes, et rehaussé de considérations de la plus haute portée, par M. Michel Chevalier, dans son remarquable ouvrage sur les *Intérêts matériels en France.*

comme par enchantement, des plus vives couleurs, des plus gracieux dessins ; ainsi se façonnent ces jolies *indiennes* dont se pare, aux jours de repos, la population travailleuse, et qui, dans les campagnes aussi bien que dans les villes, émaillent de leur éclat et de leur fraîcheur les groupes de jeunes filles, et répandent autour d'elles un air de joie, d'aisance et de bonheur. Ailleurs, le sale chiffon que vous jetez dans une cuve, vous est bientôt rendu transformé en papier de la plus pure blancheur, et prêt à recevoir, à répandre, à éterniser votre pensée ; quelques minutes ont suffi à cette métamorphose. Partout les objets les plus délicats d'utilité et de luxe sont versés dans la consommation à des prix qui décroissent toujours. Ce n'est pas tout: au moyen de cette même vapeur, les fleuves, les mers, nous transportent, avec une vitesse inconcevable, à toutes les extrémités du globe; et les palais flottants qui abritent le pauvre comme le riche, leur offrent un luxe et des douceurs qui manquent souvent à leurs habitations ; enfin, dans nos vallées, par-dessus les fleuves et à travers les collines, serpentent et se déploient d'immenses rubans de fer;

et sur ces voies étroites que l'homme leur impose,
s'élancent, rapides comme la pensée, ces formida-
bles machines qui semblent dèvorer l'espace avec
une impatience spontanée, et dans lesquelles la vie
paraît se trahir par le souffle et le mouvement.
Quand on considère la majestueuse élégance de
ces lignes, se développant avec grâce et se nive-
lant à travers les plaines, les vallées, les précipices
et les montagnes de granit ; quand on entend le
bruit du passage de ces convois qui emportent plusieurs milliers d'individus, et que le regard n'a pas
le temps de distinguer ; quand on se dit que de tels
résultats sont l'œuvre d'une industrie qui compte à
peine quelques années d'existence, d'un agent qu'on
n'a pu étudier encore que très-imparfaitement, d'un
art qui est en enfance, on se demande quels seront
les derniers prodiges réalisés par les perfectionnements de cet art ; on éprouve le noble désir de
contribuer à la plus prochaine réalisation de ses
incalculables bienfaits.

Constater l'état actuel de l'industrie des chemins
de fer ; indiquer les points où elle paraît susceptible
d'améliorations ; appeler l'attention de la science sur

les lacunes qui restent à combler ; émettre enfin quelques vues personnelles qui ne seront peut-être pas sans utilité pour l'avenir, tel est le but que je me suis proposé en publiant ce livre. Je ne me fais pas illusion, du reste, sur le sort qui lui est réservé; je sais que, traitant d'une industrie née d'hier, où le progrès de la veille est toujours effacé par le progrès du lendemain, les observations et les idées qu'il contient ne tarderont pas à être dépassées; mais loin de reculer devant une telle prévision, je l'ai acceptée avec espoir : mon plus vif désir est de voir bientôt ces pages abandonnées par les praticiens, comme arriérées, et reléguées au fond des bibliothèques, comme documents pouvant tout au plus servir à l'histoire.

Voué à l'industrie depuis ma jeunesse, je me suis occupé surtout d'améliorer en France le système des communications. Quelques voyages en Angleterre m'avaient convaincu que, pour transporter dans ma patrie la civilisation industrielle de la nation anglaise, il fallait, avant tout, mettre nos moyens de transport à l'unisson des siens; à cet effet, il fallait multiplier les ponts, activer la navigation à la vapeur et établir des chemins de fer; et ce fut vers l'accomplissement de cette triple tâche que je dirigeai tous mes efforts. En 1824, je contruisis le premier pont en fil de fer qui ait été jeté sur un grand fleuve. L'empressement que l'on mit de toutes parts à imiter cet exemple, ne tarda pas à dépasser toutes mes espérances. La simplicité, l'élégance et surtout le bas prix de ces ponts les recommandaient également à la faveur publique, et en peu d'années on en vit un grand nombre établis dans des localités où les ponts sur arches auraient été ou impossibles ou trop coûteux.

L'application de la vapeur à la navigation et aux chemins de fer présentait beaucoup plus de difficultés; et c'est principalement l'histoire des tentatives que j'ai faites pour améliorer le système des machines, que je viens mettre sous les yeux du public. Le succès qu'a obtenu mon nouveau système de chaudières à tubes générateurs, et l'application immédiate qui en a été faite aux machines locomotives, m'autorisent à espérer que je n'obtiendrai pas des résultats moins satisfaisants dans l'application que je me propose d'en faire à la navigation et aux autres besoins de l'industrie. Je m'estimerai trop heureux, si cette découverte peut contribuer à déterminer d'autres conquêtes de la science, dans le domaine des productions positives.

Je consignerai en outre dans cet ouvrage toutes les observations que j'ai dû faire en construisant le chemin de fer de Saint-Etienne. Ce chemin ne compte que quinze lieues d'étendue, et dans ce court espace se sont rencontrés tous les obstacles, toutes les difficultés, tous les accidents de terrains, tous les cas enfin, ordinaires ou exceptionnels, qui peuvent se présenter dans les plus vastes parcours. La description des moyens que j'ai employés pour les mener heureusement à fin, sera donc de quelque secours aux constructeurs.

Il y a quelques années, tous les grands travaux d'utilité publique étaient dirigés exclusivement par les ingénieurs du gouvernement. A ces ingénieurs, nourris d'études spéciales et approfondies, on pouvait sans inconvénient parler le langage de la science, avec toutes ses abstractions et ses formules complexes. Mais depuis que l'exécution des grandes entreprises a cessé d'être monopolisée, d'autres devoirs sont imposés aux écrivains. Leurs raisonnements comme leurs explications ne doivent plus seulement s'étayer sur des données théoriques, ou sur des solutions mathématiques qu'ils supposeraient admises *à priori*; ils doivent remonter jusqu'aux éléments de la science, les simplifier, les résumer, les mettre enfin à la portée de toutes les classes de lecteurs. On sait avec quelle facilité les principes des sciences mathématiques et les méthodes analytiques surtout s'effacent de l'esprit. Lorsque l'auteur suppose qu'il lui suffira de rappeler les sources où il a puisé les éléments de ses calculs, et les formules dont il indique les résultats et les applications, il arrive d'ordinaire que le lecteur le croit sur parole, et passe outre, sans se mettre en peine de le suivre dans sa marche. Les démonstrations les plus simples et les plus propres à éclairer le patricien se confondent dès lors dans son esprit avec des formules empiriques ou des données arbitraires; et s'il ne renonce pas à poursuivre une telle lecture, au moins n'en retire-t-il aucun fruit.

L'homme qui a étudié avec succès les mathématiques a acquis la faculté de saisir et de suivre un ordre d'idées en rapport avec la nature de cette étude;

il a enrichi son intelligence d'un genre d'aptitude qui ne se perd jamais. Mais hors le cas où il se serait livré ensuite à l'enseignement de cette science, il est bien rare que le souvenir ne s'en affaiblisse pas bientôt dans son esprit. J'ai voulu être compris, même de ceux qui ont oublié. Il m'a donc paru nécessaire d'exclure de cet ouvrage tous les calculs trop compliqués, et d'y suppléer par des explications brèves et claires. Il est évident d'ailleurs que pour faire avancer l'art des constructions et la mécanique usuelle, il faut employer une méthode différente de celle qui n'est intelligible que pour les hommes versés dans les hautes sciences spéculatives. Quand on veut aider aux développements de l'industrie, il faut mettre à son service les principes les plus simples des sciences; et par un langage dépouillé de toute forme conventionnelle, en étendre, et, autant que possible, en populariser l'usage.

Pour ne pas m'écarter de cette marche, toutes les fois que l'étude d'un fait aurait exigé le renvoi à des formules ou à des ouvrages spéciaux, j'ai cherché à y suppléer par des démonstrations fa-

ciles à saisir ; sans négliger toutefois de mettre le
lecteur sur la voie des principes à l'aide desquels
il pourrait obtenir des démonstrations analytiques
rigoureuses. C'est d'après cette méthode que j'ai
établi tous les calculs ayant pour but de déterminer :

1° Le tracé d'une ligne de chemin de fer envisagé
sous le double rapport de la facilité et de l'économie des transports;

2° Le temps qu'emploient les convois pour acquérir une vitesse donnée , lorsqu'ils descendent
sur un plan incliné , ou lorsqu'ils sont mis en mouvement par une machine dont on peut apprécier la
puissance;

3° La résistance de l'air ;

4° L'effet de la gravité dans les courbes, pour faire
dévier les convois de leur direction ;

5° L'effort horizontal que les convois exercent
contre les rails, dans les courbes, et l'excès de frottement qui en résulte ;

6° Les causes pour lesquelles les machines, pen--
dant leur marche, abandonnent quelquefois momentanément les rails ;

7° L'excès du frottement et les effets des chocs qui en sont la conséquence ;

8° La force de résistance des rails ;

9° La pression et l'action de la vapeur dans les machines.

Toutes ces questions, je les ai discutées, et j'ai cherché à les résoudre, non pas au point de vue théorique, mais à l'aide des faits constatés par l'expérience.

J'ai eu soin, en toute circonstance, de préciser par des applications numériques les résultats que m'a fournis le calcul. Et en effet, une formule se grave bien mieux dans la mémoire lorsqu'on a eu occasion de l'appliquer à une solution positive se rattachant à quelque intérêt matériel, que lorsqu'on ne l'a considérée que dans des termes indéfinis, ou que l'on n'en a fait qu'un essai sans but réel. Mes démonstrations et mes calculs auront donc l'avantage de pouvoir être facilement retenus par tous les praticiens.

Bien que mes intentions prédominantes, en entreprenant ce travail, aient été telles que je viens de les exposer, j'ai cru cependant ne devoir pas rester

étranger à la discussion des grands intérêts natio-
naux que soulève la création des chemins de fer, et
dont s'occupent en ce moment nos chambres législatives. J'ai présenté quelques réflexions relatives
au point de vue sous lequel ces questions me paraissent devoir être envisagées. L'opinion que je me
suis formée à ce sujet, ainsi qu'une courte notice sur
l'origine et les progrès des chemins de fer , sont
l'objet des deux premiers chapitres de mon ouvrage.

J'entre ensuite dans la discussion des problèmes
qui se rattachent directement à l'art et à l'exécution.

Un bon système de pentes et de courbes, appro-
prié aux besoins, est, sans contredit, l'élément
premier, la base fondamentale d'une exécution
sagement combinée. J'ai longuement insisté sur ces
deux points, et je me suis efforcé de bien définir les
limites dans lesquelles on doit se restreindre, relativement aux conditions que l'on est tenu de remplir.
La considération des moteurs à employer devant
exercer une grande influence sur la proportion des
pentes, j'ai dû entrer ici dans quelques détails sur
la valeur comparée des moteurs. On ne sera donc

pas étonné de rencontrer dans ce chapitre quelques digressions anticipées sur ce sujet.

Des chapitres IV, V et VI, le premier traite des causes accidentelles qui contribuent à faire varier la résistance des convois ;

Le second des travaux d'art ;

Le troisième des wagons.

Sur ces questions, je me suis presque exclusivement borné à exposer les cas exceptionnels qu'une longue expérience m'a fourni l'occasion d'étudier. Quant à tous les détails qui ont été décrits dans les autres ouvrages sur les chemins de fer, ou que l'on peut saisir à la simple inspection des travaux exécutés, je n'en ai traité que les points les plus importants.

Les deux derniers chapitres sont consacrés à l'étude des moteurs, et, en particulier, des machines locomotives. Je regarde cette partie de mon travail comme la plus importante et la plus neuve, et je me plais à espérer qu'elle servira à rectifier quelques erreurs accréditées, sur la valeur comparative des chevaux et des machines.

J'ai cherché à bien déterminer la somme de la force que peut fournir un cheval dans la moyenne des conditions ordinaires. Les résultats auxquels je suis arrivé, et qui se rapprochent beaucoup de ceux qu'avait indiqués, il y a quarante ans, l'illustre Mongolfier, dont j'ai le bonheur d'être le neveu et le disciple, sont fort au-dessous de l'appréciation communément admise. Je les crois aussi beaucoup plus exacts, et propres à prévenir les mécomptes dans lesquels sont tombés tous ceux qui ont pris pour base cette appréciation.

J'ai apporté encore une attention toute particulière à étudier le mode d'action de la vapeur dans les diverses machines qu'emploie l'industrie, et à rechercher la quantité de force motrice qu'elles peuvent produire. L'examen de cette question m'a naturellement amené à exposer, sur la génération de la force, quelques idées que je tiens de M. Mongolfier.

Malgré la répugnance que j'éprouvais à heurter les idées reçues, et à exposer une opinion dont la conséquence serait de substituer une théorie nouvelle à celle qui a été adoptée jusqu'ici, je n'ai pas hésité. Je voyais, en effet, dans cette manière d'envisager les choses, un moyen de jeter quelque lumière sur une partie encore obscure de la science, et de faire faire un pas à l'art d'utiliser la chaleur à la production de la force. D'ailleurs, toutes les explications données par mes devanciers étant reconnues insuffisantes, je ne devais pas balancer à en émettre de nouvelles, qui m'ont conduit à une distance beaucoup moindre des résultats donnés par la pratique.

M. Mongolfier pensait que le calorique et le mouvement ne sont que la manifestation différente d'un seul et même phénomène, dont la cause première reste entièrement cachée à nos yeux. J'ai donc considéré le mouvement dans ses rapports avec la quantité de chaleur qui est employée à le produire, en faisant abstraction des corps qui servent d'intermédiaire à cette transformation. J'ai pu ensuite examiner jusqu'à quel point il serait possible de faire remplir à tout autre corps le rôle que joue la vapeur d'eau dans le système actuel. Peut-être trouvera-t-on, dans le développement de ces idées, quelques vues qui aideront à fixer l'opinion sur les

tentatives que l'on fait pour obtenir de l'air comprimé tout l'effet qu'on obtient de la vapeur.

En considérant le mode d'action de la vapeur du
point de vue sous lequel je l'ai présenté, on arriverait à cette conséquence :

Que du calorique qui sert à évaporer l'eau, une
très-faible partie seulement est employée à produire
la force ou puissance mécanique, et qu'une autre
portion bien plus considérable se perd sans effet
après avoir été produite.

Reste donc à reconnaitre cette seconde portion
de chaleur, et à trouver le moyen de l'utiliser. C'est
un vaste champ de découvertes que je livre aux ex-
plorations de la science. Toute perte est hostile à
l'économie, et c'est dans la plus parfaite économie de
temps, d'argent et de moyens que gît pour nous le
secret du progrès social. Augmenter la puissance de
l'homme sans augmenter les dépenses à l'aide desquelles il parvient à l'exercer, ce serait aider à la
solution du problème. Puisse-t-il m'être donné d'y
contribuer pour la plus faible part !

Quoi qu'il en soit de ces fruits que je ne puis
espérer que dans l'avenir, j'offre dans ce livre, à

mes contemporains, tout ce que j'ai pu recueillir d'observations et d'expérience, pendant de nombreuses années d'étude et de pratique. Il ne sera donc pas sans utilité pour le présent, et c'est à ce titre surtout que je réclame pour lui la bienveillance du public.

DE L'INFLUENCE

DES

CHEMINS DE FER

ET DE L'ART

DE LES TRACER ET DE LES CONSTRUIRE.

————»»:»§·《«:»《———

CHAPITRE I.

HISTOIRE DES CHEMINS DE FER.

——

I. Origine des chemins de fer.

Les grandes innovations industrielles ne sont jamais le fruit d'une conception soudaine et complète; elles ne sortent point à l'état parfait, du génie d'un seul inventeur. Il est très-rare d'ailleurs que leur développement ne soit pas subordonné aux progrès de plusieurs autres arts, dont leur application exige le concours simultané. Ce n'est que quand le fait est accompli, quand il se traduit en résultats positifs, que l'on en comprend généralement l'importance. Il entre alors dans la masse des éléments dont se compose la civilisation; il prend une part active et appréciable au mouvement des idées et des choses. Alors aussi on s'occupe à en

1

étudier la portée, à en apprécier l'influence, à multiplier les avantages qu'on peut en retirer. C'est à ce point de leur maturité que commence, à proprement parler, l'histoire de toutes les inventions industrielles. Quant à la période antérieure, lorsqu'elle n'est pas ensevelie dans une impénétrable obscurité, elle se résume en quelques traits qui se représentent presque sans exception, dans le même ordre et avec les mêmes circonstances : au point de départ, on rencontre un homme dont l'imagination puissante a devancé son époque et jeté dans la région des choses possibles un regard que je pourrais appeler prophétique ; il a pressenti l'œuvre, il en a entrevu peut-être les résultats ; mais la science a fait défaut à la pensée, et c'est à peine s'il a pu jeter dans le mouvement social, un germe imperceptible. Cependant ce germe a grandi insensiblement ; il a profité de tous les progrès qui se sont faits autour de lui ; chaque découverte nouvelle dans les industries secondaires lui a fait faire un pas vers la maturité. Enfin lorsque le besoin général a réclamé l'innovation, lorsque le monde a été, si je puis le dire, préparé à la recevoir et à l'utiliser, il s'est trouvé un homme judicieux et persévérant dont les heureuses combinaisons en ont universalisé le bienfait. Et ce dernier a recueilli, avec la gloire qui lui était légitimement acquise, toute la part à laquelle ses devanciers avaient droit ; car la reconnaissance publique est peu soucieuse des théoriciens qui ont deviné ou constaté un principe ; elle se porte tout entière sur celui qui l'a fécondé par l'application. C'est ainsi que le nom de Watt est devenu populaire et immortel, tandis que l'on connaît à peine ceux qui, avant lui, avaient étudié la force de la vapeur.

On sait bien moins encore à quelle époque et à quel premier inventeur remonte, en réalité, l'origine des chemins de fer. L'idée de faciliter le tirage des voitures en plaçant sous le passage des roues un corps dur et uni, était si simple et devait se présenter si naturellement aux hommes les moins ingénieux, qu'il ne serait pas possible de lui assigner une date. Que l'on ait employé successivement, à cet effet, des dalles en pierre, des pièces de bois, et enfin des bandes de fer, ce sont autant de perfectionnements qu'a subis la construction des voies, mais dont l'usage ne se répandit pas d'abord. Ce n'était, au reste, qu'un premier pas vers l'invention du mode de transport dont nous obtenons aujourd'hui de si admirables résultats.

Il paraît que des chemins à rails en bois étaient établis à Newcastle-sur-Tyne, dans le comté de Durham, en Angleterre, dès l'année 1649 [1] ; on en obtenait une telle diminution de la résistance au tirage, que, sur une route en plaine, un seul cheval pouvait traîner quatre chaldrons, ou 10,000 kil. environ de houille. Mais la prompte détérioration de ces

[1] *Traité pratique des chemins de fer*, par Nich. **Wood. Paris**, **1834, § 5.**

rails opposait au service de graves inconvénients. Pour y obvier, M. Reynolds, l'un des intéressés dans la grande fonderie de Colebrook-Dale, dans le Shropshire, eut l'idée de substituer aux pièces de bois des rails en fonte de fer. Il proposa à ses coassociés de faire, à ce sujet, une expérience qui eut lieu le 13 novembre 1767[1], sur la quantité de cinq à six tonneaux de rails seulement.

Ces rails étaient plats, avec un rebord, soit intérieur, soit extérieur, pour maintenir dans la voie les roues des wagons. Ils étaient fixés, par des chevilles de fer ou par des clous à vis, sur des pièces en bois placées en travers de la voie. Mais la poussière et la boue, s'accumulant dans l'angle que formait le rebord, nuisaient à la circulation, et M. Sessop imagina, en 1789, de transporter ce rebord sur les roues. Par suite de cette modification, la forme des roues et des rails, et la manière d'assembler ces derniers sur des *chairs* en fonte de fer et des dés en pierre ou des traverses en bois se trouvèrent, à peu de chose près, ce qu'elles sont aujourd'hui.

En 1820, la fabrication du fer malléable ayant reçu, en Angleterre, des perfectionnements qui en firent considérablement baisser le prix, M. John Birkinshaw, des forges de Bedlington, obtint une patente pour faire des rails en fer, ondulés, et d'une longueur de 15 pieds anglais. Son procédé consistait

---

[1] *Traité pratique des chemins de fer*, § 9.

à faire passer des barres de fer rouge par une série de cannelures creusées sur un cylindre. Les cannelures offrant une profondeur qui croissait et décroissait alternativement, le rail, au sortir de ce moule, présentait, à la partie inférieure, une suite de segments, égaux chacun au développement du cylindre. Les coussinets destinés à supporter le rail se plaçaient au point de jonction des segments.

Depuis cette époque, on n'a plus à signaler aucun progrès sensible, ni dans la fabrication des rails, ni dans la manière de les assujettir. Ce n'est pas que le système de la voie ne puisse être encore amélioré ; mais les efforts qui ont été faits dans ce sens n'ont presque rien produit. Toutefois, cet intéressant problème industriel est poursuivi par un grand nombre d'hommes savants et éclairés, et l'on peut espérer que leurs recherches ne seront pas toujours infructueuses.

Quoi qu'il en soit, les chemins de fer, dans leur état actuel, suffisent aux besoins de notre époque ; la France surtout en retirera de grands avantages. En tout ce qui tient aux moyens de transport, les Anglais nous ont devancés de beaucoup ; leurs belles routes, leurs excellents chevaux, la bonne organisation du service de leurs voitures publiques, leur ont donné sur nous jusqu'ici une supériorité incontestable : nos chemins de fer construits, nous n'aurons plus rien à envier à nos voisins, pour la commodité et la rapidité des voyages. Les gouvernements reconnaîtront bientôt, sans doute, combien il leur importe de faciliter, d'encourager les relations de peuple à peuple, de multiplier les moyens de communication, de hâter l'échange et la fusion des idées, de mettre en rapport et en opposition toutes les industries ; alors les haines, les rivalités nationales s'effaceront, et l'on verra s'accroître et se développer cette tendance qui semble appeler aujourd'hui tous les peuples civilisés à ne former plus qu'une seule famille.

II. Du rang que les chemins de fer occupent dans le système général des transports.

D'après la forme même des chemins de fer, les wagons, c'est-à-dire les voitures appropriées à en faire le service, sont invariablement liés à la route où ils doivent se mouvoir ; ce n'est qu'au moyen d'une manœuvre particulière que l'on peut intervertir l'ordre dans lequel ils ont été primitivement placés sur la voie. Cette condition sembla, dans l'origine, entraîner nécessairement cette conséquence : qu'un seul et même intérêt devrait présider à l'établissement, à l'exploitation et à l'entretien du chemin. Aussi les chemins de fer ont-ils été créés d'abord pour desservir des houillères, des carrières de pierre ou d'ardoise, des fours à chaux, etc. : ils étaient consacrés enfin à l'usage spécial d'une industrie dont tous les produits partaient du même point, pour être transportés soit sur le bord d'un canal, soit dans quelque grand centre de consommation. Cet état de choses dura près de deux siècles.

Mais lorsque l'accroissement des besoins eut déterminé une plus grande activité dans la consommation, les moyens ordinaires de transport devenant insuffisants, on eut la pensée de généraliser l'emploi des chemins de fer. On s'occupa donc à en développer les lignes, à en étendre l'usage et à les mettre, tant par la solidité de la construction que par le perfectionnement des accessoires, en rapport avec les nouveaux services auxquels on les destinait. Le chemin de fer de Darlington à Stokton, est le premier qui ait été établi sous l'empire de ces idées. Il fut entrepris, en 1825, par une compagnie composée, en grande partie, de membres de la société des quakers, propriétaires des houillères situées au delà de Darlington. Sa principale, ou plutôt son unique destination était de faciliter l'écoulement des produits de ces mines. Il faut remarquer que les circonstances les plus favorables secondaient cette tentative d'innovation ; car elle se faisait dans une localité riche en carrières de toute espèce, et dont la population était, depuis longtemps, accoutumée à employer ce mode de transport, mais seulement sur une petite échelle.

Les wagons furent d'abord traînés par des chevaux, auxquels on adjoignit bientôt des machines ; mais ces moteurs étaient si lourds et si imparfaits qu'ils produisaient à peine assez de vapeur pour fournir une vitesse de 4 à 5 milles anglais à l'heure, ou 2 mètres environ par seconde. Une telle lenteur, si elle eût été inévitable, eût considérablement restreint l'utilité des chemins de fer. J'avais entrevu la possibilité de perfectionner le système des moteurs ; je m'en occupai activement, et fus assez heureux pour inventer les chaudières à tubes générateurs, que je livrai à l'industrie en 1827. A l'aide de ce système, on put, tout en diminuant le poids de la machine, obtenir une quantité beaucoup plus considérable de vapeur, et par conséquent de puissance. Ce fut en 1830, lorsque l'on mit en activité le chemin de fer de Manchester à Liverpool, que les nouvelles chaudières furent, pour la première fois, appliquées aux locomotives. Elles fournirent immédiatement une vitesse qui dépassait tout ce qu'auparavant on eût jugé possible. Dans les premières expériences, faites le 15 septembre 1830, cette vitesse fut portée à 15 lieues à l'heure ; dans des essais postérieurs, elle fut poussée jusqu'à 25 lieues. Mais la crainte des accidents ne permit pas que l'on profitât de toute cette force ; et l'on jugea prudent de régulariser la marche sur une moyenne de 12 lieues à l'heure.

Dès lors, le service des chemins de fer prit une merveilleuse extension ; ils ne furent plus employés uniquement au transport des marchandises ; le nouveau moteur doublait leur utilité, et la rapidité de la marche ne tarda pas à y amener un concours de voyageurs hors de tout rapport avec les calculs que l'on avait tenté d'établir préalablement sur l'accroissement probable de la circulation. Ce résultat est même devenu, aux yeux des spéculateurs, une garantie de succès, toutes les fois qu'un chemin de fer sera destiné à ouvrir des communications à travers de grands centres de population. C'est donc sur le déplacement des individus que se fondent désormais les avantages les plus certains des chemins de fer. Il est évident, en effet, qu'il ne peut y avoir un intérêt égal à accélérer dans la même proportion, l'arrivage des marchandises. La grande vitesse ne s'obtient qu'aux dépens de la détérioration des rails et des machines locomotives, et les frais d'entretien et de réparation s'en augmentent proportionnellement. Aussi n'at-on pas encore résolu la question de savoir si, pour le transport des marchandises lourdes et encombrantes, les chemins de fer doivent être préférés aux canaux ou aux rivières navigables. Il est probable que ces deux modes de transport seront longtemps encore usités concurremment. Si même, dans l'avenir, l'accroissement illimité des déplacements exige qu'il soit établi, sur les chemins de fer, des voies particulières pour les voyageurs et pour les marchandises, cette grande activité ne sera pas exclusive en faveur des nouveaux établissements ; les uns et les autres continueront à être employés suivant la nature du service qu'on aura à en réclamer. La prospérité des chemins de fer réagira favorablement, même sur les canaux, et augmentera le mouvement des transports auxquels ils sont plus particulièrement destinés.

III Des avantages que présentent les chemins de fer.

Chaque mode de transport présente des avantages qui lui sont propres, et il est fort difficile d'établir à ce sujet des comparaisons, et de prononcer en faveur de l'un ou de l'autre. Comment décider par exemple, s'il est préférable de mettre des points en communication, en établissant un chemin de fer, un canal ou une route, ou en améliorant le cours d'une rivière, ou par tout autre moyen qui pourrait être découvert, si l'on n'a posé d'avance les conditions spéciales du problème à résoudre ? Ce ne sera donc que d'une manière générale que je pourrai traiter ici des avantages des chemins de fer.

Je l'ai déjà dit : la vitesse avec laquelle on peut voyager sur les chemins de fer n'a point de limites; mais on n'a pas voulu jusqu'ici la porter à plus de douze lieues à l'heure. Les moyens d'établir les rails, les chairs, les dés, les chaussées, etc.; la construction des wagons et des machines ne présentent pas encore des garanties suffisantes de sécurité, pour que l'on ait osé aller au delà; et l'exploitation de cette branche d'industrie est d'une date trop récente, pour que l'on ait pu corriger les nombreuses imperfections que l'expérience y a déjà signalées. Mais il n'est pas douteux que dans un temps qui n'est pas éloigné, on sera en mesure de profiter de toute la vitesse que l'on a obtenue dans divers essais. C'est surtout, c'est même uniquement dans l'intérêt des voyageurs que ce résultat est désirable; car il est digne de remarque combien l'homme, instruit par la civilisation à comprendre la valeur du temps, est jaloux de l'économiser. Dans son impatience d'arriver promptement à son but, il ferme les yeux sur les dangers, ou les redoute moins qu'un retard. Sur les chemins de fer, par exemple, ces dangers sont tels, qu'en supposant les voitures arrêtées par un obstacle subit, elles viendraient se briser les unes contre les autres, avec une vitesse égale à celle d'un poids qui tomberait du haut d'un édifice élevé de cinquante mètres au-dessus du sol.

Quant aux marchandises, il ne peut jamais, ou du moins que très-rarement être nécessaire de les transporter avec une aussi grande rapidité. Il suffit presque toujours au commerçant de connaître la durée du trajet; il prend alors ses précautions pour faire concorder l'époque de l'arrivage avec celle de ses besoins. Il est d'ailleurs très-peu de marchandises dont le prix soit assez élevé, pour que l'intérêt de l'argent entre le jour du départ et le jour de l'arrivée, défalcation faite de la différence du prix de transport, mérite d'être pris en considération. Ainsi, les sucres bruts expédiés du Hâvre à Paris, restent moyennement un mois sur la Seine. Le tonneau ayant une valeur de 1,500 fr. environ, et l'intérêt étant calculé à six pour cent, la perte s'élèverait à 7 fr. 50 c., qui ajoutés aux 24 fr. de frais déboursés, porteraient le coût total du transport à 31 fr. 50 c. Il est évident qu'un service qui permettrait d'obtenir les arrivages, d'une manière régulière, en douze heures, devrait être préféré si les conditions du prix de voiture restaient notablement au-dessous de ce chiffre. Mais à prix égal, le trajet pût-il s'effectuer en trois ou quatre heures, le négociant n'attacherait qu'une bien faible importance à cette célérité, surtout lorsqu'il peut également bien conclure ses affaires au moyen des échantillons.

Il est donc indispensable, lorsqu'on est appelé à se prononcer sur le choix d'un mode de transport, d'entrer dans l'examen détaillé de toutes les circonstances qui se rattachent spécialement à la question posée. Un chemin de fer sera préférable, quelques difficultés que présente d'ailleurs son établissement, dans toutes les directions où se porte un grand concours de voyageurs, parce que ce concours augmentera nécessairement à mesure que les communications seront plus rapides. Au reste, la multiplicité des déplacements étant le premier et le plus inévitable effet des progrès d'un peuple vers la civilisation, on s'assure dans l'avenir toutes les chances possibles, en travaillant pour un ordre de choses dont chaque jour écoulé nous rapproche.

Mais en raisonnant dans cette hypothèse, on comprend facilement que le transport des marchandises peut apporter de fréquents inconvénients dans la marche, et détruire, en grande partie, les avantages des chemins de fer, en compromettant à la fois ce qui seul peut en assurer la prééminence, la vitesse et la sécurité. Quelques instants suffisent aux voyageurs pour entrer dans les voitures ou pour en sortir. Une fois que l'ordre est établi, que chacun connaît le signal des mouvements, les moments et les lieux où l'on doit s'arrêter, les manœuvres des convois s'exécutent avec un ensemble et une rapidité extraordinaires, et les pertes de temps sont réduites au plus bref délai possible. Il n'en est plus de même lorsque le convoi entraîne des marchandises. D'abord l'impossibilité de charger et de décharger sur la voie principale, oblige à établir de nombreuses ramifications qui compliquent la ligne et augmentent les chances d'accidents. En outre, si l'on ne veut porter le prix de voiture à un taux trop élevé, il y a nécessité de faire supporter aux wagons des charges considérables; la fatigue des rails s'accroît dans une proportion en rapport avec le poids accumulé sur un seul point; les fractures de roues, d'essieux et de toutes les autres parties du matériel se multiplient; les encombrements, les chocs, peuvent mettre plus souvent en danger la vie des voyageurs. Enfin, si la ligne que parcourt le chemin de fer traverse un pays où la population est disséminée en un grand nombre de petits centres, à tous ces inconvénients se joint un surcroît considérable de dépense ; car les frais et les mesures de prudence sont partout à peu près les mêmes, indépendamment de l'importance des stations. Aussi, lorsqu'à la création du chemin se lie impérieusement l'obligation d'établir un grand nombre de stations ou de points de chargement et de déchargement, c'est une considération qu'il ne faut pas négliger de faire entrer dans les calculs, et d'envisager relativement aux frais matériels et à la probabilité des accidents.

Le prix des places des voyageurs et celui du port des marchandises ne peuvent être basés uniquement sur la proportion des distances parcourues, surtout lorsque le chemin de fer, comme tous ceux que la France possède aujourd'hui, est d'une médiocre étendue. Le convoi organisé et mis en mouvement, quelques kilomètres de plus ou de moins dans sa marche produisent à peine sur les frais une légère différence, qui perd toute importance lorsqu'on la compare à la dépense totale du voyage.

Mais ne perdons pas de vue que le but principal pour lequel furent créés les chemins de fer, fut de transporter d'un lieu à un autre, et au meilleur marché possible, de grandes quantités des productions du sol ou de l'industrie. Et si, depuis leur

origine , des résultats sur lesquels on n'avait pas
compté d'abord , ont donné la pensée d'utiliser au
profit des voyageurs une vitesse inconnue jusqu'a-
lors , c'est un deuxième avantage qui est venu
s'ajouter et non se substituer au premier. Il est
dans nos pays une foule de localités où gisent sans
emploi de grandes masses de substances précieuses,
dont les chemins de fer peuvent déterminer ou faciliter l'exploitation. Dans ces circonstances , les bénéfices qu'on en retirera ne se borneront donc
plus seulement à une économie sur le prix de voiture ; en transportant ces matériaux dans les lieux
où la consommation les réclame, ils augmenteront
la richesse nationale de la valeur tout entière du produit ; ils créeront , pour ainsi dire , dans chaque
localité, l'aliment nécessaire à son industrie ou à ses
besoins sociaux.

Ce bienfait s'accomplira sur une plus vaste échelle,
et deviendra surtout plus sensible, lorsque les chemins de fer et les diverses machines destinées à en
faire le service auront reçu les perfectionnements
qu'une trop courte expérience n'a pas permis encore
d'y apporter.

On peut se faire une idée de l'incertitude qui
règne encore dans les esprits sur tout ce qui touche
à cette grave question , quand on remarque que
des capitalistes ont adressé au gouvernement des
soumissions par lesquelles ils sollicitaient des concessions sur de grandes lignes, moyennant un péage

de 8 centimes par tonneau de marchandises et
par kilomètre ; et que, dans cette même année, les
chambres, après avoir refusé au gouvernement les
fonds nécessaires pour établir lui-même ces lignes
sous la perception d'un tarif de 7 1/2 centimes, ont
fini par les concéder à des compagnies particulières
à un tarif moyen de 12 centimes environ.

Il ne faut pas se dissimuler que tant que l'on
n'aura pas adopté des mesures générales régulières
et précises, tant que la législation sera flottante, le
développement que prendra cette industrie sera
lent, et les résultats que l'on peut en attendre,
paralysés en partie. Il est donc du devoir du
gouvernement de s'en occuper activement, parce
que tout retard porte préjudice aux progrès. Mais,
pour asseoir sagement les bases des règlements
qui seront faits sur la matière, il sera nécessaire
d'envisager les choses d'un point de vue élevé,
d'embrasser la question dans toute sa portée, de
la dégager des considérations étroites et des réclamations des intérêts particuliers qui tenteraient
de prévaloir sur les intérêts généraux.

J'en donnerai la raison dans un exemple :

Qu'une compagnie entreprenne un chemin de fer
dont le but sera, ou de transplanter, si je puis le
dire, une carrière de houille au sein d'une ville popu-
leuse et manufacturière, ou de transporter des miné-
rais de fer ou autres dans un grand centre d'industrie,
ou de centupler l'emploi des produits de la mer en

les répandant promptement et à bas prix dans l'intérieur des terres ; ou de réaliser des échanges de substances végétales ou minérales, propres à féconder
le sol et à le disposer à recevoir de nouvelles cultures.
De tels établissements, on le reconnaîtra sans peine,
réagiraient de la manière la plus bienfaisante sur la
prospérité d'une nation, et sur le bien-être des individus.

Mais supposons que par les règlements généraux,
ou d'après les clauses du cahier des charges, il soit
permis à chacun d'adapter à ce chemin les coupures, voies de déviation ou embranchements
utiles à son service particulier, sous la simple
réserve de payer le tarif à raison de 5,000 mètres,
quelle que soit d'ailleurs la distance qu'il aura parcourue au-dessous de cette limite. Admettons
même que ce tarif soit porté à 10 centimes par tonne
et par kilomètre, taux fort élevé pour un chemin
qui fonde sa prospérité sur le transport des matières
lourdes, ayant ordinairement peu de valeur intrinsèque. Si un propriétaire s'avise de vouloir employer
cette voie pour mettre en communication deux établissements riverains de la ligne, et éloignés l'un de
l'autre de 4 à 5,000 mètres, il pourra chaque jour et
même plusieurs fois par jour, et pour la faible rétri-
bution de 1 fr. 50 cent. par wagon, contraindre la
compagnie à venir exécuter un service de quelques
instants sur cette partie du chemin. Il est inutile
d'entrer dans les détails d'estimation des pertes qu'en

2

éprouverait l'entreprise ; mais il est évident qu'il
s'ensuivrait d'incalculables entraves pour la liberté
du parcours général, que les intérêts de la compagnie
seraient lésés, et qu'il ne faudrait pas que de semblables sujétions se renouvelassent bien des fois sur la
longueur du chemin pour en absorber tous les bénéfices. Il suffirait donc de la volonté ou du caprice
d'un certain nombre d'individus pour ruiner l'entreprise et priver ainsi toute une ville, tout un pays, d'une
ressource peut-être indispensable à son existence. En
effet, pour que l'entreprise prospère , il faut que le
montant total du prix du transport des marchandises
qui parcourent la ligne entière, ou du moins une
grande partie de la ligne , couvre, avant de produire
un bénéfice net , non-seulement les frais occasionnés
par ce transport, mais encore les pertes qu'entraîne
le service sur de petits espaces ; et il est clair que
ces pertes, en s'accroissant peuvent arriver, promptement à dépasser le chiffre des bénéfices.

Ces considérations sont également applicables au
cas où le tarif d'un chemin de fer n'établirait pas
des prix variés proportionnels aux difficultés locales qui se rencontreraient sur quelques points
de la ligne. Ainsi un plan incliné, une pente régnant
sur le tout ou sur une partie du parcours, peuvent,
quand le convoi remonte, doubler ou tripler les
frais de traction.

–Il en serait de même enfin dans toutes les circonstances particulières où l'excédant de dépense

ne serait pas compensé par une augmentation de prix , et dont la multiplicité déterminerait un déficit dans la balance générale.

En ce qui concerne le transport des voyageurs, les intérêts de la compagnie ne seront pas moins froissés par l'établissement de stations trop fréquentes entre les points de départ et d'arrivée , si le prix est réglé uniquement d'après la distance parcourue. Mais on pourrait établir quelques stations principales dans des lieux où la perte du temps serait compensée, soit parce qu'on y renouvellerait les provisions d'eau ou de combustibles, soit parce qu'ils avoisineraient une ville de quelque importance. Il semblerait juste alors que, pour les voyages d'une moindre longueur , la compagnie fût autorisée à percevoir le droit entier attribué par le tarif au transport entre les deux stations. Cette latitude lui permettrait de fixer des prix suffisants pour se couvrir du surcroît de dépense qu'occasionnent les temps d'arrêt ; mais elle n'en devrait pas moins, dans son intérêt bien entendu , les maintenir à un taux assez modique pour s'assurer la clientelle contre toute concurrence , et pour favoriser, autant que possible, l'augmentation du nombre des voyageurs.

Dans le but de conserver une garantie contre le monopole des compagnies, on avait voulu aussi reconnaître en principe le droit de libre circulation ; c'est-à-dire qu'il aurait été permis à tout

venant d'éviter la location du matériel de la compagnie en faisant soi-même son propre service,
et en payant le parcours d'après des bases déterminées. Ces mesures, si on les avait adop-
tées, n'auraient été qu'un moyen d'entraves apporté
gratuitement au service, et n'auraient eu pour effet
que de blesser les intérêts de la compagnie, sans aucun profit pour le public. Une telle condition insérée
au cahier des charges aurait nécessairement maintenu
les soumissions à des prix beaucoup plus élevés. Les
intérêts du public trouveront ailleurs une garantie
bien autrement puissante, puisqu'elle se lie intime-
ment au succès même de l'entreprise : il suffira que
les compagnies aient eu le temps de reconnaître que
le bas prix des transports peut seul leur amener les
masses, et que ce sont les masses qui font la prospérité d'un chemin de fer, quand le service en est
régularisé et simplifié. Cette vérité bien constatée,
le gouvernement pourra s'en rapporter aux compagnies elles-mêmes pour la fixation de leur tarif.

La législation anglaise, toujours identifiée par suite
du génie même de la nation, avec la prospérité de l'industrie nationale, avait compris, dès avant l'expérience, toute la portée de ces considérations. Elle décida par avance la question; sans attendre des essais
dont elle avait prévu l'issue, elle ordonna que sur le
chemin de fer de Darlington à Stokton, quelque court
trajet que l'on fît, on ne paierait, en aucun cas,
un prix moindre que celui du parcours de 10

milles anglais ou 16 kilomètres ; le tarif fixait en
outre un droit de 6 *pence* ou 60 centimes pour
le passage de chaque plan incliné. Mais , d'un
autre côté, le droit sur le transport des houilles,
qui forme l'objet principal de ce *rail-way*, établi à
un *penny* par *ton* et par *mile* anglais , c'est-à-dire à
6 1/4 centimes par kilomètre, est réduit à moitié
pour tous les chargements qui , parcourant la
ligne jusqu'à son extrémité , sont embarqués au
port de Stokton pour être exportés. En sus du
prix de transport, la compagnie perçoit pour le
louage de ses wagons, un demi-*penny* par *ton* et
par *mile ;* le droit total est donc de 9ᶜ 37 par
tonnne de houille consommée dans le pays , et
de 6ᶜ 25 par tonne destinée à l'exportation. Par
ces sages mesures , le gouvernement anglais atteint le double but de favoriser l'accroissement des
transports dans l'intérêt de la compagnie, et d'encourager, dans son propre intérêt, l'écoulement
hors de ses frontières des productions de son sol
et de son industrie. Sans affirmer absolument que
la compagnie de Darlington doit à ces conditions
l'état florissant de son entreprise, je ferai cependant remarquer que ce chemin de fer est le seul
dont personne n'ait jamais songé à contester le
succès. C'est donc un précédent qui devra être pris
en sérieuse considération par le gouvernement et
par les compagnies, quand il s'agira de déterminer
les bases d'une exploitation analogue.

A l'époque où furent accordées en France les premières concessions de chemins de fer, l'organisation de ce genre d'établissements n'y était connue encore que de la manière la plus imparfaite. Le gouvernement crut devoir, par précaution, se réserver le moyen de mettre postérieurement à profit les leçons de l'expérience. Il laissa donc dans le vague tous les points sur lesquels il ne pouvait statuer en connaissance de cause et d'une manière définitive : c'est ainsi que dans l'ordonnance royale qui autorise la construction du chemin de fer de Saint-Étienne à Lyon, il n'est nullement question du transport des voyageurs, et qu'on s'y est borné à fixer les lieux de chargement. Plus tard seulement, on décida que de cette fixation résultait, comme conséquence au profit de la compagnie, le droit de percevoir le prix entier porté au tarif pour le parcours entre deux de ces stations, quelque court que fût d'ailleurs le trajet accompli. Ce principe, après avoir été le sujet de quelques contestations, fut enfin admis et mis à exécution comme formant la loi des parties. Postérieurement encore, le gouvernement a adopté pour minimum du droit de parcours sur le chemin de fer de Paris à Saint-Germain, une distance de 6,000 mètres. Peut-être est-ce trop peu ; je crois qu'en portant cette distance à 10,000 mètres, on aurait traité plus équitablement les intérêts de la compagnie sans nuire à ceux du public.

Je n'essaierai pas de calculer, comparativement à la dépense, les avantages que peuvent produire, soit la création d'un chemin de fer, d'un canal, d'une route ordinaire ; soit la canalisation d'une rivière; soit la construction, au moyen de l'asphalte, d'une route dont le service serait fait par des machines locomotives, nouveau genre d'établissement qui paraît devoir prendre bientôt rang parmi les utiles inventions de notre époque. De telles comparaisons, je le répète, ne prouvent rien lorsqu'on n'en a pas précisé les termes. Pour leur donner quelque valeur, il faudrait qu'on y tînt compte d'une foule de circonstances, variables à l'infini, et sur la rencontre desquelles on ne peut même bâtir un système raisonnable de probabilités. En effet, quand il s'agit d'ouvrir une voie de communication, la détermination à prendre dépend et des besoins que l'on a à satisfaire, et de la disposition des localités, et du prix des matières premières, et des ressources de toute espèce dont on peut disposer, et enfin du degré de civilisation et de l'état moral des populations chez lesquelles et pour lesquelles cette voie doit être ouverte. On ne sait pas ordinairement, à moins que l'on n'en ait fait sur les lieux une étude spéciale, quelles grandes différences existent parfois dans la nature de deux pays qui, physiquement, sont peu éloignés l'un de l'autre ; entre deux populations dont les mœurs et les usages semblent être à peu près les mêmes. C'est un exa-

men que ne doit jamais manquer de faire prélimi-
nairement celui qui fonde une industrie dans une
contrée où elle est nouvelle. S'il froisse des habitudes, s'il heurte sans ménagement des préjugés,
s'il n'a pas d'avance, et avec soin, pesé la résistance qu'il trouvera dans ce genre d'obstacles, il
marche entre deux dangers qui le menacent également : ou bien il échouera complétement dans ses
projets ; ou bien il verra, à la moindre circonstance
imprévue qui viendra contrarier ses efforts, l'opinion publique rejeter sur son incapacité, sur son
ignorance, ou sur des causes chimériques, mais
accusatrices, ce que souvent nulle sagesse humaine n'aurait pu éviter.

IV. Considérations sur les progrès probables de l'art de construire les chemins de fer.

L'histoire des peuples nous montre l'esprit humain toujours inquiet, toujours agité, toujours ar-
dent à perfectionner et à augmenter les moyens de
puissance dont il dispose, ou à se créer de nouveaux besoins qu'il s'étudiera ensuite à satisfaire.
Entraîné par un vague desir d'étendre ses jouissances, d'atteindre à un mieux indéfini qu'il se représente toujours devant lui, l'homme ne peut jamais
être satisfait de ce qu'il possède. Quand nous savons
le modérer, ce désir est salutaire et bienfaisant, il nous
pousse vers le progrès; mais, si nous ne le contenons
dans de justes bornes, il nous précipite dans le dé-

couragement. Alors nous arrivons au dégoût de la vie ; et nous le trouvons précisément dans un penchant que la nature a mis en nous pour nous attacher à l'existence, en déguisant, sous la grandeur du rôle social, la chétive importance de l'individu. C'est à ce besoin inné des jouissances que l'homme doit le développement de ses facultés, et l'activité de son intelligence ; c'est à ce besoin qu'il doit les grandes conceptions, les heureuses découvertes, qui se groupent sous un caractère spécial à chacune des grandes époques de la civilisation, qui gravent, dans les fastes de l'humanité, chacune des phases de la vie d'un peuple. La satiété conduit l'âme vulgaire au suicide ; mais elle n'a pas, sur l'homme de génie, cette pernicieuse influence, ou plutôt l'homme de génie ne l'éprouve jamais. Lorsque dans les connaissances acquises, dans les faits accomplis, dans l'état présent des choses, il ne trouve plus un aliment qui suffise à sa noble avidité, alors il s'élance dans les régions de l'inconnu. Là, il interroge les possibilités, il s'attaque à de nouveaux problèmes. Et parfois par ses combinaisons profondes, par une courageuse persévérance, d'autres fois par un effort violent et subit de son esprit, il acquiert au monde une vérité de plus, une science nouvelle. Entre celui qui succombe lâchement sous le poids d'un désir stérile, et celui qui, pour satisfaire ce désir, accomplit et lègue à l'humanité quelque grande et utile conception, la distance ne se mesure pas plus que celle qui sépare l'esprit de la matière.

Les diverses facultés de l'esprit humain ne se développent pas d'une manière régulière et continue; et l'on ne saurait déterminer à l'avance dans quel sens porteront les progrès. Il suffit de l'influence de quelques individus pour entraîner la masse dans une direction tout à fait imprévue. Qu'un sujet devienne, par une cause fortuite, le but des méditations et des recherches de quelques hommes d'une science ou d'un rang supérieurs; bientôt, poussés par cet esprit d'imitation qui forme la base de notre caractère, tous les autres talents viendront se grouper autour d'eux. Ces pentes diverses, que suivent isolément certaines portions de la société, déterminent chez les peuples un aspect, un état moral particuliers, et influent d'une manière sensible sur les rapports de puissance et de fortune qui existent entre eux.

Il n'est pas toujours facile de démêler les causes qui réagissent ainsi sur le mouvement social. Pour que la masse entre en jeu, il faut que les esprits aient été lentement prédisposés, il faut qu'on leur ait jeté antérieurement quelques idées en rapport avec la direction nouvelle dans laquelle on veut les conduire. Mais l'impulsion donnée, le mouvement continue et gagne de vitesse; et souvent alors il devient impossible de le régler et de le contenir; et souvent la masse ébranlée dépasse le but et marche longtemps encore sans s'inquiéter du point où elle aboutira désormais. Ainsi, dans les révolutions politiques, le peuple soulevé contre un pouvoir tyrannique, épuise le superflu de sa force et les restes de sa colère contre les monuments des arts et de l'industrie; ainsi, la nation qui a pris les armes pour repousser l'ennemi de ses frontières, passe de la défense à l'attaque, de la résistance au désir de la conquête.

Le siècle dernier vit naître, à la suite de l'immortel Newton, une foule d'hommes qui, doués d'un moindre génie, ont contribué cependant à illustrer cette époque si remarquable par les découvertes qui ont enrichi les sciences, et surtout l'astronomie physique. Mais, après avoir créé l'art de calculer les circonstances des phénomènes naturels dont ils avaient surpris le secret, ils ne purent qu'effleurer la matière. Ils la léguèrent en cet état à leurs successeurs, qui appliquèrent toute leur intelligence à en pénétrer les profondeurs. Enfin, cette science nous est arrivée dépouillée de ses mystères, et épuisée par les grands mathématiciens auxquels nous touchons; ils ne nous ont transmis qu'un champ défriché.

Ces recherches, où pendant deux siècles s'était concentrée toute l'ardeur des esprits, étaient pour nous choses acquises. Les intelligences manquaient d'aliment; il leur fallait un but. Elles se le sont proposé dans la résolution de toutes les questions qui se rattachent aux besoins les plus simples et les plus usuels de la société. Mais les penseurs se sont jetés dans la science spéculative; ils ont fait des livres remplis d'abstractions, et ont négligé de descendre dans l'étude matérielle des faits, dont la connaissance seule peut éclairer la pratique. Les praticiens trouvaient leurs ouvrages ou trop au-dessus de leur portée, ou trop philosophiquement savants pour qu'ils crussent devoir les consulter. Ils s'accoutumèrent dès lors à regarder la théorie comme inutile, souvent même comme en contradiction avec la pratique. Cet état de guerre qui s'est manifesté en France au moment où les idées industrielles commençaient à s'y répandre et à s'y populariser, a singulièrement retardé les développements de l'industrie. Les capitalistes entreprenants, qui entrevoyaient dans d'utiles spéculations un moyen d'augmenter leur fortune, comprenant que le concours de la théorie et de la pratique était indispensable à la réussite de leurs projets, s'efforçaient de concilier ces deux sciences qui doivent toujours s'éclairer l'une par l'autre. Mais leurs efforts furent rarement heureux, et plusieurs fois de grandes déceptions répondirent à de chimériques espérances.

Le temps et l'expérience ont commencé à modifier un tel état de choses. L'Angleterre nous avait donné l'exemple en se bornant à enrichir son industrie de tous les essais, de toutes les découvertes pratiques sorties des ateliers de ses artisans; cette méthode fut adoptée en France ; alors de grands succès furent obtenus. Aujourd'hui l'impulsion s'est communi-quée dans tout le monde civilisé , et l'industrie suit à grands pas une marche ascendante , dont il n'est donné à personne de prévoir la durée et l'issue.

Les chemins de fer ont été l'une des œuvres les plus étonnantes de notre époque. On a peine encore à se familiariser avec cette incroyable vitesse , qui entraîne les voyageurs sans leur laisser le temps de se rendre compte de l'espace qu'ils parcourent. Ce qui n'est pas moins surprenant , peut-être , c'est l'audacieuse témérité des premiers qui se sont confiés à ces terribles moteurs. Mais l'influence de l'exemple est miraculeuse ; ce qu'aucun homme isolé n'oserait faire , dix simultanément vont le ten-ter. Chaque voiture renfermait un certain nombre de compagnons qui se donnaient mutuellement du courage ; et ils oubliaient que le moindre déran-gement de ces puissantes machines , serait pour tous le signal d'une mort terrible et presque iné-vitable.

La réalisation de ces merveilles de l'industrie et cette espèce de contagion , heureuse du reste , qui gagnait toutes les classes , remuait toutes les imaginations , et faisait travailler toutes les têtes , éveillèrent dans un autre ordre une activité non moins grande. Tous ceux que dévorait la soif des richesses , alléchés par quelques exemples sédui-sants , par quelques fortunes rapidement amassées,

se persuadèrent que le moment était venu d'arriver
à leur but, et qu'à tout prix il fallait saisir l'occasion. Dans tout ce qui s'accomplissait chaque jour
sous leurs yeux, leur esprit vagabond ne vit que des
événements, précurseurs d'autres événements plus
étonnants encore, qu'ils se sont crus chargés de faire
éclore. Ils proclamaient comme des miracles nouveaux les conceptions les plus creuses ; ils écrasaient
l'industrie naissante sous une multitude de projets
qui se faisaient remarquer par des combinaisons ir-
réfléchies, ou par des idées extravagantes, quand
ils n'accusaient pas l'improbité et la mauvaise foi.

Il semble que, ballotté de déceptions en déceptions par des spéculateurs au moins imprudents,
le public aurait dû faire rapidement son éducation
industrielle, et s'instruire à discerner, dans ce chaos
du bien et du mal, les hommes et le projets qui
méritaient sa confiance. Malheureusement ce n'est
pas ainsi que procède l'intelligence humaine, et
l'expérience ne nous apprend que trop combien les
fautes de ceux qui nous ont précédés ou de ceux
qui nous entourent, sont pour nous d'inutiles
leçons. L'esprit, toujours charmé par ce qui lui
semble merveilleux, et naturellement peu porté
à réfléchir, aime mieux se laisser éblouir par des
résultats qui le séduisent, que de se fatiguer à
l'examen circonspect et détaillé d'un projet. Cette
tâche d'ailleurs nécessite souvent l'étude de sciences qui nous sont étrangères, la connaissance ap-

profondie de choses que nous possédons superfi-
ciellement, des recherches pénibles, des calculs
compliqués. On recule devant d'aussi dures conditions; on édifie en masse et d'un seul coup, sans
s'arrêter aux détails ; on veut jouir vite, sans peine,
sans travail. On tire de la fécondité de son imagination, la solution improvisée des problèmes les
plus ardus, et l'on regarde en pitié ces esprits lents
et lourds qui n'échafaudent que timidement un
système sur plusieurs années de labeur et d'expériences. Si on ne leur refuse pas la profondeur et
un certain mérite, du moins fait-on bien peu de
cas de leur prudence méticuleuse, comparée aux
traits de lumière que l'on croit voir à chaque instant jaillir de son cerveau.

C'est se faire d'étranges illusions. L'homme,
faible quand il est isolé, a besoin, pour produire,
du secours du temps et de l'aide de ses semblables.
Souvent telle découverte, consignée sous quelques
mots dans les pages de l'histoire, a pris naissance
et s'est mûrie lentement, à travers des discussions
et des contradictions dont la durée nous paraîtrait
inexplicable. Et cependant nous entendons procla-
mer chaque jour de prétendues innovations, dont
chacune est, dit-on, destinée à changer notre état
social. Mais en voyant presque toutes ces brillantes
promesses aboutir aux plus complets avortements ;
en voyant les déceptions succéder aux déceptions, on
se prend à déplorer l'aveuglement qui précipite dans

de fausses voies des hommes doués d'une certaine aptitude. Ces hommes bien dirigés, appliquant leur intelligence à remplir des carrières plus en rapport avec leurs talents réels, auraient pu, du moins, répondre à quelqu'un des besoins de la société; leur rôle aurait été plus modeste, mais aussi moins inutile et peut-être moins pernicieux.

Si les grandes découvertes répondent rarement à un besoin social reconnu et analysé d'avance, il n'en est pas de même du perfectionnement des choses existantes, qui est presque toujours l'objet d'efforts directs et soutenus. Les hommes de talent qui y dévouent leur temps, leurs travaux, leurs réflexions, leurs recherches, s'acquièrent ainsi des droits incontestables à la reconnaissance publique. Souvent, il est vrai, pendant qu'ils poursuivent leur but avec une généreuse persévérance, leur pays, leurs contemporains les ignorent; mais, quand ils parviennent à réaliser quelque amélioration réelle, ils s'assurent une gloire durable. L'avenir conservera et vénérera leur nom, tandis qu'il n'y a, même dès le présent, que mépris pour tous ces prétendus faiseurs de prodiges, qui réussissent un jour à duper la crédulité publique.

Il ne faut pas se dissimuler, toutefois, que cette manie des inventions, ces efforts, quelque vagues et décevants qu'ils soient, cette tendance ostensible des esprits remuants, influent sur la disposition de la masse, et lui impriment un mouvement favorable

au progrès des idées et des choses. Les hommes sagement observateurs recueillent , je dirais presque le
résumé, la substance de toutes ces aventureuses tentatives ; ils assemblent les faits, les coordonnent, les
comparent ; ils choisissent dans le nombre ceux qui
peuvent aider à l'accomplissement de leurs propres
desseins. En les classant ainsi , en les dépouillant
de ce qu'y ont ajouté l'enthousiasme ou le charlata-
nisme , ils parviennent presque toujours à leur assigner un certain degré d'utilité applicable aux progrès de la science et de l'industrie. Un tel résultat
est loin de répondre aux extravagantes promesses
des prétendus inventeurs ; mais l'honneur ne leur
est pas même attribué , et ils auraient d'ailleurs trop
d'ambition et trop peu de jugement pour accepter
un tel lot.

Ce dévergondage des idées exerce parfois aussi
une action directe dans un sens plus heureux et plus
fécond. Il contribue à agrandir le champ des méditations de certains hommes dont le regard n'eût point
osé interroger des problèmes trop hasardeux. Car il
est de ces esprits prudents et positifs qui, acceptant
pour limites à leur puissance , la combinaison des
éléments acquis à la science , se font une loi de ne
rien tenter au delà. Mais quand on leur a brisé la
barrière, quand on les a jetés sur un plus vaste terrain, ils donnent alors carrière à toute leur imagination , et il est rare qu'ils ne parviennent pas à
recueillir quelque heureuse moisson.

Dès qu'on eut entrevu quels merveilleux résultats on pouvait obtenir des chemins de fer, ce fut une admiration , un enthousiasme général. Tous les hommes spéciaux entraînés dans cet élan , rivalisaient de zèle ; chacun voulait s'attirer une part de la reconnaissance publique ; et l'on travaillait à corriger les défauts, à perfectionner les moyens d'exécution, à substituer aux instruments usités, d'autres instruments exempts des vices que l'on reconnaissait dans les premiers. La réunion de tant d'efforts a amené de précieuses réformes; mais tout n'est pas fait encore , et l'on ne saurait mettre trop de persistance dans les recherches.

Les chemins de fer ont subi la loi commune à tout ce qu'enfante le génie des hommes : ils ne sont pas nés à l'état parfait. Ce sont, pour ainsi dire, des machines complexes dont l'harmonie d'ensemble est subordonnée à la perfection relative de chacune des parties, et cette harmonie est encore fort incomplète. Mais, comme il en fut de même de toutes les créations des arts industriels ; comme les établissements où l'on travaille le fer , les filatures de coton et cent autres branches ont subi en peu d'années des modifications inattendues , incroyables ; comme les machines même qui fonctionnent sur les rails, ont eu aussi une enfance, et ont été admirées comme idée, avant d'être admirées pour la puissance et la facilité de leur jeu ; il serait insensé de ne pas espérer des chemins de fer , pour l'avenir , des

avantages beaucoup plus grands encore que ceux
que l'on obtient aujourd'hui.

La question première et capitale qu'ait à résoudre l'ingénieur chargé de tracer un chemin de fer,
c'est de déterminer dans quelle proportion la dépense devra être limitée, pour assurer à la compagnie, sous le rapport financier, les plus grands
bénéfices possibles. Pour cela, il lui importe
surtout de supputer exactement quelles seront la
quantité et la nature des matières transportées.
Plus cette quantité sera considérable, plus le tracé
devra être parfait, plus le chemin devra être facile à pratiquer. Dans ce cas, un surcroît de dépense, pour l'établissement, ne tournera qu'à
l'économie dans l'exploitation. En effet, sur une
voie commode et solidement établie, les frais
journaliers seront moindres, et le mouvement pourra être plus considérable; il faudra donc tout
combiner de telle sorte que la diminution des frais
de traction et l'excédant des recettes pour le
transport, compensent ou dépassent l'intérêt de
la somme dépensée en excédant pour obtenir un
chemin de fer plus parfait. Le problème est beaucoup plus compliqué lorsque le chemin de fer
doit transporter concurremment les marchandises
et les voyageurs. Alors il faut faire entrer dans les
calculs la possibilité d'augmentation du nombre
des voyageurs, si le service s'exécute avec rapidité et sécurité. D'un autre côté, si la masse des

transports de toute nature est déterminée par des
conditions positives et invariables., et qu'il n'y
ait nulle probabilité que l'exécution plus ou moins
bonne du service puisse amener quelque notable
différence dans les recettes, il devient évident qu'il
faudra sacrifier la perfection à l'économie. Dès lors
il faudra restreindre la dépense de manière à obtenir encore le résultat final le plus avantageux,
ce qui peut en thèse générale se formuler ainsi :
Que l'intérêt de la somme employée à établir,
ajouté aux dépenses d'exploitation, d'entretien et
de renouvellement du matériel, composent le
moindre total possible, relativement à tous les
avantages réunis sur lesquels on est en droit de
compter dans le cas particulier.

L'exécution des grandes lignes, confiée exclusivement à des compagnies, présentera de graves
inconvénients. Il se rencontrera souvent, dans le
cours des travaux, des circonstances que l'état
aurait prises en considération, parce qu'il a un
intérêt égal à féconder toutes les sources de pros-
pérités; mais auxquelles les compagnies n'auront
aucun égard, parce qu'en faisant sur ce point le
sacrifice de leur intérêt, elles n'auraient aucune
compensation à attendre. Cet intérêt, du reste,
parce qu'il est individuel, sera nécessairement et
toujours en contradiction avec la véritable économie politique, qui comprend dans sa sollicitude,
l'accord de tous les intérêts divergents. Si nos lé-

gislateurs avaient ainsi envisagé la question ; s'ils s'étaient représenté, en outre, combien il importe à notre industrie que l'on exécute promptement et avec toute la perfection possible le système complet de chemins de fer que notre pays réclame depuis si longtemps déjà ; s'ils avaient considéré combien les compagnies éprouveront d'embarras, de difficultés à organiser de grandes administrations, peut-être auraient-ils modifié leur décision. Ils n'auraient pas jugé que les justes motifs qui leur faisaient accepter les offres des compagnies, dussent leur faire repousser toutes celles du gouvernement. Ils auraient reconnu, au contraire, que, pour le bien général, il convenait de laisser faire simultanément un double essai, afin de décider plus tard, en connaissance de cause, à qui il conviendrait d'accorder la préférence.

La valeur des chemins de fer, comme placement de capitaux, est encore trop incertaine pour que l'on sache si les compagnies auront toujours à se féliciter du triomphe qu'elles ont remporté devant les chambres. L'exemple du chemin de Manchester à Liverpool, le seul que l'on puisse citer, et sur lequel ont été basés jusqu'ici tous les calculs, n'est pas de nature à ne laisser aucun doute. Il est vrai que pendant huit années le succès a paru constaté ; que des dividendes régulièrement distribués ont maintenu les actions à un cours élevé ; il est vrai que des comptes rendus, des rapports détaillés et lumineux qui exposaient la situation prospère de l'entreprise, ont été répandus dans tout le monde civilisé, attentif à cette intéressante épreuve. Mais nous ne connaissons pas encore le dernier mot de cette affaire. Les comptes ne sont point d'une authenticité inattaquable. On les a, au contraire, expliqués de manière à éveiller quelques soupçons sur la réalité du chiffre net des bénéfices [1]; on a cru reconnaître que ces bénéfices avaient été pris sur les emprunts considérables dont la compagnie s'est grevée. Et ces emprunts eux-mêmes semblent accuser un malaise, puisqu'ils tendent indéfiniment à enfler le capital, sans qu'ils aient produit encore d'augmentation bien sensible dans la valeur du chemin, et sans que l'on puisse indiquer une époque à laquelle on pourra n'y plus avoir recours.

Au reste, aucune parcimonie n'a ralenti le perfectionnement de ce chemin. Loin de là, toute innovation que l'on jugeait heureuse, y était appliquée sur-le-champ, sauf à être bientôt elle-même remplacée par quelque nouvelle modification. Les systèmes, dont le dernier était toujours le meilleur, se succédant rapidement, on comprend combien il devenait dispendieux d'exécuter ainsi changements sur changements ; et combien ces frais, toujours destinés à réparer des fautes par des me-

---

[1] **MM.** Simons et de Ridder, *Rapport présenté aux Chambres législatives*. **Bruxelles, 1837 ; tableau, page 98** *bis*.

sures que le lendemain on regardait à leur tour comme incomplètes, ont pu compromettre l'avenir de l'entreprise. L'administration se serait peut-être montrée plus prudente, si, au lieu de distribuer des dividendes à ses actionnaires, elle en eût employé le montant, en tout ou en partie, à augmenter ou à améliorer son matériel et sa ligne. L'affaire, il est vrai, n'aurait pas joui d'un aussi grand crédit, les actionnaires en auraient usé avec plus de réserve, mais il serait possible que leurs intérêts ne s'en fussent pas plus mal trouvés.

La compagnie du chemin de fer de Darlington à Stokton a mis plus de circonspection à adopter les innovations dont elle reconnaissait aussi la nécessité; son crédit s'en est élevé plus lentement, peut-être, mais il est plus solide; et, en réalité, cette entreprise me paraît en voie de succès mieux constatée que toutes celles de même genre que l'on a faites jusqu'ici.

La compagnie du chemin de Saint-Etienne à Lyon, adoptant une marche mixte entre celles des deux compagnies précédentes, a résolu de s'en tenir à un premier emprunt, et d'employer le produit de ses recettes à faire les changements qu'elle croirait utiles. Elle a maintenu cette décision, au risque de voir son crédit s'altérer, et le cours de ses actions tomber au-dessous de leur valeur nominale. L'expérience apprendra laquelle de ces trois entreprises a le mieux calculé ses moyens de prospérité.

Le système général des machines qui ont la vapeur pour principe de leur mouvement, et, par conséquent, des machines locomotives, est sur le point de subir une révolution. Chaque jour les bases sur lesquelles s'édifie le nouveau système sont mieux étudiées et acquièrent plus de consistance. Depuis plusieurs années on a remarqué que du calorique employé à réduire l'eau en vapeur et à en élever la température, une faible partie seulement s'utilisait pour la production de la force que ces machines dépensent au service de l'industrie. Quelques essais en grand ont déjà confirmé les savantes théories par lesquelles on a été conduit à ces observations.

Pour donner une idée du principe sur lequel reposera le nouveau genre de machines, je ferai remarquer que les machines à feu étant mises en jeu par de l'eau transformée en vapeur, que l'on est obligé de rejeter continuellement dans l'air, ou de condenser avec de l'eau froide après s'en être servi, il y a dépense inutile de chaleur. Comme l'expérience a démontré que la quantité de calorique nécessaire pour élever un gaz quelconque d'un certain nombre de degrés, est inférieure dans un grand rapport à ce qu'il en faut pour amener de l'eau à l'état de vapeur, et élever cette vapeur au même degré de tension et de température, on en a conclu avec raison que si, pour les mêmes usages, on pouvait substituer un gaz permanent à la vapeur d'eau, on obtiendrait une économie considérable.

C'est un inépuisable sujet d'admiration, que de voir l'industrie et les ressources de toute nature se développer dans un rapport constamment égal avec l'accroissement progressif de nos besoins ; que de voir des découvertes nouvelles venir toujours, au moment opportun, combler les lacunes qui semblaient devoir ralentir la marche de la civilisation. Ainsi l'art de produire le fer par la houille fut trouvé, lorsque déjà on se demandait avec inquiétude combien de temps encore les forêts pourraient suffire à une si énorme consommation. Et si nous supputons aujourd'hui combien de siècles il faudra pour épuiser tout ce que les houillères peuvent fournir de combustible, le géologue nous répond qu'à peu de distance de la surface du sol, se trouve un foyer inépuisable de chaleur, dont il ne désespère pas de nous livrer un jour la libre et complète jouissance.

En ce qui concerne les chemins de fer, il n'est pas hors de raison de présumer qu'une augmentation considérable de voyageurs et de marchandises, étant tour à tour effet et cause de leur perfectionnement graduel, ils en arriveront, par une suite de réformes opérées sur toutes leurs parties, à un état dont les constructions actuelles ne permettent pas même de concevoir l'idée. L'invention des chemins de fer a été suivie de l'invention ou de la mise en œuvre de moyens mécaniques, et même de plusieurs arts nouveaux destinés à leur prêter secours. Ces ressources, dont on ne tire encore qu'un parti plus ou moins limité, subiront sans aucun doute, avec le temps, de précieuses modifications. Il est fort possible, par exemple, que l'on en arrive à extraire et à déplacer, très-facilement et à très-peu de frais, de grandes masses de terres ou de roches; que l'on parvienne à établir des voies qui, offrant une grande élasticité, atténuent les secousses que les wagons et les machines éprouvent dans leur course, et réduisent considérablement la détérioration des roues et des rails, et la possibilité des accidents.

Ces problèmes résolus, on pourra alors percer les montagnes, combler les vallées ; redresser le cours des fleuves, tout en creusant leur lit et en augmentant leur tirant d'eau ; tracer de longues lignes droites ou des courbes d'un immense rayon, en les maintenant sous un niveau constant. Il sera facile encore de donner à la voie d'un chemin de fer telle largeur que l'on voudra, et d'y effectuer les transports avec une vitesse, une facilité et une économie aussi sépérieures à ce que l'on obtient aujourd'hui, que les moyens dont nous nous servons maintenant, sont supérieurs à ceux que l'on employait il y a un siècle.

Mais, pour déterminer l'accomplissement rapide de ces perfectionnements sur lesquels nous ne pouvons émettre que de timides prévisions, il est nécessaire qu'une judicieuse sollicitude et une protection éclairée encouragent les efforts ; il faut qu'une législation bienveillante s'attache à favoriser toute innovation basée sur une série de faits incontestables, et appuyée sur une théorie reposant sur les principes certains de la science.

Que les gouvernements acceptent cette noble tâche, et ils trouveront leur juste récompense dans la prospérité des peuples. Qu'ils ne craignent pas d'accorder quelques faveurs aux compagnies naissantes, de tendre une main secourable à celles qui souffrent. Ces secours administrés à propos et avec discernement, rendront au centuple ce qu'ils auront coûté.

CHAPITRE II.

**I. Conditions que doit remplir l'ingénieur chargé de diriger
la construction d'un chemin de fer.**

L'art de tracer les chemins de fer est si nouveau
encore ; les règles, les expériences pratiques sur lesquelles il s'appuie, sont encore si incertaines et sujettes à tant de variations, que celui qui veut en
faire une étude sérieuse, loin d'avoir à recueillir
des principes arrêtés d'après lesquels il se guidera,
doit se créer une méthode complète à l'aide de
ses observations personnelles. Pour l'exécution des
autres travaux qui rentrent dans ses attributions,
l'ingénieur est dirigé par un code de préceptes
mathémathiques, d'autant plus précis que l'objet en est plus simple, et que l'usage les a plus
longuement éprouvés. Mais la multiplicité des connaissances nécessaires pour bien diriger la construction d'un chemin de fer, le petit nombre et le dés-
accord des essais antérieurs d'après lesquels on

pourrait chercher à s'éclairer, en font, quant à présent, un art tout à fait exceptionnel. N'ayant aucun
maître qui puisse le lui enseigner, l'ingénieur n'y
peut suppléer que par ses recherches, ses méditations, ses expériences, ses voyages.

La tâche devient donc pour lui d'autant plus difficile et plus épineuse, que l'application pratique de
ses combinaisons s'éloigne plus du domaine des connaissances ordinaires; et, pour comble, il doit subir le jugement d'hommes versés tous dans quelque
science spéciale, et dont chacun ne manquera pas de
regarder la réussite du projet comme subordonnée
exclusivement à ce qui se rattache à la branche
qu'il cultive, faisant bon marché, du reste, de toute
mesure qui y sera étrangère.

Le financier se tiendra pour certain que, la compagnie constituée, le capital réuni, la concession
accordée, on peut regarder la question comme résolue, et que, quant au reste, il ne peut survenir ni
obstacles, ni entraves, ni accidents.

L'ingénieur assimilera les travaux à exécuter à
ceux qu'exige l'ouverture d'une route, sans tenir
compte d'aucune différence de position ni de besoins.

L'homme d'affaires réduira la difficulté à l'application au profit d'une compagnie particulière, de
la loi sur les expropriations pour cause d'utilité
publique, et aux traités à faire avec les propriétaires.

Le mécanicien ne prendra en considération que la nécessité d'employer une multitude de machines nouvelles, inconnues, et dont il s'agit de rendre l'usage familier.

Le commissionnaire chargeur et le négociant regarderont tous les embarras comme concentrés dans l'organisation du service des transports, des messageries, des voyageurs, des recettes et dépenses, etc.

Enfin, en suivant un ordre décroissant, chaque employé verra la réussite de l'entreprise circonscrite dans la limite des fonctions qui lui sont confiées.

Or, toutes ces branches doivent concourir simultanément et chacune pour sa part relative, à l'harmonie de l'ensemble ; elles sont d'ailleurs reliées entre elles, mais par des conditions que des hommes spéciaux sont rarement capables d'apprécier. Il est donc de première nécessité que celui qui doit diriger l'ensemble des opérations ne soit étranger à aucune des parties qui y contribuent ; il faut qu'il ait arrêté son système, et qu'il en ait régularisé la marche en faisant usage de tous les ressorts qu'il doit mettre en mouvement ; il faut qu'il soit doué d'une grande fermeté, d'un grand courage ; il faut enfin qu'il ait eu le soin de se placer à l'avance dans une position indépendante des hommes dont il dépense les capitaux. Cette dernière précaution est indispensable à sa tranquillité et à sa liberté d'agir.

S'il néglige de la prendre, les circonstances les plus insignifiantes peuvent devenir pour lui la cause des plus graves contrariétés. Le refus d'un employé inepte, présenté par un protecteur qui se trouvera blessé; un choix qui indisposera ceux qui n'en seront pas l'objet; des modifications soit dans les projets, soit dans l'emploi de quelques capitaux, commandées par des circonstances impérieuses; le changement de quelque fonctionnaire parmi ceux qui défendent les intérêts de la partie publique contradictoirement avec la compagnie, et mille autres cas imprévus se transformeront pour lui en sujets d'ennuis. Dès lors, non-seulement son esprit désagréablement préoccupé perdra une partie de sa puissance, mais sa position même pourra s'en trouver sérieusement compromise. On le pressurera dans les limites d'une tutelle rigoureuse; des refus ou des exigences arbitraires paralyseront ses efforts; ses intentions seront méconnues; son talent sera révoqué en doute, jusqu'à ce qu'enfin il se trouve forcé de résigner le fruit de ses travaux et toutes ses espérances aux mains d'un successeur, et souvent de celui-là même dont les perfides manœuvres auront amené sa disgrâce.

En Angleterre, les exemples de telles tracasseries sont beaucoup moins fréquents qu'en France. L'esprit d'association y est mieux compris et plus mûr. Chacun sait qu'en s'engageant dans une opération qui peut rapporter de grands bénéfices, on

doit accepter toutes les chances de non-succès qui
peuvent se présenter. Lorsque des revers, des accidents, des circonstances malheureuses viennent déjouer des combinaisons qui avaient été reconnues
sages, renverser des espérances qu'on avait crues
fondées, les compagnies les subissent ou s'efforcent
d'y parer. Mais elles se gardent bien d'aggraver le
mal en chargeant leurs directeurs d'une injuste responsabilité et en se hâtant, sans de graves motifs,
de les remplacer par d'autres dont elles auraient à
payer sur nouveaux frais l'apprentissage.

Nous arriverons, sans nul doute, à donner à nos
associations ce caractère de gravité qui leur manque,
et à détruire en nous cette versatilité puérile qui
nous fait renverser aujourd'hui, par une panique
irréfléchie, l'entreprise dont nous espérions hier
les plus admirables résultats. Pour opérer cette réforme dans nos mœurs, aussi bien que pour asseoir,
au bénéfice de l'avenir, les fondements d'un art qui
est encore dans son enfance, il serait bien, je crois,
que tous les hommes qui ont présidé à de grandes
entreprises industrielles, et en particulier, tous les
ingénieurs qui ont dirigé l'établissement d'un chemin de fer, livrassent au public le fruit de leur expérience. C'est dans cette conviction que je me suis
décidé à publier cet ouvrage, où je me bornerai à
consigner les études que j'ai dû faire en créant
le premier chemin de fer qui ait été livré en France
au service du public.

II. Des employés.

La plupart des personnes qui se sont trouvées dans une position analogue à celle où les circonstances m'ont placé, ont pensé que la direction d'une grande entreprise offrirait beaucoup moins de difficultés, si plusieurs chefs étaient réunis, avec un égal degré d'autorité, pour en surveiller tous les détails. Mais il est bien rare qu'en pareil cas la bonne harmonie ne soit pas bientôt troublée; il est bien rare encore que des hommes, quel que soit d'ailleurs leur mérite, fassent abnégation d'amour-propre en faveur du but qu'ils poursuivent en commun. Aussi, à moins qu'ils ne se soient éprouvés déjà réciproquement par une longue expérience, il sera, je crois, toujours plus prudent de laisser la direction suprême entre les mains d'un seul. Il y aura alors plus de latitude et d'indépendance dans le choix des collaborateurs et des employés, et l'ordre, une fois établi, courra beaucoup moins le danger d'être troublé. Le chef, pour peu qu'il soit habile et bienveillant, s'attachera ses subordonnés par l'affection. Il étudiera leurs capacités et la nature de leur esprit. S'il reconnaît qu'ils n'ont pas été placés dans un emploi qui convienne à leurs goûts ou à leurs connaissances, il leur en assignera un autre. Par ce moyen, chaque spécialité sera bien dirigée ; et il en résultera encore un autre avantage, en ce que le chef n'hésitera jamais à avouer,

4

chez son subalterne , une supériorité dans telle ou telle branche secondaire, tandis que son amour-propre se serait refusé à la reconnaitre dans son égal.

Les occupations les plus importantes de l'unique directeur, seront de surveiller l'ensemble, d'en faire concorder toutes les parties, d'aller chercher au loin des renseignements , de discuter les intérêts généraux, de s'attacher enfin aux choses qui ressortent de la masse des détails, et qui, pour être bien appréciées , demandent un coup d'œil très-exercé. Dès lors, il ne serait pas raisonnable qu'il s'attribuât dans chaque branche d'un métier dont il fait l'apprentissage , des connaissances supérieures , ni même égales à celles de l'homme qui y est spécialement préposé. Il convient donc qu'il se mette en rapports fréquents avec tous ses employés, qu'il les réunisse souvent, qu'il les engage à communiquer entre eux. Par ce moyen , les idées, modifiées les unes par les autres, arriveront à se fondre, et, dans l'ordre physique , des travaux exécutés pour un même but n'offriront pas, dans leurs disparates , la preuve des dissentiments théoriques de leurs auteurs.

La confiance que l'on accorde aux employés , la liberté d'agir, l'étendue de pouvoir qu'on leur laisse en tout ce qui n'est pas susceptible d'altérer l'harmonie, sont, pour le chef, de sûrs moyens de se les attacher. Il y trouvera en outre une garantie de leur zèle et de leur fidélité ; car la négligence ou les abus de confiance sont presque toujours, de leur part, la

suite des dégoûts ou de l'irritation qu'ils éprouvent,
lorsqu'ils peuvent croire que leurs intentions, leur
loyauté ou leur mérite sont méconnus.

III. Des concessions.

Plusieurs modes ont été successivement adoptés
jusqu'ici par le gouvernement, pour régler les
concessions de travaux qu'il a faites en faveur des
particuliers et des compagnies. Mais toujours la
marche que l'on a suivie a donné naissance à mille
contestations entre les intéressés directs ou indirects,
et ceux que leurs fonctions établissaient juges des
prétentions de chacun. De tels débats et l'importance des intérêts qui les soulevaient, firent comprendre l'urgente nécessité d'une bonne loi qui
fixât clairement, et garantît à la fois les droits de
l'état, ceux du public et ceux des concessionnaires.
On s'en est occupé à plusieurs reprises; divers
projets ont été présentés à la chambre, qui les a
discutés, modifiés, accueillis ou rejetés, sans que
l'état des choses en ait été sensiblement amélioré.
Ce que ces discussions ont rendu surtout évident,
c'est que la matière n'est encore ni assez approfondie, ni assez connue, pour que l'on puisse espérer d'en trancher, par une loi bien complète,
toutes les difficultés. La question est donc encore
à résoudre. Mais elle s'éclaire de l'expérience de
chaque jour, et l'on ne doit pas déplorer un

4

ajournement qui permettra au gouvernement de s'entourer de tous les renseignements nécessaires pour prononcer avec sagesse et équité.

La première concession d'une entreprise d'utilité publique, qui ait été accordée par le gouvernement à une société particulière, est celle que j'obtins le 22 janvier 1824, relativement à la construction du pont de Tournon sur le Rhône. Loin de trouver, dans les ingénieurs du gouvernement, cet esprit d'opposition dont on les a si souvent accusés depuis, je reçus l'accueil le plus encourageant de tous les membres de ce corps, avec lesquels je dus entrer en relations. Je pus même acquérir la certitude que leur plus grand désir était de prêter appui à tous ceux dont les efforts pouvaient être de quelque utilité aux progrès de leur art. M. le comte de Villèle, alors ministre des finances, M. Becquey, directeur général des ponts et chaussées, M. Legrand, alors secrétaire de la commission des canaux, et M. Brisson, directeur de l'école des ponts et chaussées, m'accordèrent toujours la plus bienveillante protection. J'exposai à ces habiles administrateurs l'ensemble d'un système général de communications que, le premier, j'avais conçu, et que je voulais commencer à appliquer en France en construisant des ponts suspendus, et en établissant le chemin de fer de Saint-Étienne à Lyon. Ils le comprirent rapidement, et sentirent en même temps que pour entrer dans cette nouvelle voie,

et pour y attirer les industriels et les capitalistes ,
il fallait faire aux premiers concessionnaires des
conditions très - larges. Ne voulant rien préjuger
légèrement sur ce que l'expérience seule pouvait
résoudre , ils remirent à des temps postérieurs à
insérer aux cahiers des charges les conditions plus
sévères dont l'urgence serait démontrée.

La difficulté n'a donc été ni résolue ni diminuée
par eux ; ils l'ont laissée subsister tout entière ;
elle l'est encore aujourd'hui.

Ce serait faire preuve de peu de sagacité que
de prétendre la trancher en copiant des institutions
étrangères, celles de l'Angleterre, par exemple. Il
peut y avoir entre deux nations identité de besoins ; mais cette identité n'existant d'ailleurs ni
dans la législation , ni dans les mœurs , ni dans le
caractère , il s'ensuit que l'on doit pourvoir à des
besoins analogues chez l'une et chez l'autre, par des
moyens souvent très-différents. L'esprit d'une nation
telle que la France n'est pas si facile à changer, que
l'on puisse brusquement y implanter les coutumes
de l'Angleterre. Ainsi , bien que , dans ce dernier
pays , l'expérience semble avoir démontré les avantages de la concession directe , il n'en résulte
pas rigoureusement que ce mode doive aussi prévaloir exclusivement chez nous. La concession
directe laisse trop beau champ à l'intrigue , à
la faveur, aux manœuvres des coteries et des affections particulières. Il semble juste , au contraire ,

de ménager au vrai mérite toutes les chances possibles de se produire. Or, s'il faut qu'il se prône
lui-même et qu'il sollicite, le vrai mérite sera
presque constamment écarté, parce qu'il n'agira
pas, ou agira mollement, et ne cherchera jamais
à triompher par l'importunité. Mais si la concession
est l'objet d'une concurrence légale, et qu'elle soit
acquise à celui qui s'engagera à l'exploiter avec
les plus grands avantages pour le gouvernement et
pour le public, la lutte sera établie alors entre les
systèmes et les moyens d'économie, et tous les
talents pourront y concourir. On sait, du reste,
que l'adoption de la concession directe a soulevé
en France de vives réclamations. Plusieurs fois on
a accusé l'administration d'en avoir abusé, soit pour
éloigner des hommes dont on redoutait, en industrie, le pouvoir trop envahissant au gré de certains
intérêts; soit pour favoriser des compagnies dont
le but se bornait évidemment à réaliser des primes
par la négociation des actions.

Je sais bien que l'adjudication publique a aussi
ses inconvénients, et qu'à la manière dont elle se
pratique, il n'est pas toujours possible d'en écarter
les esprits aventuriers et enthousiastes, les théoriciens rêveurs, qui peuvent, en échouant dans leur
tentative, discréditer à jamais une entreprise de
la plus haute importance.

Entre ces deux extrêmes, il y aurait, je crois,
un moyen terme qui obvierait à la fois aux dif-

ficultés opposées : ce serait de mettre en concurrence les divers auteurs de projets qui voudraient obtenir des adjudications de travaux publics. On exigerait d'eux préalablement qu'ils justifiassent des qualités nécessaires pour en discuter tous les points avec un comité d'hommes spéciaux , constitué à cet effet par l'administration. Ils seraient astreints, en outre, à représenter une compagnie financière, reconnue solvable, qui eût déposé un cautionnement, et qui eût contracté l'engagement garanti de mener à fin l'entreprise si elle lui était adjugée.

Mais ici une autre difficulté pourrait se présenter. Il existerait probablement, entre les divers projets, des dissemblances trop capitales pour qu'on pût les comparer les uns aux autres. Voici comment il me semble qu'on pourrait parer à cet inconvénient.

Le comité dont je viens de parler, serait chargé de recevoir tous les projets concernant des travaux d'intérêt public, pourvu qu'ils fussent accompagnés de plans et de pièces suffisantes pour fournir la preuve des études sérieuses de leurs auteurs. Lorsqu'il serait arrivé aux bureaux du comité un certain nombre de projets relatifs à une même entreprise, et que d'après la position scientifique ou sociale des auteurs, aussi bien que par les considérations qu'ils auraient développées, le comité serait convaincu que l'intérêt public en réclame l'exécution , il en

déciderait en principe la mise en adjudication.
On dresserait alors le cahier des charges, et l'on
ouvrirait le concours où serait admis tout projet
dont l'auteur satisferait, quant à sa personne, aux
exigences de la loi. Ces exigences pourraient aussi
être réglées de manière à augmenter encore les
garanties de capacité. Il pourrait être imposé,
par exemple, à celui qui soumissionnerait, de
justifier qu'il est élève de l'école polytechnique
ou de toute autre qui serait désignée, ou qu'il a
subi un examen analogue à celui auquel on soumet les aspirants aux brevets de docteur en droit
ou en médecine.

Toutes ces formalités et ces précautions pourraient, il est vrai, entraîner chaque concurrent
évincé dans des pertes plus ou moins grandes. Mais,
en revanche, elles en réduiraient le nombre à ceux qui
auraient le ferme désir et les moyens de réussir. Rien
n'empêcherait, du reste, ainsi que cela s'est fait en
d'autres circonstances, que l'on obligeât l'adjudica-
taire à remettre à ses concurrents une indemnité
fixée d'après l'estimation approximative des dépenses
qu'ils auraient faites pour étudier et édifier leur
projet.

Il convient dans tous les cas que le concession-
naire ait toute facilité possible pour exécuter ses travaux, et qu'en sus de la latitude rigoureuse qu'il
aura demandée, on lui laisse encore une latitude fa-
cultative, dont il disposera, au besoin, soit pour parer

à un obstacle, à un accident, soit pour améliorer,
s'il y a lieu, quelques-unes de ses dispositions. Les
propriétaires anglais, si jaloux cependant de conserver tous leurs droits, nous donnent à ce sujet un bel
exemple de tolérance, en souffrant l'application de
l'ancienne loi qui autorise, chez eux, les compagnies, tant que dure la construction d'un chemin,
à s'écarter du tracé primitif dans un espace de 200
yards (182 mètres). Il n'est personne ayant dirigé
de grands travaux de cette nature, qui ne reconnaisse
que cette limite est le minimum indispensable, si
l'on ne veut rendre l'exécution impossible. L'expérience prouve tous les jours que les plans arrêtés
d'abord ne peuvent presque jamais être suivis sans
rectifications, avec quelques soins, quelques études,
quelque science qu'on les ait d'ailleurs combinés.

Enfin il me semble que des révisions de tarifs
faites à de longs intervalles, et la faculté de rachat
que se réserverait le gouvernement, pourraient dispenser de limiter la durée des concessions. Il ne
pourrait y avoir en ceci que bénéfice pour l'état. En
effet, en calculant la valeur de la concession au
moment où la compagnie cessera d'en avoir la jouissance, et en la ramenant par l'escompte, au moment
de la mise en possession, on s'assurera que la
fixation d'une limite n'entraîne pas un préjudice
appréciable. Et cependant, c'est une clause que
les compagnies ont toujours soin de représenter
comme très-onéreuse, et qu'elles prétendent

compenser en élevant leurs soumissions. Quelle
que soit la modicité de la compensation qu'elles
parviennent à obtenir , elle dépasse toujours de
beaucoup les désavantages qu'elle est destinée à couvrir.

Il ne peut donc qu'être préjudiciable à l'intérêt
général de grever le cahier des charges d'une telle
condition, comme il le serait d'y insérer une clause
établissant le droit de libre parcours, ou toute autre
sujétion gênante pour la compagnie, sans utilité pour
le public.

En résumé, la base essentielle de tout système qui
voudra favoriser le développement rapide de l'industrie, ce sera, je crois, de faire aux compagnies
qui offriront toutes les garanties désirables , des
conditions généreuses sous tous les rapports. A cet
égard, la France possède un avantage sur l'Angleterre : elle a, dans le corps de ses ingénieurs, un
moyen de surveillance continuelle, active et éclairée,
et elle peut s'en reposer sur eux pour prévenir la
mauvaise exécution. Il serait même à désirer qu'on
les vit se mettre à la tête des entreprises particulières
ou nationales. Le gouvernement pourrait alors les
charger de grands travaux, dans des conditions analogues à celles où se trouvent les autres concessionnaires; et ces sortes de spéculations ne tarderaient
pas à acquérir un crédit qui aurait la plus heureuse influence sur la prospérité de la France.

IV. De l'Expropriation.

L'acquisition des propriétés, soit de gré à gré, soit par voie d'expropriation, est le premier et souvent le plus important de tous les actes qu'ait à accomplir le chef d'une grande entreprise. Depuis que les compagnies particulières ont été admises par le gouvernement à exécuter des travaux d'utilité publique, leur situation vis-à-vis des intérêts privés a pris un déplorable caractère. Les propriétaires auxquels elles demandent la cession de leurs terrains, se font en général un mérite de toutes les spoliations qu'ils peuvent exercer contre elles. Excités par un étroit sentiment de jalousie, ou plus souvent par le désir de profiter de la nécessité où elles se trouvent, ils ne se font aucun scrupule de les rançonner de la manière la plus exorbitante. Cette disposition hostile, qui s'est répandue dans toutes les classes de la société, force les compagnies à payer leurs acquisitions à un prix qui dépasse tout ce que l'on pourrait imaginer. C'est une des principales causes des mécomptes dans lesquels elles sont tombées, pour la plupart, en supputant le chiffre probable de leurs dépenses.

Ainsi, lorsqu'en 1825 je formai un premier aperçu des dépenses du chemin de fer de Saint-Etienne à Lyon, M. Brisson, alors directeur de l'école des ponts et chaussées, n'ayant pas plus que

moi l'idée des sujétions que l'adoption des grandes
courbes imposerait au tracé, pensa que, sur 60,000
mètres, la ligne occuperait environ 60 hectares de
terrain. Ces 60 hectares représentaient une valeur
réelle qui n'atteignait pas 120,000 fr. ; mais il m'en-
gagea, pour être certain que mon estimation ne
serait pas dépassée, à y affecter une somme de
600,000 fr., c'est-à-dire le double de ce qu'il en
aurait coûté à l'état en pareille circonstance. Cependant, comme c'était là surtout que l'estimation de
mon devis pouvait manquer de certitude, je jugeai
prudent de doubler encore cette somme, et je la
portai à 1,200,000 fr. Malgré cette latitude qui me
semblait exagérée de beaucoup, mes prévisions res-
tèrent tellement au-dessous de la réalité, qu'au
31 décembre 1835, la dépense effectuée s'élevait
déjà à 3,633,300 fr.

Pour donner une idée de la position dans laquelle
je me trouvais alors, et des difficultés que l'on me
suscitait, il me suffira de citer ce passage d'un rapport que je fis le 20 octobre 1829 : « Tout ce que
» vous pourriez imaginer, messieurs, de l'exigence
» des propriétaires et des communes, resterait au-
» dessous de la vérité. Un funeste préjugé, univer-
» sellement répandu dans toute la contrée où s'exé-
» cutent nos travaux, laisse croire aujourd'hui que
» toutes les fois qu'il existe une contestation entre
» un particulier et une compagnie, les intérêts de
» cette dernière doivent être impitoyablement sa-

» crifiés. Cette opinion, dont il est impossible aux
» experts, même à ceux nommés par nous, de
» s'affranchir, rend absolument nul le vœu de la
» loi, qui, en exigeant, dans certains cas, des par-
» ticuliers, la cession de leurs propriétés, a voulu
» que la masse dont ils font parties retrouvât dans
» d'autres avantages la juste indemnité de ce sa-
» crifice. Mais, loin d'être un sacrifice, cette néces-
» sité devient presque toujours pour eux un moyen
» d'assouvir leur aveugle cupidité. »

A cette époque, toutes les compagnies anonymes
qui s'étaient formées dans les environs de Saint-
Etienne, étaient en liquidation ou dans un état de
souffrance qui en faisait présager la ruine. L'opinion
générale, activement influencée par la riche et puissante compagnie du canal de Givors, s'accordait à
regarder le projet d'exécuter un chemin de fer entre Saint-Etienne et Lyon, comme une entreprise
insensée, qui n'aurait d'autre résultat que l'absorp-
tion d'un gros capital dans des travaux qui n'arri-
veraient jamais à fin[1]. Chaque propriétaire à qui
l'on demandait la cession de son terrain, se regardait comme l'objet d'une vexation sans but et sans
utilité pour personne; il croyait donc rendre un
service aussi grand aux autres qu'à lui même, en
faisant tous ses efforts pour attirer à lui une par-

---

[1] *Lettre sur les Chemins de fer.* **Poussielgue, Rusand; Lyon,**
1827, p. 32.

tie du fonds social de la compagnie, afin de l'épuiser le plus promptement possible. Les prétentions n'a-vaient plus de bornes, les motifs les plus ridicules paraissaient suffisants pour les autoriser. L'individu auquel on prenait un coin de cave, afin d'exécuter un percement sous l'un des angles de sa maison, en était venu à ne plus rougir de demander sérieu-sement une indemnité de 300,000 fr., c'est-à-dire de plusieurs fois la valeur de l'immeuble tout entier. Un autre faisait valoir la dépréciation que la nou-velle voie causerait à ses propriétés, situées à une distance quelconque, dans le voisinage de l'an-cienne. D'autres élevaient en toute hâte des simula-cres de constructions dans les lieux désignés pour le passage de la ligne. Enfin, la grave compagnie du canal de Givors portait devant les tribunaux une de-mande en indemnité du tort probable que lui cau-serait la concurrence élevée à ses côtés.

On comprend que des juges équitables, circon-venus par une opinion si prononcée, si générale, harcelés par tant d'intérêts divers ligués dans un même but, ont pu, sans se l'avouer à eux-mêmes, devenir injustes envers la compagnie qui n'avait pour elle qu'un droit si universellement attaqué. Dans un grand nombre de circonstances, des hom-mes choisis par nous et dont nous honorons tou-jours la droiture et le caractère, se sont laissé entraî-ner, sous le plus léger prétexte, à estimer des objets au décuple de leur valeur évidente, palpable. Et ces décisions n'ont pas été d'un médiocre secours aux hommes d'affaires, lorsqu'ils soutenaient devant les juges d'inqualifiables prétentions.

Et au milieu de tant d'entraves et de périls, cette compagnie, qui consacrait un capital énorme à résoudre une grande question d'économie industrielle, n'obtint du gouvernement qu'un refus formel à toutes les demandes de secours qu'elle lui adressa. Aussi, personne ne mettait en doute, qu'abandonnée ainsi par tout le monde, elle ne fût destinée à s'abîmer dans une éclatante catastrophe. En vain elle sollicita tour à tour la remise des droits d'enregistrement ou des droits de procédure ; une légère augmentation de son tarif à la descente ; la remise, au moins temporairement, du droit du dixième sur le prix des places des voyageurs, faveur que l'on a depuis regardée comme devant être accordée de droit ; tout lui fut obstinément refusé. Elle exposa les circonstances désastreuses dans lesquelles elle s'était trouvée, et que nulle raison humaine ne devait ni ne pouvait prévoir ; mais on se borna à lui répondre qu'il valait mieux laisser périr une compagnie que de porter la plus légère atteinte à l'un des principes dont l'oubli avait occasionné une révolution.

Cependant, si, dans le cas spécial, le gouvernement laissait une compagnie sous le coup d'une chute imminente, son attention n'en fut pas moins attirée sur l'insuffisance de la législation à laquelle était dû un si grand malaise. Il chercha, par une nouvelle loi sur l'expropriation, qui devait réformer celles du 16 septembre 1807 et du 8 mars 1810, à offrir aux compagnies des garanties plus efficaces. Mais la loi du 7 juillet 1833 ne pèche-t-elle pas elle même sous d'autres rapports, et n'a-t-on pas eu tort de la calquer sur les usages d'Angleterre ?

Les tribunaux qui avaient pu errer dans l'application d'une loi nouvelle, dans des circonstances qui ne leur étaient pas encore familières, s'étaient pénétrés enfin de la position des parties. Les indemnités qu'ils allouaient, larges à la vérité, étaient cependant fixées avec discernement, et d'une manière assez régulière pour permettre d'estimer d'avance, avec quelque certitude, cette partie des déboursés. Les compagnies avaient pu même, par les derniers arrêts de la cour royale de Lyon, rester convaincues que désormais leurs intérêts seraient traités sur le même pied que ceux des autres citoyens. Une seule chose restait à désirer, et elle était urgente : l'article de la loi qui exigeait que l'indemnité fût accordée et fixée préalablement à l'occupation du terrain, laissait les compagnies complétement à la discrétion des propriétaires; il fallait le réformer ; rien n'empêchait, du reste, qu'on ne le calquât sur la loi anglaise. Si l'on s'en était tenu à cette modification indispensable, mais suffisante, on n'aurait pas rendu nécessaire un nouvel apprentissage qui pourra être encore très-funeste à la situation des compagnies.

On se tromperait en supposant que l'affaire importante pour les compagnies, dans une loi sur les expropriations, est l'abaissement du chiffre des indemnités. Ce qu'elles demandent surtout, c'est que la fixation de ce chiffre soit réglée d'après des conditions assez arrêtées, assez positives, pour que l'on puisse d'avance le calculer approximativement, et le faire entrer dans les prévisions de dépenses sans avoir à craindre d'erreur trop considérable.

Quand un propriétaire est dérangé dans des habitudes dont il s'est fait un besoin ; quand il est dépossédé brusquement d'un bien que depuis longues années il accommodait avec soin à ses goûts et à ses projets, il est de toute justice qu'il en reçoive non-seulement le prix absolu, mais encore une compensation raisonnable. Ainsi, je n'ai point été surpris de voir allouer au propriétaire d'une maison qui fut traversée par le percement de la Mulatière, à Lyon, la somme de 30,000 francs à titre d'indemnité pour le dérangement apporté dans ses habitudes ; c'était, au reste, justement le dixième de ce qu'il avait demandé. Quant aux compagnies, elles ont d'autant moins de raison de protester contre ce principe, que toutes les conséquences, en ce qui les concerne, se bornent à une avance de fonds plus ou moins

5

considérable ; et que, puisqu'en dernière analyse,
c'est le public qui est substitué à la jouissance
des droits du propriétaire, ce sera lui encore qui
paiera.

Je crains bien que la nouvelle loi qui fait résoudre par un jury toutes les contestations pour
indemnités, ne réalise pas tous les avantages que
l'on s'en est promis. Que l'on en réfère au jury
pour prononcer sur la vie d'un homme, c'est offrir
à la société, comme à l'individu, une garantie de
justice. Placé entre l'accusé et la loi, le juré ne
subit l'influence d'aucune considération humaine.
Il s'isole au dedans de lui-même, et sa conscience
seule lui dictera l'arrêt qu'il répétera. Quand il
remplit de si nobles fonctions, l'homme doit gran-
dir à la hauteur de sa tâche ; et pourtant, on sait
avec quelle nonchalance, avec quelle légèreté il
s'en acquitte trop souvent ! Espère - t - on qu'il
mettra plus de zèle et autant d'impartialité lorsqu'on réduira son rôle à celui d'arbitre entre des
prétentions contradictoires ? Pense-t-on que des
citoyens dérangés de leurs affaires pour vider les
contestations d'une compagnie à laquelle ils ne
prendront nul intérêt, y apporteront toutes les
dispositions convenables ? Croit-on qu'ils seront,
moins que les juges, susceptibles de se laisser
influencer ? Que, placés entre des prétentions hos-
tiles, ils seront, moins que les juges, dominés
par des affections, des antipathies, des préjugés,

des considérations, et par toutes ces impressions
qui nous maîtrisent souvent en dépit du droit et
de la justice? Quelle supériorité enfin leur accorde-
t-on sur les juges que l'habitude protége contre la
partialité, et qui, d'ailleurs, sont toujours là, établis en permanence, et prêts à décider sur-le-champ
dans les cas d'urgence?

En outre, il est des questions, celles de com-
pétence, par exemple, que le jury n'a pas le
pouvoir de trancher, et qui pourront à chaque
instant entraver la marche des affaires, promène-
ront les parties d'une juridiction devant une autre,
et conserveront, en définitive, aux tribunaux les
contestations qu'on aurait voulu en éloigner.

L'irritation excitée par les premières concessions
accordées à des particuliers, s'affaiblit de jour en
jour; les difficultés si opiniâtres que l'on a rencontrées pour faire accepter ce mode d'occupation,
s'aplanissent graduellement. L'importance majeure
des travaux exécutés aujourd'hui par les compagnies, ne tardera pas à faire assimiler leur droit
d'exproprier à celui qu'exerce l'état dans des circonstances analogues. Tout permettait donc d'espérer
que bientôt l'état des choses aurait été assez régularisé pour que les prévisions sur le coût des indemnités eussent pu acquérir un degré suffisant de
certitude.

La France se trouve à cet égard dans une position bien plus favorable que celle de l'Angleterre.

Les propriétés qui sont chez nous disséminées entre toutes les classes, changent très-souvent de
maître, et ne peuvent plus d'ailleurs, d'après nos
lois, recomposer ces fiefs ou apanages que les fa-
milles tenaient à honneur de conserver perpé-
tuellement intacts. Chaque jour, s'efface de nos
mœurs ce respect pour l'inaliénabilité des héri-
tages, qui est encore dans toute sa vigueur dans
les mœurs anglaises. Plus un peuple fait de progrès
vers l'égalité légale et vers l'abolition des privi-
léges, plus il s'accoutume à admettre l'argent
comme l'équivalent, comme le représentant des
jouissances. En France, cette manière de voir est
aujourd'hui devenue générale. Il n'est aucun dommage dans les possessions territoriales qu'on ne
regarde comme pleinement compensé par une généreuse indemnité pécuniaire. Depuis le régime de
fer de l'Empire, chacun s'est soumis à accepter
comme modification essentielle du droit de jouissance, le droit du gouvernement de disposer de
toute propriété pour cause d'intérêt public. Une
simple notification d'urgence entraîne la nécessité
de la cession. C'est une conséquence directe du
principe de la prééminence de l'intérêt général sur
l'intérêt privé. C'est une sujétion qui a pris rang
désormais parmi les nécessités de notre état social,
et dont l'industrie profite paisiblement. En Angleterre, il n'en est point ainsi. Les propriétés particulières y sont l'objet d'un respect beaucoup plus

grand. On voit, en effet, combien les chambres attachent d'importance à connaître le nombre de propriétaires intéressés à la construction d'un chemin de fer , *les consentants, les non consentants et les neutres*[1]; les oppositions soulevées par les établissements déjà existants , etc. Toutes ces diverses manifestations sont soumises à un scrupuleux examen ; et, s'il n'en résulte pas qu'une grande majorité des intérêts locaux s'est prononcée en faveur du projet, il est impitoyablement rejeté.

Il paraît même qu'en certains cas, le consentement des établissements rivaux antérieurement existants, est indispensable pour obtenir une concession. Ainsi dans l'enquête du chemin de fer de Cheltenham à Great-Wertern, les propriétaires du Thames et Severn-Canal, s'étaient portés opposants, alléguant que ce chemin, inutile du reste pour les besoins de la localité, ruinerait immédiatement leur entreprise. Le comité se prononça dès lors contre l'admission du projet, et la compagnie se trouva forcée de s'arranger à l'amiable avec les propriétaires du canal.

V. Du prix de revient des chemins de fer.

La possibilité de prévoir approximativement le montant des indemnités pour expropriation, serait,

---

[1] *Lois européenne et américaine sur les chemins de fer*, par M. Smith ; Saint-Étienne , 1837, page 263.

sans aucun doute, d'un grand secours pour l'économie, dans les frais de création d'un chemin de fer;
on pourrait alors , en comparant les directions diverses que l'on aurait la faculté de donner à certaines
parties de la ligne , faire entrer en compte le prix
probable des achats et des travaux de terrassement,
et l'on donnerait la préférence au tracé qui devrait
être le moins dispendieux.

La ligne de Saint-Etienne à Lyon ayant nécessité
plus de trois cents acquisitions et plus de six cents
transactions, j'ai été souvent dans le cas de faire à ce
sujet des comparaisons minutieuses. Mais , au résumé , je n'ai presque jamais eu lieu de me féliciter
de m'être écarté, même légèrement et dans un but
d'économie, de ce qu'aurait exigé la perfection du
tracé. Les dépenses d'un surcroît de travaux d'art ,
la perte du temps des employés, les retards d'une
livraison partielle des travaux, et tous les frais
accessoires du dérangement, se sont presque toujours élevés à un chiffre plus considérable que celui
de l'économie que j'avais espérée.

Le prix moyen des acquisitions pour indemnités
est extraordinairement variable suivant les localités.
Voici ce qu'il en a coûté par mètre courant aux divers chemins de fer de France , d'Angleterre, de
Belgique et d'Amérique :

France.	De Saint-Étienne à Lyon.	50	»
—	D'Andrezieu à Roanne.	15	»
—	De Paris à Saint-Germain.	(?)	»
Angleterre.	De Manchester à Liverpool.	35	»
—	De Darlington à Stokton.	18	»
Belgique.	D'Anvers à Bruxelles et Terremonde.	18	»
Amérique.	De la Providence à Stonington, état de Rhode-Island [1].	3	50
—	D'Amboy à Camden, état de Long-Island [2].	6	20

L'établissement d'un chemin de fer nécessite, pour les acquisitions des terrains, des dépenses beaucoup plus considérables lorsque la ligne parcourt des lieux très-accidentés, que lorsqu'elle traverse un pays à surface plane ou peu inclinée. Le besoin de grandes courbes impose des directions dont, le plus souvent, on ne pourrait s'écarter, même légèrement, sans s'exposer à tomber dans des travaux d'art et de terrassements qui entraîneraient de grands frais. D'un autre côté, les propriétaires appelés à faire la cession de leur terrain, veulent rarement comprendre ces considérations, ce qui rend les transactions fort difficiles. Ainsi plusieurs fois, j'ai dû refuser de conduire la ligne par un emplacement à leur convenance qu'ils offraient de m'abandonner gratuitement, et ma résistance les a jetés dans un état d'irritation qui m'a suscité de grands embarras.

[1] **Major Poussin**, *Chemins de fer américains*, **Paris, 1836, p. 6.**
[2] *Idem*, **p. 16.**

Lorsque les propriétés sont très-divisées, et surtout aux abords des grandes villes, où se trouvent plus fréquemment des bâtiments , des maisons de campagne, des jardins, des clôtures, etc., il devient presque impossible de fixer même approximativement le chiffre de la dépense. Dans ces circonstances, la valeur réelle de la propriété se grossit nécessairement des prétentions du propriétaire ; et si l'on a affaire à un homme difficultueux, il ne manque jamais, pour appuyer sa réclamation, d'arguments, de raisons imprévues, subtiles et spécieuses, contre lesquelles l'impartialité des juges ne sait pas toujours se défendre. Il en est de même des indemnités pour occupations temporaires ; chemins, passages, dommage dans la récolte, privations des eaux , etc., deviennent, de la part des petits propriétaires, l'objet des demandes les plus exagérées, surtout lorsqu'ils supposent que le préjudice qu'ils ont éprouvé est le fait des agents de la compagnie. Aussi convient-il de stipuler, de la manière la plus formelle, dans les marchés avec les entrepreneurs, que toutes ces indemnités seront à leur charge.

Le coût du terrain, quoique très-variable, influe moins cependant sur le prix d'établissement d'un chemin de fer , que les difficultés physiques que présente l'ouverture de la ligne ; et plus ces difficultés seront grandes , moins l'on pourra garantir la certitude rigoureuse de l'appréciation. En outre, l'adoption des courbes d'un grand rayon et l'assujettissement à une faible pente, conditions qui, dans les pays de plaine modifient à peine le chiffre de la dépense, y apportent une grande différence quand on conduit la ligne à travers un pays de montagnes, ou le long des torrents encaissés entre des rochers.

On connaît l'opinion générale des géologues sur l'origine de la plupart des rivières : des lacs étaient échelonnés les uns au-dessus des autres ; le trop-plein des premiers se répandant dans ceux qui leur étaient inférieurs , a creusé les sillons qui forment aujourd'hui le lit de ces rivières. Des circonstances particulières ont donné, dans chaque pays , aux montagnes , aux vallées, un aspect et des formes qui conservent assez généralement, dans une même circonscription, un caractère de famille, un angle d'inclinaison à peu près constant, et qui déterminent les coudes plus ou moins roides des cours d'eau.

En parcourant une vallée , on rencontre donc alternativement les parties occupées jadis par les lacs, et qui forment aujourd'hui les beaux bassins devenus des centres de populations , tels que Genève , Lyon , Rive-de-Gier, la plaine du Forez, etc. , et les coupures abruptes que les eaux ont ouvertes en se frayant un chemin à travers les rochers, telles que la perte du Rhône à Bellegarde , les rochers de Balbigny sur la Loire entre Roanne et Feurs., et la Roche-Percée , entre Rive-de-Gier et Givors.

J'ai trouvé que sur ce dernier point, le rayon de la courbe moyenne des inflexions du Gier est d'environ 60 mètres. S'il eût été possible de donner aux courbes du chemin de fer un rayon égal, la dépense aurait pu être appréciée d'une manière à peu près certaine, et n'aurait pas dépassé de beaucoup le prix d'une route ordinaire établie dans les mêmes circonstances, soit 18 fr. environ par mètre courant[1].

Quand je fis mes premiers plans, je n'avais pas toute l'expérience dont j'aurais eu besoin pour déterminer le développement qu'il était nécessaire de donner aux courbes. Je pensai, d'après ce que j'avais vu au chemin de Darlington avant sa mise complète en activité, qu'il suffirait de les tracer sur un rayon de 150 mètres. Je pus ainsi n'avoir à faire, dans toute la vallée de Roche-Percée dont le développement est d'environ 12,000 mètres, que trois percements dont le plus étendu n'avait que 150 mètres; l'aperçu de la dépense s'élevait à 7,772,000 fr. Mais, avant de mettre ce projet à exécution, je voulus aller examiner une seconde fois le chemin de fer de Darlington à Stokton, qui venait d'être mis en perception et livré complétement au public. Mes nouvelles observations et les avis de MM. Stephenson de Newcastle Rennie et Brunel de Londres, me convainquirent de la nécessité de don-

---

[1] C'est le prix des routes ayant 12 mètres de largeur, tel qu'il est porté dans la statistique des routes publiques que l'administration des ponts et chaussées a présentée aux chambres en 1826.

ner aux courbes 500 mètres de rayon, ce qui porta
à neuf le nombre des percements. Les grandes différences qui ont existé entre le chiffre prévu et le
chiffre atteint de la dépense, ne m'ont pas permis
de préciser le surcroît de frais qu'a entraîné ce changement de disposition ; mais je l'ai toujours estimé à
près d'un million.

Lorsqu'on est pressé par le temps, et que l'on
fait exécuter les travaux sur des points éloignés des
villes et des grandes communications, dans des
lieux où la population est pauvre et peu nombreuse,
des difficultés d'un autre genre peuvent faire varier
sensiblement la dépense. Les moyens de subsis-
tance et de logement n'étant plus en rapport avec
l'augmentation numérique des individus, les habitants profitent de la pénurie qui en est la suite, pour
exiger un prix excessif de tout ce qu'ils ont à fournir aux travailleurs étrangers. En pareille occur-
rence, il est d'un directeur intelligent et ex-
périmenté, de veiller d'avance à ce que son
monde soit approvisionné de toutes les choses nécessaires, et de prendre par lui-même toutes les
mesures de précaution que négligerait sans aucun
doute l'imprévoyance de ses ouvriers. Par ce
moyen, il évitera la hausse des prix, ainsi que les
retards et les dérangements dans l'organisation de
ses travaux, cause infaillible d'un surcroît de dépenses et d'une grande perte de temps.

Voici les divers prix de revient par mètre cou-

rant, pour les travaux d'art et de terrassement des
chemins de fer déjà cités :

Chemin	de Saint-Étienne à Lyon.	96 fr.
—	d'Andrezieu à Roanne.	36
—	de Paris à Saint-Germain.	(?)
—	de Manchester à Liverpool.	192
—	de Darlington à Stokton.	(?)
—	d'Anvers à Bruxelles et Terremonde. .	26
—	de la Providence à Stonington. . . .	35
—	d'Amboy à Camden.	30

Quant au prix de la voie, composé de l'achat des
rails, des chairs, des solives en bois ou des dés en
pierre, des coins, des chevilles, et des frais de mise
en œuvre, les variations qu'il subit dépendent non-
seulement du coût de la matière suivant les localités, mais encore des dimensions que l'on donne à
chacune de ces parties.

En prenant un moyen terme général, on peut
établir le prix du mètre courant ainsi qu'il suit :

50 kilogrammes de fer forgé, à 400 fr. les 1,000 ki-logrammes	20f	c.
Une pièce de bois de chêne, ou deux dés en pierre.	2	»
Deux chairs en fonte de fer, pesant 6 kilogrammes, à 350 fr.	4	20
Pose.	1	»
Transport de matériaux.	1	»
Total.	28f	20c

Les autres dépenses, telles que frais d'administration, d'ingénieurs, d'employés pour la conduite des travaux, acquisitions et constructions des wagons, machines locomotives, grues, bascules, magasins, dépôts, embarcadères, etc., étant nécessairement subordonnées aux circonstances particulières, au mouvement des transports, etc., il est impossible de leur assigner un chiffre probable, tant qu'on n'est pas fixé sur la destination spéciale du chemin.

Toutes ces estimations restent d'ailleurs absolument indépendantes les unes des autres. On ne saurait en former un ensemble qui pût servir de base à un calcul, si l'on ne s'est guidé préalablement pour les établir, soit sur un chemin de fer dont la construction offrirait quelque analogie avec le projet, soit sur un canal ou sur une route de terre dont la destination pourrait aider à en faire apprécier le mouvement.

Tous les chemins de fer construits jusqu'aujourd'hui ayant subi depuis leur mise en activité, de très-nombreux changements, il ne serait pas possible de préciser ce qu'ils auraient coûté, s'ils avaient été mis, dès l'origine, dans l'état où ils se trouvent actuellement. Il faut s'attendre même, que pendant longtemps encore, tous ceux qui seront établis, passeront par une série indéfinie de modifications. Les progrès de la science, de fréquentes découvertes ou dans l'art lui-même ou dans les industries qui y concourent, ne peuvent manquer d'y opérer journellement des réformes. Mais toutes ces réformes, ayant pour résultat d'augmenter la vitesse, d'éviter les accidents, de simplifier le service, on doit, en tout état de cause, les considérer comme un bien ; et quand une compagnie a des ressources à sa disposition, elle ne doit pas reculer devant une dépense qui porte dans son objet même, sa compensation.

Quoi qu'il en soit de cette impossibilité d'établir une moyenne générale, lorsqu'il s'agit d'une ligne très-étendue dont la direction est arrêtée et dont on a déterminé d'avance le mouvement quant au tonnage des marchandises, au nombre des voyageurs et à la vitesse des transports, les prévisions peuvent acquérir quelque certitude. Ceux qui ont une grande habitude de faire exécuter des travaux de ce genre pourront, à la simple inspection des lieux, faire une estimation assez exacte du prix qu'atteindra l'établissement projeté.

Quand il est question d'ouvrir une grande voie de communication, il faut bien se garder de céder à l'enthousiasme et de se laisser entraîner par des espérances chimériques. Un tel projet doit être l'objet d'un examen réfléchi, d'un calcul froid et positif. Le but déterminé, on doit s'être assuré qu'il pourra être atteint, et qu'on ne sera pas forcé de le dépasser. L'état, avant d'y consacrer ou de permettre à une compagnie d'y consacrer des capitaux considérables, doit avoir reconnu que cet argent ne sera pas absorbé sans qu'il en résulte un bien public, et sa sollicitude à cet égard doit être égale à celle qu'apporterait un simple particulier à l'administration de sa fortune privée. Ce principe bien apprécié, aurait rendu peut-être la nation plus juste envers le gouvernement. Elle aurait compris qu'il pouvait être sage et prudent en ne se hâtant pas inconsidérément de sillonner la France d'une multitude de chemins de fer, comme l'opinion publique, trop prompte, je crois, à se laisser éblouir, semblait lui en imposer l'obligation. Elle aurait dû se rappeler quels embarras suscita l'achèvement de tous ces canaux entrepris dans des circonstances pareilles, et elle aurait trouvé, dans ce récent exemple, l'explication d'une réserve qu'elle a, trop légèrement, taxée de nonchalance.

Les résultats d'une grande entreprise se dessinent rarement d'une manière bien nette au premier aperçu. Il est presque toujours des considérations qui échappent dans l'enfantement général du projet, et que la réflexion et la maturité font ressortir. On pourrait même poser en principe que le temps consacré à l'étude d'une mesure qui exercera son influence sur les intérêts généraux, doit être en rapport direct avec l'importance que peut avoir la décision. Il est avantageux, sans doute, d'abréger les retards ; mais il ne l'est pas moins d'éviter les fautes. Les effets d'une erreur, d'une impré-

voyance, ne se restreignent pas d'ordinaire, dans
le fait qu'il est fort souvent déjà difficile de
réparer ; ils réagissent sur les idées, intimident
l'opinion, arrêtent l'élan, et détournent quelquefois pour longtemps l'impulsion salutaire des masses,
aussi promptes à recevoir de puériles épouvantes
qu'à accepter les espérances les plus incertaines.

Il est des cas où l'établissement d'un chemin de
fer ne peut être l'objet d'aucune hésitation. Ce sera,
par exemple, lorsqu'il devra parcourir des lieux où
n'existe encore aucun autre moyen de communication, et qu'il ouvrira des débouchés à des productions précieuses ou abondantes. Ce sera encore
lorsqu'il traversera des terrains qui n'ont aucune
valeur, et que les matériaux employés à sa construction ne coûteront que la main-d'œuvre, ainsi
qu'il arrive en Amérique, où le mètre courant
d'un chemin de fer à une voie, avec des rails de
18 kilog., ne dépasse pas 75 fr.[1]. Le gouvernement
anglais pouvait aussi sans danger voir d'immenses
capitaux s'absorber dans de telles entreprises [2],
parce que le besoin de voyager en général est im-
périeux dans toutes les parties de l'Angleterre, et

[1] Major Poussin, *Chemins de fer américains*, Paris, 1836,
p. 162.
[2] Le gouvernement anglais a autorisé, en 1836, les particuliers à employer 400 millions de francs à construire des chemins
de fer. Voyez l'ouvrage de M. Achille Guillaume ; Paris, 1838,
p. 72.

qu'il est égal dans toutes les classes des citoyens, et parce que le mouvement de la population, pour les affaires ou pour le plaisir , est secondé par l'aisance dont jouissent la presque totalité des individus. Mais il n'en est pas de même en France. Dans presque toutes les directions où l'on pourrait établir des chemins de fer, il existe des routes, des canaux, des rivières navigables, et le transport des marchandises et des voyageurs s'effectue d'une manière à peu près satisfaisante. Les populations des grandes villes, et particulièrement celles du nord de la France, ne sont peut-être pas très-éloignées sous le rapport des goûts et de la position des fortunes, de celles de l'Angleterre; mais les habitants des autres parties du royaume ne seraient pas également bien disposés à payer si chèrement le moyen de satisfaire des besoins qu'ils n'éprouvent encore que faiblement. Je sais que l'on répond à cela que la création des chemins de fer aura précisément pour effet de développer ce besoin, et de faire apprécier les avantages qu'offre la perfection des moyens de transport; en sorte que, se trouvant alternativement cause ou effet, suivant les circonstances, qu'ils donnent ou suivent l'impulsion, le but n'en sera pas moins atteint. Cette observation est vraie et judicieuse ; mais il pourrait devenir très - pernicieux de s'en étayer pour établir des chemins de fer au hasard et partout, ce qui semblerait être la conséquence rigoureuse de ce prin-

cipe pris dans une acception absolue. Le problème
n'est point encore arrivé à complète solution. Le
chemin de fer de Saint-Étienne à Lyon est resté
jusqu'aujourd'hui en état de souffrance [1], tandis
que celui de Darlington à Stokton, qui n'a sur lui
aucun avantage apparent, a atteint une grande
prospérité [2]. Le sort des chemins de fer de la
Belgique n'est pas encore décidé ; et je ne crois
pas que l'urgence soit telle, qu'il faille engloutir
dans ces entreprises les énormes capitaux dont
on a parlé, avant que l'expérience n'ait un peu
mieux constaté les bénéfices que l'on en doit attendre [3].

VI. Choix de la ligne.

Le besoin de transporter de grandes quantités
de produits dans une direction invariable, a donné

---

[1] Le cours des actions n'a pas encore pu remonter au pair;
elles ont perdu, dans le courant de l'année 1837, jusqu'à 40
p. 0/0.

[1] Les actions de 106 $2/3$ liv. st. étaient montées, en août 1833,
à 297 $1/2$ liv. st.

[1] Les considérations qui se rattachent à l'établissement des
chemins de fer ont été exposées avec un talent remarquable par
MM. Simons et de Ridder, dans un ouvrage qu'ils ont publié à
l'occasion du grand réseau de chemins de fer, dont le projet
embrasse toute la Belgique. (Voyez *Description de la route en
fer d'Anvers à Cologne,* par MM. Simons et de Ridder. Bruxelles, 1833).

l'idée de construire les chemins de fer. Alors leur usage se bornait au service des particuliers ou des compagnies, l'intérêt privé était seul en jeu, et la question d'utilité était très-simple et très-facile à résoudre. Mais du jour où l'on eut la pensée de donner aux applications de ces chemins une extension qui en généralisait l'usage, la question s'est agrandie et compliquée. La solution en resta subordonnée à la combinaison d'un ensemble de probabilités que l'on ne peut que très-timidement opposer aux conditions connues et certaines des autres moyens de communication.

La création d'une ligne demande une double étude, et doit être envisagée sous deux points de vue bien distincts : le premier, dans l'intérêt privé, c'est-à-dire sous le rapport des résultats financiers de l'entreprise, comparés aux capitaux qu'elle aura absorbés ; le second, dans l'intérêt public, c'est-à-dire sous le rapport des avantages moraux et matériels qu'en retirera la nation.

Si l'entreprise est faite par un particulier ou par une compagnie, dans le but de procurer à des capitaux un placement avantageux, il n'est pas douteux qu'ils ne se bornent à supputer les chances de gain ou de perte, et qu'ils ne laissent complétement de côté toute considération d'une importance purement morale ou politique.

Il peut arriver cependant que des capitalistes se mettent à la tête d'une entreprise dont on ne peut raisonnablement et mathématiquement attendre aucun bénéfice. Mais c'est qu'alors les pertes auxquelles ils s'exposent doivent être largement compensées par des avantages indirects. Ainsi, celui qui possède des mines, ou de vastes terrains dont l'ouverture d'un chemin de fer augmenterait beaucoup la valeur, se décidera facilement à l'entreprendre, si, au résumé, il retrouve sur ses revenus ce qu'il perdrait sur sa mise de fonds. Au reste, ces sortes de spéculations ne sont raisonnablement possibles que sur une très-petite échelle; mais elles reçoivent parfois, grâce aux coupables menées de l'agiotage, une portée bien plus étendue. Après avoir excité l'enthousiasme du public, en lui présentant de faux calculs et en l'éblouissant par un crédit factice, on en profite pour attirer dans l'entreprise les capitaux des particuliers; l'argent employé, la ruine des bailleurs est consommée, mais le but des spéculateurs est rempli. D'autres fois même ces menées immorales sont mises en œuvre dans des intentions plus odieuses encore; et la vente à prime des actions portées à une valeur tout à fait illusoire, offre un moyen de réaliser beaucoup plus promptement d'énormes et frauduleux bénéfices.

Dans un tel état de choses, il serait de la plus grande nécessité que la législation parvînt à allier solidairement les droits du public et ceux des particuliers, et à couvrir les uns et les autres sous une égale garantie.

Mais ce n'est pas le seul danger qu'il y aurait à vouloir isoler ces entreprises de l'action du gouvernement. Il est certains cas où, parmi la somme des avantages de toute nature qu'elles peuvent rapporter, la fraction qui doit profiter au public seulement est égale ou même supérieure aux bénéfices directs que peuvent espérer les compagnies. Dès lors, si les compagnies ne sont soutenues par le gouvernement ou par les propriétaires qui ont un intérêt tout spécial à l'exécution de leurs travaux, elles seront forcées, soit de renoncer à leur projet, et le public y perdra beaucoup, soit d'entrer dans un système d'économies qui les exposera à manquer, en tout ou en partie, le but qu'elles se sont proposé. En un mot, la question financière d'une entreprise ne peut être regardée comme résolue que lorsqu'on a établi la possibilité d'exécution dans des limites de dépense en rapport avec le produit moyen probable qu'en doivent retirer les bailleurs, et sans aucun égard à tout ce qui peut en advenir au bénéfice d'intérêts étrangers.

Les décisions à prendre pour l'ouverture des lignes principales, telles, par exemple, que celles qui partiraient de Paris pour se rendre à la frontière, demandent surtout une sévère discussion, un sérieux examen. Il est même alors presque impossible que le gouvernement n'y intervienne pas, sinon d'une manière active, au moins par son influence. En effet, un tel établissement peut modi-

fier la condition sociale de toute une nation ; d'un
autre côté, il devient souvent indispensable que ces
nouvelles communications soient liées et concor-
dantes avec le système général des routes stratégi-
ques de l'état ; enfin, il est naturel que, pour un
travail aussi important, le gouvernement prête au
public le concours de ses ingénieurs, qui , seuls,
possèdent dans leur administration les moyens de
faire, d'une manière bien complète, toutes les études nécessaires.

CHAPITRE III.

DU TRACÉ DES CHEMINS DE FER.

———

I. Observations générales.

Lorsque la direction de la ligne est arrêtée et
que l'on a désigné les vallées qu'elle doit parcourir,
les points où elle doit franchir les seuils pour passer
d'un versant à un autre, les villes qu'elle doit desservir, on peut, par une inspection préalable, apprécier
assez approximativement et les difficultés et la dépense. On doit cependant, dans de telles estimations,
se défier de la tendance de l'œil à redresser les
courbes et à niveler les terrains. Une pente de trois
à cinq millimètres par mètre, proportion adoptée
ordinairement pour les chemins de fer d'une grande
étendue , est absolument inappréciable à l'œil.
Aussi, dans la visite et la reconnaissance des lieux,
on doit toujours avoir soin de se munir d'indi-
cations d'après lesquelles on puisse se guider, telles
que la cote des hauteurs, au-dessus de la mer, des
cours d'eau les plus rapprochés , le rapport des

pentes les plus voisines, etc., rapportées à une carte dressée sur la plus grande échelle possible.

Il faut aussi une très-grande habitude pour déterminer d'avance et même approximativement sans le secours des instruments, le rayon que devra avoir une courbe qui puisse satisfaire à la condition de s'intercaler entre un certain nombre points de donnés, évitant les uns, s'approchant plus ou moins des autres, suivant qu'il s'y trouvera une ville, un pont, une montagne, etc., etc. Néanmoins cet examen préliminaire et général est toujours essentiel, quand ce ne serait que pour indiquer aux employés dans quel ordre on procède aux études d'après lesquelles on adopte un tracé.

Ce premier travail, met l'ingénieur en mesure de commencer des opérations définitives. Il s'occupe alors à faire un nivellement avec toute l'exactitude que l'on peut obtenir de la perfection actuelle des instruments de géodésie. Il est essentiel d'avoir, dès l'origine des travaux, une série de points fixés invariablement, et sur lesquels on se guide ; il est bon aussi qu'ils soient assez rapprochés les uns des autres pour qu'on n'ait pas à craindre de graves erreurs en s'en servant comme points de départ, afin de déterminer par les moyens ordinaires les autres points intermédiaires. L'opération d'un premier nivellement en masse, longue et difficile, est extrêmement importante. Elle doit servir de base à tous les nivellements partiels pendant le cours des travaux; et l'on sent que, forcé d'ouvrir plusieurs chantiers à la fois et de commencer la pose des rails simultanément sur un grand nombre de points, on serait exposé, pour les moindres erreurs dans les niveaux, à de terrribles mécomptes.

Le nivellement général pour le chemin de fer de Saint-Étienne à Lyon fut fait avec tous les soins et toute la perfection imaginables, par M. Edouard Biot, aidé et dirigé par le célèbre phisicien J. B. Biot, son père, qui a enrichi la science de tant de découvertes et de beaux travaux. Un théodolite répétiteur, sorti des ateliers de M. Gambey, leur servit à mesurer tous les angles d'une série non interrompue de triangles qui se succédaient sur toute la ligne, depuis Lyon jusqu'à Saint-Étienne. M. Biot détermina, en outre, les angles que formaient avec l'horizon les côtés de ces triangles ; et le résultat de cette opération lui permit d'établir une suite de points principaux sur lesquels nous pûmes nous guider avec confiance pour tous nos nivellements partiels, jusqu'à l'achèvement des travaux.

Les règles d'après lesquelles s'établit le tracé d'un chemin de fer ne sont pas et ne peuvent pas être absolues. Il n'en sera pas d'un chemin créé pour une exploitation spéciale ou pour le service d'une petite localité comme de celui qui a pour but de déplacer avec une grande vitesse une grande quantité de voyageurs et de marchandises : dans ce second cas, quand il s'agit d'une ligne de premier ordre, toutes les raisons les plus graves se réunissent pour faire au gouvernement un devoir d'exiger qu'elle soit construite avec toute la perfection que comportent les ressources de l'art. La probabilité que le mouvement que doit seconder un chemin de fer, ne pourra que s'accroître, indépendamment même de l'influence que son établissement devra nécessairement exercer en ce sens; la facilité de maintenir un tarif assez élevé, sans crainte de nuire au rapport commercial des marchandises; l'obligation de prendre toutes les précautions possibles pour la sûreté des voyageurs; la nécessité de disposer le chemin de telle sorte qu'il puisse profiter de tous les perfectionnements qu'on apportera au système des moteurs; et d'autres considérations non moins pressantes, se recommandent à la sollicitude du gouvernement. Que si les compagnies hésitent en prévoyant que d'abord les recettes ne seront pas en rapport avec leurs déboursés, et si elles ne sont pas rassurées par l'espoir que l'accroissement successif du mouvement ne tardera pas à les en dédommager, il vaut mieux qu'elles s'abstiennent. Qu'elles attendent alors, pour tenter leurs spéculations, que le temps ait amené les choses à un point qui ne leur permette plus de doute. Quant à l'état, qui ne consulte que l'intérêt de la masse entière des individus, il doit être guidé par des considérations moins étroites. Qu'il sacrifie toutes

les sommes nécesssaires pour obtenir la meilleure
exécution et le meilleur service possibles ; qu'il
adopte telle direction qu'il jugera devoir le plus
heureusement influer sur le développement de la
prospérité publique ; son but sera rempli toutes les
fois que le déficit que l'exploitation inscrira aux
comptes du trésor sera compensé par une augmentation de la richesse nationale. Il devra surtout
mettre tous ses soins à empêcher que, pour répondre
aux vœux des localités, on n'apporte au tracé des
modifications qui allongeraient la ligne, en altéreraient la régularité, diminueraient le rayon des
courbes, ou forceraient à adopter des pentes plus
difficiles. On ne remarque pas assez, en général,
combien il est peu rationnel de compliquer le mouvement des masses pour simplifier celui de leurs
parties, et quelquefois de bien faibles parties. Il
est rare que les localités avoisinant la ligne ne puissent être suffisamment desservies par un embranchement que l'on adapte au chemin sans nuire en
rien au tracé principal, et dont la construction demande infiniment moins de perfection et de dépenses [1]. On fait souvent beaucoup trop de cas des
prétentions de telle ville ou de tel centre de popu-
pulation à être traversé par la ligne même. Tout
ce que l'on doit aux intérêts particuliers, c'est de

---

[1] Voyez à ce sujet l'Exposé général des études faites pour le
tracé des chemins de fer, par M. Vallée; in-4°, Paris, 1837,
page 156.

leur donner, pour se joindre à l'ensemble du mouvement, des facilités en rapport avec leur importance. Mais on ne leur doit jamais d'apporter, pour
leur unique avantage, la plus légère entrave à la
moindre des parties du service général.

Le tracé général de la ligne d'un chemin de fer
se compose d'une série indéterminée de droites et
de courbes. La ligne droite doit toujours être adoptée de préférence ; mais lorsqu'on ne peut éviter les
courbes, on ne doit pas craindre de faire des sacrifices pour en agrandir le rayon. La traction y est
d'autant plus facile, les accidents moins fréquents,
et il bien rare que ces avantages réunis ne compensent pas et au delà la différence des frais
d'établissement. Les longs percements que l'on est
ordinairement forcé de pratiquer pour franchir les
seuils qui séparent les versants, offrent un moyen
d'éviter les pentes et les courbes, et de tracer
les plus belles portions de la ligne aux lieux où
se trouvaient les plus grandes difficultés. On ne
doit pas hésiter à les exécuter toutes les fois que
l'occasion s'en présente. Ils sont en effet d'un
grand secours, non-seulement pour franchir ces
points élevés, mais aussi pour traverser un obstacle peu étendu que l'on n'aurait pu tourner
qu'au moyen d'une courbe d'un faible rayon, ou
bien en apportant au profil de la ligne des modifications qui altéreraient l'ensemble de son nivellement.

J'ai dit que quand on construit un chemin de fer qui a un but d'utilité générale, rien ne doit être épargné pour lui donner toute la perfection qu'il est possible d'atteindre ; mais il n'en est pas de même lorsque ce chemin ne doit desservir qu'une localité peu étendue , ou lorsqu'il est destiné à satisfaire aux besoins de l'industrie privée. En ce cas , l'ingénieur doit se faire de l'économie son devoir le plus rigoureux; il doit comprendre que la perfection du tracé et le luxe des travaux ne peuvent avoir d'autre effet que de ruiner les capitalistes, ou de leur faire perdre tous les bénéfices qu'ils pouvaient attendre de l'établissement du chemin. Cependant plusieurs chemins exécutés avec cette sage réserve , ont attiré d'injustes critiques à ceux qui les ont dirigés. C'est que le public se met en général très-peu en souci de discuter à quelles conditions les capitaux employés à une entreprise peuvent produire un revenu suffisant : il trouve beaucoup plus simple de préférer la perfection absolue, qu'il est toujours facile d'apprécier, à la perfection relative, qui demande l'examen détaillé d'une foule de considérations dans lesquelles il ne peut entrer.

Ainsi, je suppose que la direction du tracé conduise la ligne contre un obstacle , une montagne, par exemple : qu'il soit également possible , ou de faire un percement pour obtenir une ligne droite, ou de décrire autour de la montagne une courbe

dont le rayon sera supérieur au minimum imposé,
mais qui allongera la ligne d'une quantité égale à
la longueur entière du percement, c'est-à-dire
qu'elle en doublera l'étendue dans cette partie;
il est évident que le percement sera bien préférable et pour la beauté du tracé, et dans l'intérêt
du public ; car il s'ensuivra sur le transport des
voyageurs et des marchandises une économie de
temps et d'argent en rapport avec la différence
de longueur entre les deux directions. Soit donc
l'étendue du percement égale à 1,000 mètres; soit
le mouvement réduit égal à 500,000 tonnes, avec
un péage de 10 cent. par tonne et kilomètre ;
l'économie que le public et l'état feront chaque
année s'élèvera à 50,000 fr., puisque la longueur
de la courbe aurait été double. Mais si le percement a coûté un million, la compagnie verra
toute la recette de cette partie de sa ligne absorbée par l'intérêt de l'argent qu'elle y aura dépensé,
et se trouvera en perte de tous les frais de traction
et d'entretien qui correspondront à cette même partie. Si, au lieu de cela, le tracé développé sur une
courbe de 2,000 mètres ne devait coûter que
600,000 fr., il est clair qu'il y aurait chaque année
dans les bénéfices de la compagnie un excédant composé de 20,000 fr., différence dans l'intérêt de la
somme dépensée, et de 50,000 fr., surcroît de
recette sur un parcours de 1,000 mètres, en tout
70,000 fr. La compagnie n'aurait donc pas à hé-

siter à adopter, dans son intérêt, le tracé le moins parfait.

Quand un chemin de fer doit traverser un pays accidenté, c'est ordinairement d'après la pente des eaux que l'on se guide pour arrêter le tracé des diverses parties dont l'ensemble constitue la direction générale de la ligne. Cette règle, cependant, n'est pas sans exception, et le versant le plus bas n'est pas toujours celui que l'on doit préférer ; en effet, lorsque les vallées où coulent les rivières ont quelque profondeur, on y rencontre fréquemment des points où les berges, presque à pic et très-rapprochées l'une de l'autre, forment des espèces d'étranglements, où l'on ne pourrait conduire une ligne qu'avec les plus grandes difficultés. Le cours de la Loire présente, entre L'Hopital et Balbigny, un accident de ce genre sur une étendue de 15,000 mètres ; pendant cette distance, la rivière est presque continuellement encaissée entre des masses d'un rocher granitique d'une grande dureté, qui se serait merveilleusement prêté à l'ouverture, soit d'un seul percement de 15,000 mètres, soit d'une série de percements pouvant remplir le même objet ; mais les ingénieurs qui avaient à se prononcer sur une question si épineuse ont mieux aimé quitter le bassin de la Loire, et s'élever, par des plans inclinés, sur un plateau qui domine le versant de deux petits affluents.

On ne devra donc pas s'astreindre à suivre le

cours d'une rivière, sans avoir préalablement pesé toutes les considérations qui pourraient s'y opposer, telles que les difficultés plus ou moins grandes d'y maintenir le tracé, la longueur du trajet résultant des détours où se promène la rivière, les besoins du commerce local; sans avoir enfin apprécié toutes les conséquences de la décision.

On connaît toutes les discussions auxquelles a donné lieu le choix de la direction du chemin de fer de Paris au Hàvre, et l'on peut mettre encore en doute, qu'en abandonnant les bords de la Seine pour suivre la ligne des plateaux, on ait pris le meilleur parti. S'est-on bien demandé si ce tracé serait le plus favorable à l'adoption postérieure de tous les perfectionnements que pourront recevoir la voie, les machines, les wagons, et qui produiront leur effet sur l'économie et sur la rapidité des transports? L'importance d'une communication entre Paris et le Hàvre aurait justifié toutes les dispositions de prudence que le gouvernement aurait cru devoir prendre envers les compagnies; il était en droit de leur imposer tous les sacrifices nécessaires, pour mettre la ligne en état de jouir plus tard de toutes les découvertes qui pourront être faites dans la matière. S'il est vrai que le dévelopement de la ligne par la Seine présente un grand excédant sur le tracé qui a obtenu la préférence, peut-être, en coupant les isthmes et en multipliant les ponts, serait-on parvenu à diminuer de beaucoup la différence. Cette manière de procéder aurait pu en outre conduire à un autre résultat non moins précieux; car, s'il est des parties de la vallée qui sont demeurées jusqu'ici étrangères à la vie et au mouvement qui les environnent, il est aisé de remarquer qu'elles tendent à s'y associer prochainement. Le passage du chemin de fer aurait secondé cette disposition, et une nouvelle activité, se serait étendue et, pour ainsi dire, naturalisée sur tous les points.

D'autres considérations encore que j'aurai bientôt occasion d'exposer avec quelque insistance, et qui sont relatives à la préférence à donner aux lignes horizontales, ont dû être le sujet d'un mûr examen; car le chemin de fer de Paris au Hâvre est évidemment destiné à un mouvement dont il est impossible de calculer la limite. Et si les compagnies, ne considérant que leur intérêt actuel, avaient cru ne pouvoir consentir aux exigences du gouvernement, il aurait suffi d'un délai de quelques années, ou, si l'on ne voulait attendre, de quelques secours, pour les amener à s'y soumettre.

Le chemin de Manchester à Liverpool, si célèbre par l'élan qu'il a communiqué à tout le monde industriel, offre dans son tracé, au passage du Rainhill, une très-grande défectuosité; on y trouve en cet endroit une pente et une contrepente ayant chacune 2,400 mètres de longeur, et séparées par un intervalle de même étendue. Ces deux plans

7

inclinés doivent être, à l'allée comme au retour, alternativement gravis et descendus sur une inclinaison de $0^m,010$ millimètres par mètre, c'est-à-dire double des pentes les plus rapides qui se trouvent dans tout le reste de la ligne. Des motifs très-puissants, sans nul doute, ont déterminé les ingénieurs anglais à laisser subsister une imperfection qui doit jeter une grande gêne dans le service, et occasionner une notable augmentation des frais de transport; car il devient nécessaire de limiter, pour la ligne entière, la charge des machines au poids qu'elles peuvent entraîner à la remonte de ces pentes. Mais il faut se rappeler qu'à l'époque ou fut construit le chemin de Manchester, on était loin de connaître tous les services que l'on pouvait espérer de ce nouveau mode de transport. On soupçonnait même si peu que l'on dût un jour obtenir les vitesses auxquelles on est arrivé depuis, qu'une longue discussion eut lieu entre MM. Walker et Rastrick, d'une part, et M. Stewenson de l'autre, sur la question de savoir s'il valait mieux donner la préférence aux machines fixes ou aux machines locomotives. On estimait alors que le mouvement du chemin devait s'élever, par jour, à 4,000 tonnes[1], qui, pour être transportées avec une vitesse de 10 milles anglais ou 4 lieues à l'heure, exigeraient l'emploi de 102 ma-

---

[1] **Rapport de MM. Walker et Rastrick, Liverpool, 1829.**

chines locomotives ; chacune de ces machines, avec les frais d'entretien, de réparation, de renouvellement, devait, d'après les probabilités, coûter par an 376 liv. st., soit 10,000 fr. environ.

On sait aujourd'hui combien toutes ces prévisions ont été déjouées. Le transport des voyageurs, que l'on ne regardait que comme un moyen de recette fort accessoire, est devenu la source principale de la prospérité du chemin ; tandis que le mouvement quotidien des marchandises n'est guère arrivé qu'à un total de 1,000 tonneaux. Quant aux frais annuels de chaque machine mise en activité, ils sont à peine restés au-dessous de 3,000 liv. st.

De tels mécomptes montrent assez avec quelle circonspection il faut agir lorsqu'on veut subordonner les dispositions générales d'une grande voie de communication à un ensemble de probabilités que l'on regarde comme la condition élémentaire de sa prospérité future. Si les ingénieurs du chemin de Manchester à Liverpool avaient pu, en 1826, prévoir ce que ce chemin serait en 1838, peut-être seraient-ils parvenus à trouver un moyen d'obtenir une meilleure ligne de nivellement, et de l'approprier davantage au mode actuel d'exploitation.

Il est bien rare que le tracé d'un chemin de fer ne soit pas assujetti à franchir des seuils, c'est-à dire des parties élevées qui le conduisent d'un versant dans un autre. Les considérations commerciales ne lui

permettent guère d'échapper à cette nécessité, lorsqu'il n'y est pas astreint par la configuration du sol,
soit qu'en remontant les cours d'eaux il se prolonge
au delà de leur source, soit qu'il ait à franchir les
crêtes qui séparent les lits des rivières. Il suffirait de
jeter un coup d'œil sur les profils des chemins de
fer que l'on a construits, pour acquérir la preuve
de ce que j'avance. Le choix de ces passages doit
surtout être pour l'ingénieur l'objet d'une étude
toute particulière. Il ne doit négliger ni soin ni travail pour arriver à la combinaison qui peut remplir
le plus complétement toutes les conditions auxquelles il doit satisfaire.

Lorsque je fis le tracé du chemin de Saint-Etienne
à Lyon, j'étais décidé d'avance à ne reculer devant
aucun sacrifice pour donner à mes courbes tout le
développement que comporterait le terrain, et pour
maintenir la régularité des pentes entre tous les
points que l'ordonnance royale m'obligeait à desservir. Cependant, on n'accorda pas alors, à beaucoup près, à ces conditions toute l'importance qu'on
y attache aujourd'hui. D'après ce qui s'était fait
pour les chemins de Hetton et de Darlington, et
ce que l'on projetait pour celui de Manchester,
on ne croyait pas que l'on pût employer, pour
franchir les passages élevés, de moyen préférable
aux plans inclinés desservis par des machines stationnaires. J'étais d'une opinion tout à fait opposée,
et ma conviction lutta obstinément contre un pré-

jugé déjà profondément enraciné dans l'esprit public. Combien j'eus lieu, depuis, de m'applaudir de ma fermeté, lorsque je pus me convaincre que si j'en avais agi autrement, la ruine prochaine et complète de la compagnie en aurait probablement été la conséquence. Il est vrai que les machines locomotives, très-imparfaites encore, n'étaient guère connues alors que par ouï-dire, ou par des descriptions fort inexactes. Beaucoup de personnes se figuraient que si l'on plaçait ces machines sur une pente de $0^m,010$ millimètres, il leur serait impossible de continuer leur marche, et que les roues tourneraient sur les rails sans avancer. Dans cette croyance, on ne trouvait rien de mieux à faire, pour parcourir une grande distance entre deux points dont l'un était beaucoup plus élevé que l'autre, que de briser le profil de la ligne. On divisait donc le chemin en une suite de plans horizontaux, où manœuvraient des machines locomotives; ces plans qui se succédaient en étages, étaient réunis les uns aux autres par des plans inclinés très-rapides que desservaient des machines stationnaires. L'expérience a fait enfin justice de l'absurdité d'un tel système.

En résumé, nous ne sommes point encore aujourd'hui en mesure d'imposer au tracé des chemins de fer des règles invariables. L'ingénieur ne peut être guidé dans ce travail que par ses études sur ce qui a été fait, et par la prévision plus ou moins juste de ce qui s'accomplira dans l'avenir. Il doit

donc, autant qu'il le peut, n'arrêter ses calculs
que sous la réserve des perfectionnements probables. L'ensemble du projet, et toutes les choses
dont la construction est nécessairement définitive,
il doit les établir sur de telles bases qu'il n'en résulte plus tard l'exclusion forcée d'aucune amélioration ; quant aux points de détail sur lesquels
devront successivement porter les réformes, il
pourra s'en remettre au temps du soin de les faire
connaître.

II. Du calcul de la résistance des wagons et des moteurs.

Lorsqu'on trace une ligne d'une grande étendue,
il n'arrive pas souvent que l'on doive adopter une
pente plus roide, pour diminuer la longueur du
trajet; et ces cas se présenteront plus rarement encore, si l'on veut prendre en considération les rapides perfectionnements des wagons et des machines locomotives. On sait que la résistance des wagons et des moteurs se divise en deux parties bien
distinctes, savoir : la résistance qui provient du
frottement des diverses parties de la roue, contre les
boîtes ou coussinets, ou sur les rails ; et celle qui
est relative à la hauteur verticale à laquelle il faut
à chaque instant élever la masse entière du convoi.
La première de ces résistances, celle qui est due
au frottement, est subordonnée et aux développements de la ligne, et à la perfection de la pose des

rails, et au soin qu'on a de les entretenir dans un état continuel de propreté, et à la construction plus ou moins bonne des wagons et des machines.

Voici comment cette résistance se mesure.

Supposons qu'un wagon V (pl. 3, fig. 14), chargé ou non, soit placé sur les rails EF d'un chemin de fer, dans une direction horizontale. Si l'on place en K une poulie G, sur laquelle on fera passer une corde ILH, qui d'un côté sera attachée au wagon en I, et de l'autre en H à un poids P, il est évident qu'en faisant varier ce poids, on arrivera à un point où il fera exactement équilibre au frottement qu'il est nécessaire de vaincre, pour mettre le wagon V en mouvement.

Ce poids sera alors ce que l'on nomme frottement de wagon.

Sur le chemin de fer de Saint-Etienne à Lyon, le frottement est égal à 0,005, soit $\frac{1}{200}$ du poids ; c'est-à-dire que pour mettre en mouvement un wagon V qui, avec sa charge, pèse 4000 kil., il faut en P un poids égal à $\frac{1}{200}$ de cette quantité, ou 20 kilom.

Sur le chemin de Manchester à Liverpool, cette résistance n'est que de 0,0036, ou $\frac{1}{277}$ du poids, et le poids P, au lieu d'être de 20[kil.] dans un cas analogue au précédent, ne sera que de $4000 \times 0,0036 = 14^{kil} 40$.

Quand la ligne est horizontale, les frais de traction sont toujours en rapport direct avec cette ré-

sistance; on a donc le plus grand intérêt à la diminuer autant qu'on le peut. Il reste à ce sujet de
très-grandes améliorations à apporter, soit dans les
détails de construction, soit dans les moyens employés. La forme et la disposition des roues des
wagons, celles des boîtes et des coussinets dans
lesquels tournent les essieux; le mode de graissage
et les substances qui sont préférables pour cette
opération; la manière d'établir les wagons, de les
accoupler entre eux, de les faire remorquer par
les machines, et mille autres modifications peuvent
avoir pour effet de diminuer la résistance et d'économiser la force. Les chefs et les directeurs d'entreprises ne sauraient s'occuper avec trop d'empressement de tous les perfectionnements qui pourraient
tendre à ce but. Je suis loin cependant de les exciter à
adopter inconsidérément ces réformes imprudentes,
qui, sous prétexte d'introduire un système meilleur, frappent de mort les entreprises les mieux
conçues. Il est bon de faire des expériences, même
celles qui exigent des changements coûteux, parce
qu'elles peuvent amener d'heureux résultats; mais
il ne faut faire les essais que sur une faible échelle
d'abord. En outre, les compagnies médiocrement
riches feront prudemment de laisser ce soin à
celles qui sont dans la prospérité, et pour lesquelles l'insuccès ne peut avoir de bien fâcheuses conséquences. C'est seulement lorsque le mérite d'une
invention est bien constaté, que les directeurs d'une

entreprise encore chancelante doivent s'en approprier le bénéfice.

La seconde partie de la résistance, celle qui est
due à la gravitation, est proportionnelle à l'angle
que forment les rails avec la ligne horizontale. Si
les wagons parcourent la ligne en remontant, cette
résistance s'ajoute à la précédente; si, au contraire,
les wagons suivent la pente, la résistance provenant
du frottement se trouve diminuée d'une quantité
égale à celle dont elle est augmentée à la remonte.

Donnons, par exemple, au chemin de F en E, une
pente montante de 5 millimètres par mètre; il est
clair qu'à chaque mètre parcouru, les 4000 kil.
auront été élevés de 5 millimètres, ce qui reviendra
au même et exigera la même force que si l'on élevait un poids de 20 kil. à 1 mètre, en faisant dans
l'un et l'autre cas abstraction de tout frottement. Il
faudrait, par conséquent, augmenter le poids P pour
qu'il pût suffire, non-seulement à vaincre la résistance du frottement, mais aussi à faire remonter le
wagon de F en K, et à cet effet, lui ajouter 20 kil.
ce qui ferait en tout, 40 kil. sur le chemin de
fer de Saint-Étienne à Lyon, et 34$^{kil.}$,40 sur celui
de Manchester à Liverpool.

On ne sait pas jusqu'à quel point on parviendra
à réduire la résistance qui vient du frottement; les
perfectionnements des chemins de fer et des systèmes de locomotion peuvent la diminuer considérablement. On comprend, en tous cas, combien il

importe d'avoir des pentes aussi faibles que possible, puisqu'une inclinaison de 0,0036 sur le chemin de fer de Manchester, double la résistance du
wagon, et qu'une inclinaison de 0,001, que l'on
pourrait regarder comme étant de nul effet, entraîne un excédant de 28 pour cent sur les frais de
traction.

La grande célérité avec laquelle se fait le service
sur les chemins de fer, devant souffrir beaucoup si
l'on perdait du temps à augmenter ou à diminuer le
convoi afin de proportionner la charge à la force de la
machine, il faut calculer que le maximum de la charge
qu'elle pourra recevoir pour le trajet entier, sera fixé
par le poids qu'elle peut entraîner sur les parties où
la résistance est la plus grande. Il est vrai que l'on
pourrait donner à la machine des proportions qui
la rendissent propre à développer au besoin une
force supérieure à l'effort qu'elle fait dans le service habituel, mais cette mesure n'aboutirait qu'à
remplacer un inconvénient pour un autre qui ne
serait pas moindre.

Si, pour atteindre à un point de sujétion, élevé,
par exemple, de 150 mètres, on avait la facilité
de se développer de manière à pouvoir suivre telle
pente que l'on voudrait, en augmentant ou diminuant proportionnellement la longueur de la ligne, il pourrait, dans ce cas, y avoir avantage
à abréger le trajet en augmentant la pente. En effet,
la hauteur à laquelle on devrait s'élever restant tou-

jours la même, en adoptant la ligne la plus courte, on gagnerait toute la force employée à vaincre la résistance du frottement sur l'excédant de longueur de la plus longue, ainsi que le temps employé à la parcourir. Toutefois ce calcul, simple en apparence, se complique beaucoup, si l'on fait entrer en ligne de compte le poids de la machine qui doit se transporter elle-même et dont la résistance doit être diminuée de la somme de l'effet utile.

Supposons que pour atteindre à cette hauteur de 150 mètres, on ait le choix entre deux lignes, dont l'une de 50 kilomètres pourra être développée avec une pente de 0,003, et dont l'autre n'aurait qu'une longueur de 30 kilomètres avec une pente de 0,005. La différence entre ces deux distances étant assez grande pour que l'on ne doive pas craindre de prendre le temps nécessaire pour diviser et recomposer ensuite le convoi, de manière à rendre le travail des machines égal à leur force de traction. C'est, comme on voit, le cas le plus défavorable, puisque je suppose que tout l'excès de développement sera en augmentation de longueur sur la ligne.

Soit le poids de la machine égal à 9 tonneaux, et celui du *tender* ou charriot d'approvisionnement pour l'eau, le coke, etc., à 5 tonneaux, en tout 14 tonneaux; soit ensuite la charge brute de la machine sur une ligne de niveau, portée à 80 tonneaux, dont 20 pour les wagons et 60 pour les marchandises entrainées, total du poids 94 tonneaux. Adoptant une résistance de frottement et une vitesse égales à celles du chemin de fer de Manchester à Liverpool, la machine sera obligée de développer la force nécessaire pour vaincre la résistance due au frottement de la machine et des wagons ; soit :

Pour le convoi :

80,000^{kil} × 0,0036. . . . . 288 »

Pour la machine :

1o La résistance à vide [1]. . . . . . . 68 »

2° L'excédant de résistance en vertu de la charge, 85,000 × 0,0005 [2]. . . . 42 50

3o La résistance du tender, 5,000 × 0,0036. . 18 »

Total. 416 50

La résistance que devra vaincre la machine, sur une ligne horizontale, en y comprenant la sienne propre, sera donc égale à 416^{kil},50, que nous regarderons comme l'effet constant auquel il convient de borner son travail.

Sur un plan incliné de 50 kilomètres de longueur et de 0^m,003 de pente par mètre, la résistance sera augmentée de 0,003, et celle de la machine deviendra :

$$110^{kil},50 + 14,000^{kil} \times 0,003 = 152^{kil},50,$$

[1] G. de Pambour. *Traité des machines locomotives*; Paris, 1835, pag. 181.

[2] G. de Pamb., p. 182.

qui, retranchés de 416,50, nous laissent 264^{kil} pour la partie de la puissance de la machine qui peut être employée à entraîner le convoi.

Mais, comme la résistance du convoi, augmentée de l'effet de la gravité, devient

$$0,0036 + 0,0030 = 0,0066,$$

l'effort de la machine qui est utilisé pour son transport et représenté par 264^{kil}, ne pourra suffire à entraîner que $\frac{264}{0,0066} = 40,000^{kil}$; et la dépense étant proportionnelle à la longueur de la ligne parcourue, si la machine coûte 1^f,20^c [1] par kilomètre sur une

[1] Sur le chemin de fer de Manchester à Liverpool, il y a trente-deux machines employées, dont dix continuellement en activité, faisant chacune deux voyages par jour, et parcourant 120 milles anglais, soit 192 kilomètres.

Cinq de ces machines sont affectées au service des voyageurs, et transportent moyennement six voitures contenant dix-huit personnes, soit 2160 dans les dix allées et retours qui complètent leur travail de la journée.

Cinq autres transportent les marchandises qui s'élèvent à 500 tonneaux environ par jour; chaque convoi étant composé de douze à treize wagons, chargés de 25 tonnes de marchandises.

En 1833, la dépense des locomotives a été :

Premier semestre. 370,956 82
Deuxième semestre. . . . · . · . 352,039 33
                                  722,996 65

Le nombre de kilomètres parcourus ayant été de 192 × 312 × 10 = 599,040, le prix par kilomètre fut de $\frac{722,996\ 65}{599,040} = 1,20$.

Sur le chemin de fer de Saint-Étienne à Lyon, il résultait du ligne de niveau, la dépense pour parcourir la ligne entière sera de $50 \times 1^f,20^c = 60^f$ ou de 2^f par tonneau, puisque le nombre de tonneaux transportés utilement est de 30, et la dépense par tonne et kilomètre $\frac{2^f}{50}$ $0^f,04^c$.

Sur la ligne de 30 kilomètres de longueur et de 5 millimètres de pente, la résistance de la machine deviendra,

$$110,50 + 14,000 \times 0,005 = 180^{kil.},50.$$

relevé des dépenses que j'avais faites pour le service des locomotives, pendant les deux premières années de l'application des machines au service du transport des marchandises, que sept d'entre elles avaient fait 2576 voyages, allée et retour de **Lyon à Givors**, sur une distance de 17 kilomètres, et qu'il avait été dépensé, pour obtenir ce résultat, 49,290 fr. 88 c., en y comprenant tous les changements qu'il avait été nécessaire de faire à un système dont j'étais en grande partie l'inventeur, du moins en tout ce qui tient à la production de la vapeur; et en y comprenant aussi tous les frais de réparation, aucune d'entre elles, même celles qui avaient servi aux premiers essais, n'étant encore hors de service.

Le prix par kilomètre était donc égal à $\frac{49,290\ 88}{2,576 \times 34} = 0^f,565,$ auquel il faut ajouter l'intérêt de l'argent et les frais d'administration qui n'étaient pas compris dans cette appréciation. Le prix du coke ayant beaucoup augmenté depuis, et les machines transportant des charges plus considérables, les machines coûtent actuellement environ $0^f,90$ par kilomètre parcouru; mais, comme il y a tendance évidente vers de nouvelles économies, je calcule que l'on peut porter ce chiffre à $0^f,80^c$, sans crainte de commettre d'erreur sensible.

La partie de la puissance de la machine utilisée à entraîner le convoi,

$$416,50 - 180,50 = 236^{kil.},$$

pourra suffire à transporter

$$\frac{236}{0,0036 + 0,0050} = \frac{236}{0,0086} = 27,400^{kil.},$$

soit : $27,400 \times \frac{3}{4} = 20,550^{kil.}$ marchandises,

dont la dépense sera exprimée par $\dfrac{30 \times 1,20}{20,550} = 1^f 45^c$

par tonne, pour la distance entière,

¹par $\dfrac{1,45}{30} = 0^f,048$ par tonne et kilomètre, sur le plan incliné de 0,005.

Ainsi, il y aurait économie d'argent et de temps à adopter la ligne la plus courte, quoique la plus rapide.

Cependant la résistance de la machine augmentant avec la rapidité du plan incliné, il est clair que si l'on ouvre graduellement l'angle que fait ce plan avec l'horizon, il arrivera un point où la force entière de la machine sera employée à s'entraîner elle-même et où l'effet utile deviendra, par conséquent, entièrement nul.

Pour connaître la longueur de la ligne et le taux de la pente qui répondent à cette inclinaison, nous désignerons ce taux par P; et, observant que la force de la machine est entièrement absorbée par l'effort qu'elle est obligée de faire pour se traîner elle-même, nous aurons :

$$110,5 + 14,000^{kil} \times P = 416,50,$$

d'où $P\dfrac{416,5 - 110,5}{14,000} = 0^f,0218.$

La machine, sans convoi, sur une pente de 0,0218, ou $\dfrac{1}{46}$ développerait donc la même force et avec une même vitesse que sur une ligne horizontale, avec un convoi de 80,000 kilog.

Ainsi, lorsque l'on doit s'élever, au moyen d'un chemin de fer, à une hauteur déterminée entre deux points désignés, il est un taux de pente qui répond à la moindre dépense possible. Ce taux est un moyen terme entre deux extrêmes qui condui- raient également au maximum de la dépense : soit en exagérant la longueur du chemin pour lui don- ner une pente infiniment petite, soit en lui don- nant une pente assez forte pour que la machine ne pût entraîner que son propre poids.

J'ai indiqué par quels moyens on peut détermi- ner cette limite. Pour généraliser les calculs, et pour faciliter les applications que l'on en pourrait faire, je vais les réduire en formules, remplaçant par des lettres les valeurs que j'ai assignées au cas particulier que je viens de résoudre.

Ceci revient à regarder la dépense comme une fonction de la pente, et à chercher, par la méthode des minima, quelle valeur de cette pente répond à la plus petite valeur de la dépense ; c'est ce que l'on obtient en différenciant l'équation qui exprime les relations de ces quantités, en égalant la différen- cielle à zéro, et en déterminant les nouvelles relations qui s'établissent entre elles par suite de ce changement dans leurs rapports.

Soit donc :

x, la dépense sur la pente z pour parcourir la ligne y.

y, la longueur de la ligne qui répond au taux le plus avantageux de la pente.

z, le taux de la pente relatif à la longueur y.

e, l'effort dont est capable la machine, exprimé en kilogrammes.

r, la résistance de la machine, ou la partie de l'effort e employé à entraîner le poids de la machine sur un terrain horizontal.

f, le frottement sur une ligne horizontale.

p, le poids de la machine.

h, la hauteur verticale à laquelle on doit s'élever.

a, la résistance de la machine relative à la pente z.

b, la partie de la puissance de la machine employée à entraîner le convoi sur la pente z.

d, la dépense de la machine pour parcourir un kilomètre avec la vitesse qui répond à l'emploi de toute la vapeur qu'elle peut produire.

Comme la pente, la longueur de la ligne et la hauteur verticale sont trois quantités liées les unes aux autres par les relations

$$yz = h, \quad z = \frac{h}{y}, \quad y = \frac{h}{z}$$

on pourra toujours déterminer une d'entre elles, lorsque l'on connaîtra les deux autres.

En opérant par lettres, comme nous l'avons fait précédemment avec les quantités numériques qu'elles représentent, nous aurons :

$$r + pz = a, \quad e - r - pz = b, \quad \frac{b}{f + z} = c,$$

$$x = \frac{yd}{c} = \frac{yd}{\dfrac{e - r - pz}{f + z}}$$

ou en mettant à la place de z sa valeur $\dfrac{h}{y}$ et réduisant

$$x = \frac{y^2 df + ydh.}{ey - ry - ph}$$

En différenciant cette équation on obtient :

$$dx = \frac{(dy.2ydf + dy.dh)\,(ey\text{-}ry\text{-}ph) - (dy.e\text{-}dy.r)\,(y^2 df + ydh)}{(ey\text{-}ry\text{-}ph)^2}$$

égalant la différencielle à zéro et réduisant

$$\frac{dx}{dy} = y^2\,(ef - rf) + y\,(2fph) - ph^2 = 0$$

d'où l'on tire

$$y = \sqrt{ph^2 + \left(\frac{ph}{e - r}\right)^2} + \frac{ph}{e - r}$$

Si nous substituons les nombres à la place des lettres, nous aurons :

$$y = \sqrt{14{,}000 \times (150)^2 + \left(-\frac{14{,}000 \times 150}{416{,}50 - 110{,}50}\right)^2}$$

$$+ \frac{14{,}000 \times 150}{416{,}50 - 110{,}50} = 25{,}889^{m}$$

l'équation $z = \dfrac{h}{y}$ nous donnera le taux de la pente en substituant à la place de h et de y leurs valeurs, soit :

$$z = \frac{150}{25,889} = 0,005794, \text{ soit } \frac{1}{172} ;$$

et l'on déterminera le poids que peut entraîner la machine sur cette pente, au moyen de l'équation

$$c = \frac{b}{f+z} = \frac{e-r-pz}{f+z} = 23,880 \text{ }^{kil}.$$

La dépense par chaque tonne, pour parcourir la ligne entière, sera

$$x = \frac{yd}{c} = \frac{25,889 \times 1^f.20}{23,880} = 1^f,284.$$

Et comme il faut ajouter le poids des wagons qui s'élève au 1/4 du poids des marchandises, nous trouverons, pour le prix du transport des marchandises par tonne et kilom. :

$$\frac{1,284 \times \frac{4}{3}}{25,839} = 0^f,065,$$

qui répond au prix le plus bas parmi toutes les combinaisons entre la pente et le développement de la ligne, lorsque l'on a une hauteur verticale de 150 mètres à franchir, dans les conditions que nous avons prises pour exemple.

Ces calculs, comme tous ceux qu'on pourrait faire dans le même genre, bien qu'ils soient exacts en eux-mêmes, ne peuvent jeter que bien peu de lumières sur l'ensemble des conditions qui doivent décider un ingénieur dans le choix de la direction d'une grande ligne. La solution du problème est toujours liée à une foule d'autres considérations

qui y jouent un rôle assez important pour que chacune d'elles puisse suffire à faire pencher la balance
d'un côté ou d'un autre.

Ainsi, il arrivera bien rarement que l'on ait un
point de sujétion au commencement et au sommet d'un plan incliné, et que l'adoption de la
pente la plus faible produise un grand excès de
longueur dans la ligne. On aura, d'autre part, à
considérer l'obligation où l'on sera de diviser, au
pied du plan incliné, chaque convoi en plusieurs
parties, qui exigeront chacune le service d'une machine, souvent pour un temps très-court ; on devra peser encore les inconvénients de la descente,
inconvénients qui seront doublés s'il y a une contrepente. Enfin on devra penser à la complication
que l'existence du plan incliné apportera dans le
service ; et ceux qui sont habitués à commander à
de nombreux employés savent de quelle importance il est de simplifier les fonctions de chacun,
et de réduire les manœuvres au strict nécessaire.
Le service en est mieux fait ; la surveillance est plus
facile ; hommes et choses, tout y gagne.

III. Tracé du chemin de fer de Saint-Étienne à Lyon.

Le tracé du chemin de fer de Saint-Étienne à
Lyon m'ayant offert, dans une étendue de 58 kilomètres, les principaux obstacles que l'on est exposé à rencontrer dans l'établissement d'un chemin

FRAIS PRÉSUMÉS POUR L'ÉTABLISSEMENT DU CHEMIN DE FER DE SAINT-ÉTIENNE A LYON.

A L'ÉPOQUE DU 27 OCTOBRE 1828.

DÉSIGNATION DES TRAVAUX.		DÉPENSES effectives au 31 décemb. 1833.	OBSERVATIONS.
PREMIÈRE DIVISION.			
DE LYON A GIVORS, 20,000 MÈTRES.			
400 Mètres courants, percement au débouché du pont de la Mulatière, à 250 » 100,030 »			Des intérêts particuliers ont forcé
3 Grands ponts de 3, 4, 5 arches de 10 mètres chaque de débouché. 74,940 »			a établir beaucoup plus de ponts et de
10 Ponts ou ponceaux, de 1 à 5 mètres d'ouverture . . . . . . 24,000 »			ponceaux qu'on ne l'avait prévu.
410,250 Mètres cubes de terres à déplacer, y compris le transport, à . . . » 75 307,687 » } 603,227 »			
8,200 *Idem* perés ou enrochements, à . . . . 3 » 21,600 »			
4,300 *Idem* de maçonnerie, à . . . . 10 » 43,000 »			
12,800 *Idem* de roche, à . . . . 2 50 32,000 »			
DEUXIÈME DIVISION.			
DE GIVORS A RIVE-DE-GIER, 16,000 MÈTRES.			
58 Ponts de 1 à 5 mètres d'ouverture . . . . 78,000 »			
217,230 Mètres cubes de terres en déblais ou emprunt, à 75 162,922 50			Les prévisions ont été beaucoup
5,400 Enrochements ou murs à pierre sèche, à . . . . 3 » 16,200 » } 755,825 »		2,494,902 3,756,536 72	plus dépassées dans cette partie de
12,020 Mètres cubes de maçonnerie, à . . . . 7 » 84,140 »			la ligne que dans les deux autres.
1,054 *Idem* courants, percement, à . . . . 150 » 158,100 »			
102,585 Mètres cubes de roches, à 2 50 256,462 50			
TROISIÈME DIVISION.			
DE RIVE-DE-GIER A SAINT-ÉTIENNE, 22,000 MÈTRES.			
59 Ponts de 1 à 5 mètres . . . . ; 93,750 »			
90,300 Mètres cubes de terrassements, à . . . . 1 » 90,300 » } 855,850 »			
8,000 *Idem* de maçonnerie, à . . . . 14 » 112,000 »			
279,400 *Idem* de poudingue, roche tendre, à . . . . 2 » 559,800 »			
Lieux de chargement et déchargement, embarcadères et bâtiment pour le service de la compagnie . . . . 230,000 »			
Un pont de pierre à 8 arches de 20 mètres de débouché, sur la Saône à Lyon 500,000		552,902 19	
1,000 Mètres courants de percement à Rive-de-Gier 329,875		600,000 »	
1,500 *Idem* de percements à Terre-Noire 550,000		1,058,900 »	
Frais généraux 400,000		300,000 » } 350,000 » } 150,000 »	Frais généraux. Direction, traitements d'employés. Direction centrale à Paris.
Rails 1,700,000		1,700,000 »	
Chairs 300,000		350,000 »	
Dés et pose 400,000		350,000 »	Depuis cette époque on a reconnu
Acquisitions de terrains 1,500,000		3,633,300 10	que les rails étaient trop faibles, et on
600 Wagons 360,000		1,000,000 » }	les a remplacés par d'autres d'un poids double.
25 Machines locomotives 300,000			
Intérêts payés aux actionnaires 0		931,671 65	
Gare de Perrache ajoutée comme annexe au chemin de fer 0		616,689 34	
		8,894,777 15,350,000 00	

de fer, je crois utile de faire connaître ici, et les circonstances qui se présentèrent, et les moyens dont on usa pour les vaincre, et les raisons d'après lesquelles on adopta ces moyens.

J'avais partagé la ligne en trois divisions, ayant chacune un employé en chef pour la direction des travaux. La première, qui s'étendait de Lyon à Givors, était établie sur la rive droite du Rhône, et comprenait une distance de 18,787 mètres. L'administration des ponts-et-chaussées ayant fixé la hauteur du pavé du pont de la Mulatière à 8^m31 cent. au-dessus de l'étiage de la rivière, soit à $170^m,43$ au-dessus du niveau de la mer; et celui du pont du canal de Givors à 2^m 87 cent. au-dessus de l'écluse sur laquelle il est établi, soit 159^m 83 cent. au-dessus du niveau de la mer, la différence de niveau entre ces deux points extrêmes se trouvait de $10^m,60$, ce qui donnait une pente moyenne de $0^m,00055$ par mètre.

Le tracé, partant de la place Louis XVIII, à Lyon, a dû se développer dans la presqu'île Perache sur une étendue de 2,200 mètres. Il fallut traverser, au moyen de deux ponts de 60 mètres chacun, les deux branches de la gare que la compagnie a creusée pour le service du chemin de fer, à la sortie de la presqu'île. D'après la direction de la ligne, il fut indispensable d'établir un pont au confluent du Rhône et de la Saône, à la place même où, soixante ans auparavant, on en avait

élevé un qui, au bout de trois ans, avait été
entraîné par le fleuve. Une partie de l'emplacement était encore encombrée par les matériaux
provenant de cet écroulement; et l'autre partie,
occupée jadis par le confluent, offrait un fond de
vase molle, dans laquelle les pieux entraient, sans
le moindre effort, jusqu'à une profondeur de
12 mètres. En outre, je me trouvais forcé d'établir les fondations parallèlement au cours du Rhône,
et obliquement à celui de la Saône, circonstance
à laquelle on attribuait généralement la chute de
l'ancien pont. Aussi l'opinion publique était-elle
unanime à blâmer ce travail, et, pour mon compte,
je redoutais sérieusement de l'entreprendre. Je
fus même assez longtemps indécis, me deman-
dant s'il n'y aurait pas moins d'inconvénients et de
dangers à construire un pont suspendu. Cependant, considérant que les ponts de cette espèce
n'étaient pas encore assez éprouvés, et qu'il était
fort douteux qu'ils pussent résister à un mouvement aussi considérable que devait l'être celui du
chemin projeté, je renonçai à cette idée. J'espérais, du reste, qu'en apportant de grands soins à
la fondation et à la construction d'un pont de
pierre, et en n'y employant que de bons matériaux, je parviendrais à vaincre les difficultés de
la position. L'événement a prouvé que je ne m'é-
tais pas abusé.

En face, et au sortir du pont de la Mulatière, la

ligne rencontre un monticule d'une longueur de
400 mètres, formé de deux tiers de granit rouge
très-dur, et d'un tiers de sable sec et coulant. Il
fut nécessaire de le franchir au moyen d'un percement. Au delà, et sur un espace de 5 à 6,000
mètres, se trouvent des alluvions du fleuve,
élevées de trois mètres environ au-dessus de l'é-
tiage, et à travers lesquelles la ligne put se développer, sans avoir à vaincre d'autre obstacle qu'un
torrent, qui exigea un pont de 10 mètres de débouché, et un bouton de granit rouge de 250 mètres de longueur, dont il fallut enlever 10,000 mètres cubes.

On aurait pu facilement, et sans une augmentation notable des frais, tracer, dans toute cette
étendue, de belles lignes assujetties à un très-faible
taux de pente. Mais, n'appréciant alors que très-
imparfaitement, comme je l'ai dit, l'extrême importance que l'on doit attacher à cette condition, je me
laissai séduire par la possibilité de faire une économie de 50 à 60,000 francs. Je commis donc la double
faute de laisser subsister une pente et une contrepente de $0^m,005$, et de transporter la ligne sur les
coteaux pour éviter des remblais, d'où il résulta que
je dus tracer un réseau de courbes de 500 mètres
de rayon, tandis que j'aurais pu n'en avoir qu'une
seule sur un développement de 1,500 à 2,000 mètres.

A l'extrémité de la plaine, la ligne se dirige sur
une étendue de 7 à 8.000 mètres, en côtoyant le

fleuve, qui, partout, ne s'écarte que très-peu de la balme, élevée en cet endroit de 15 à 20 mètres. Cette balme est composée de granits, entremêlés de schistes contournés; et plus d'une fois, pour établir des courbes de 500 mètres, souvent accolées les unes aux autres, j'ai dû, ou me jeter dans le fleuve en soutenant la chaussée par des pérés, ou couper le roc de la balme jusqu'à 12 ou 15 mètres de hauteur.

Les difficultés que présentait cet étroit passage furent encore augmentées par la rencontre de trois villages qui s'y trouvent; on put cependant en éviter un, en profitant d'un île de sable, sur laquelle on dirigea le chemin en coupant les deux bras du fleuve.

Dès lors et jusqu'à Givors, c'est-à-dire pendant une distance de 4 à 5,000 mètres, on n'eut plus à parcourir que des terrains d'alluvion. Une seule balme les traverse, et j'eus le soin de la couper dans le sens de la plus grande longueur, sur 640 mètres, opération d'où je retirai 100,000 mètres cubes d'excellent gravier pour remblayer toute la plaine en amont et en aval, et pour entretenir postérieurement la voie en bon état.

De Givors à Rive de Gier, le tracé se développe sur 15,644 mètres; cette dernière ville, au pavé de la route royale, au point même où sont posés les rails du chemin de fer, est élevée de $235^m,23^c$ au-dessus du niveau de la mer; la différence de niveau avec Givors est donc de $235^m,23^c-159^m,83^c$, ou $75^m,40^c$, ce qui représente une pente moyenne de $0^m,0048$; toutefois, cette pente fut réglée à $0^m,00596$ sur la partie la plus importante et la plus fréquentée de la ligne, le surcroît étant destiné à compenser ce qui devait se trouver en moins aux points de chargement.

Cette seconde division peut, comme la première, se partager en trois parties, dont les accidents semblent avoir quelque analogie avec ceux de la précédente. D'abord la ligne se développe assez facilement sur une étendue de 4,000 mètres, dans le flanc droit du débouché de la vallée ; en cet endroit, elle rencontre un monticule de 50 à 60 mètres de hauteur, qui fut d'abord traversé par un percement provisoire à une seule voie, remplacé plus tard par une tranchée. Au delà de ce monticule, la vallée se resserre et se tourmente ; et, sur une longueur de 6 à 7,000 mètres, la ligne est établie presque continuellement, soit en percements, soit dans le lit d'un torrent rapide, qui, dans les grandes crues, déplace des enrochements de $0^m,018$, soit 54 kilog. environ.

Ce passage a nécessité l'ouverture de 9 percements dans des masses de rocher granitique ou schisteux ; et l'on y a dépensé beaucoup de temps et d'argent, la configuration du terrain n'ayant presque jamais pu se prêter à l'ouverture de puits, ce qui aurait été d'un grand secours pour les travaux de percements. Les passages en lit de rivières, au nombre de quatre, ont été établis sur des remblais, dont un de 60,000 mètres cubes, et il fut nécessaire d'en garantir le pied par des murs en maçonnerie, défendus par des encréchements de pieux et palles planches liernés et fortement enrochés.

Plus loin, la vallée s'élargit; pendant l'espace de 2,000 mètres, c'est-à-dire jusqu'à Rive de Gier, le chemin a pu être conduit sur le coteau de la rive droite, et l'on a pu établir, à peu de frais, des courbes d'un assez grand développement.

Là se présentait la ville de Rive de Gier, et il fallait la traverser, soit en suivant les bords du Gier, ce qui astreignait la ligne à des courbes d'un faible rayon, et exigeait la démolition d'un grand nombre de maisons ; soit en perçant le monticule sur lequel la ville est bâtie. Je jugeai ce dernier moyen préférable, bien qu'il fût loin d'être exempt de difficultés ; car il fallait ouvrir des travaux à travers des fouilles pratiquées anciennement pour extraire de la houille, et qui avaient été abandonnées depuis longtemps, et l'on ne possédait aucun plan qui en indiquât la direction et l'étendue en outre, dans le terrain même que devait couper le percement, il existait des couches de houille exploitées à la profondeur de 2 à 300 mètres, et d'autres, à des profondeurs moins considérables, qui n'avaient pas encore été attaquées.

La sécurité que témoignèrent, en présence de mon projet, les habitants placés au-dessus de ces abîmes, aussi bien que les occupations dont j'étais surchargé, firent que je n'apportai pas à l'examen de cette question toute l'attention et tous les soins qu'il aurait exigés. Une étude plus approfondie, une connaissance plus exacte des lieux m'auraient probablement amené à trouver quelque autre combinaison préférable à celle que j'adoptai alors, et m'auraient permis de prévoir et d'éviter une légère déflexion qui s'est manifestée plus tard, et par suite de laquelle on fut forcé de relever une partie du percement. Mais les travaux qui se sont affaissés étant situés à une grande profondeur, le mouvement se fit avec une telle lenteur que nous pûmes attribuer d'abord la petite différence observée dans la section du percement, à une erreur de nivellement. Nous restâmes donc dans l'incertitude, et quand la déflexion eut atteint $1^m,60$, il fallut relever le cerveau de la voûte sur une étendue d'environ 300 mètres, ce qui ne coûta pas moins de 80 à 100,000 fr.

Le percement a 1,000 mètres de longueur. L'entrée, du côté d'aval, se trouve dans des argiles schisteuses humides. On y avait anciennement pratiqué des galeries qui avaient mis le terrain en mouvement ; et lorsqu'on commença les déblais de la tranchée qui devait précéder l'entrée en percement, toutes les terres qui s'équilibraient sur la pente de la montagne se portèrent en avant, entraînant les murs en ailes de la tranchée et les galeries, qui ont été recommencés jusqu'à trois fois sur une étendue de 15 à 20 mètres.

La troisième division de la ligne, de Rive-de-Gier à Saint-Etienne, a 20,575 mètres de longueur. Cette dernière ville se trouvant à 529^m,926 au-dessus de la mer, la différence du niveau est de 278^m,528, ce qui constitue une pente moyenne de 0^m,01294; elle fut répartie entre 0^m,0057, taux le plus faible sur le port sec ou lieu de chargement à Saint-Etienne, et 0^m,01378, taux de la partie inférieure de la ligne.

De Rive-de-Gier à Terre-Noire, sur une étendue de 17,000 mètres, la ligne est assise sur le flanc des coteaux formant la rive droite du Gier jusqu'à Saint-Chamond, et du Janon jusqu'à Terre-Noire. Tous ces coteaux sont formés d'un amas de poudingues extrêmement durs, composés de galets roulés et anguleux. et recouverts partout d'une légère couche végétale; en sorte que les emprunts y sont aussi difficiles que coûteux. La ligne s'écarte d'abord, puis se rapproche insensiblement du Gier et du Janon, au-dessus desquels elle s'élève de 27 mètres. Les deux rivières se réunissent à Saint-Chamond. Cette partie de la ligne a exigé l'ouverture de trois percements assez étendus, et la construction de deux ponts assez élevés; le cube des terrains qui ont été déplacés pour tranchées et remblais est de 250,000^m environ.

A Terre-Noire, le chemin joint le Janon. On a

pratiqué en ce lieu un percement de 1,500 mètres, à une seule voie. Il forme le passage du versant de la Méditerranée par le Rhône, le Gier et le Janon, à celui de l'Océan, par le Furens et la Loire; il fut exécuté à travers des grès houillers, des schistes, des poudingues, des argiles, ce qui occasionna de nombreux accidents partiels, et, par conséquent, des dépenses considérables.

Enfin, de Terre-Noire à Saint-Etienne, la ligne, se développant à travers de grandes tranchées et sur de grands remblais, n'offre plus d'autres accidents exceptionnels, et vient aboutir au port sec. Ce port, très-favorablement placé pour le chargement et l'expédition des houilles, est malheureusement trop éloigné de la ville pour la commodité des voyageurs qui fréquentent le chemin. Ne pouvant, à l'époque de l'établissement, prévoir que ce mouvement atteindrait le chiffre où il s'est porté depuis, je n'attachais à cette destination qu'une importance extrêmement secondaire, et je crus devoir arrêter la ligne en cet endroit; mais il serait très-facile de la prolonger jusqu'au milieu de la ville, au moyen d'un percement qui traverserait un monticule de grès houiller d'une excellente qualité; il est probable même que la compagnie se décidera par la suite à prendre ce parti.

Le chemin de fer nous fut adjugé le 27 mars 1826; l'ordonnance royale qui nous autorisait à l'établir fut rendue le 7 juin de la même année;

celle qui approuvait le tracé, le 4 juillet 1827. Cependant, extrêmement pressé par les circonstances, et encouragé par l'appui que nous trouvions dans le gouvernement, je fis commencer les travaux d'exécution dès le mois de septembre 1826. En octobre 1827 la ligne était terminée en différents endroits, sur une longueur totale de plus de 10,000 mètres, et on avait dépensé environ un million de francs.

Je vais mettre en regard le devis des dépenses tel que je l'établis alors, avec les prix auxquels les travaux se sont élevés, afin que l'on puisse reconnaître quels sont les points sur lesquels furent commises les plus grandes erreurs. On ne doit pas oublier, en jetant les yeux sur ce tableau que le peu d'habitude que l'on avait en France de faire exécuter des travaux analogues à la plupart de ceux qu'exigeait le chemin de fer nous mettait, moi et ceux dont j'étais entouré, dans la nécessité d'en faire un véritable apprentissage.

La différence entre le chiffre prévu et le chiffre atteint de la dépense, provient surtout de ce qu'ayant eu souvent à établir la ligne à de grandes profondeurs sous la surface du sol, il était presque impossible de prévoir la nature des terrains que l'on rencontrerait. Il devait nécessairement résulter de cette ignorance, de grandes incertitudes dans les appréciations non-seulement des frais, mais encore du genre des travaux que l'on aurait à exécuter. Tels monticules où des percements avaient été projetés, ont dû être ouverts en tranchées, tandis que d'autres, où l'on n'espérait pas trouver assez de solidité pour établir des percements, s'y sont prêtés d'une manière très-favorable. De même, dans les grandes tranchées, on a rencontré des variations considérables dans la nature des terrains, et plusieurs fois il s'en est suivi des éboulements de terres et de rochers, qui se sont étendus à plusieurs centaines de mètres, et ont forcé à des déplacements énormes de matériaux. Ce sont là des accidents inhérents aux localités, et l'on ne devra jamais espérer d'y échapper, quand on aura à opérer dans les mêmes circonstances.

IV. Du tracé général d'une ligne de chemin de fer entre deux points déterminés.

Le point de départ et le point d'arrivée d'une ligne de chemin de fer étant donnés, l'ensemble de la direction sera commandé par la condition des moindres déblais possibles. Ce principe arrêté, l'exécution de toutes les parties doit y être rigoureusement subordonnée. La nécessité des courbes d'un grand rayon, et l'assujettissement à un taux de pente déterminé désignent impérieusement les lieux où l'on devra passer. Quelles que soient les difficultés que l'on doive y rencontrer, il faut les vaincre : la plus légère déviation des lignes peut suffire pour entraî-

ner dans la direction générale des changements considérables, et pour allonger les percements et augmenter les déblais ou les remblais, dans une progression effrayante.

Il arrive cependant, que pendant l'exécution
même des travaux, il se présente de ces accidents
ou de ces changements imprévus dans la nature
des terrains, d'où résulte une impossibilité matérielle de se conformer au plan adopté d'abord. On
peut, en ce cas, être forcé de faire dévier ou de
transporter d'un point à un autre une portion
plus ou moins grande de la ligne. Une telle circonstance est toujours funeste à la bonne conduite
du tracé, et il n'y a d'autre remède à y opposer
que de raccorder le moins mal que l'on peut la
partie que l'on a été forcé de déplacer. Je n'aurai
pas à ce sujet de règles à indiquer, l'événement
fait loi.

Quand on est pressé par le temps, il devient
indispensable, vu les études de détails que l'on
est obligé de faire pour arrêter définitivement le
tracé, de diviser le travail. Il est bon, alors, de confier les opérations partielles aux employés qui devront faire exécuter les travaux, chacun dans la
localité où il exercera sa surveillance. Cette première
opération les met à même de se familiariser avec la
connaissance des terrains et avec les difficultés qu'ils
auront à combattre; elle les met d'avance en relation
avec les propriétaires auxquels on devra acheter des

emplacements pour le passage de la ligne. Ce sont
là des avantages moins légers qu'on pourrait généralement le penser, et un bon praticien ne néglige
jamais de se les assurer quand cela est possible.

Tout tracé définitif doit être précédé d'un tracé
provisoire, qui a pour but de reconnaître de quelle
manière la pente doit être répartie sur toute l'étendue de la ligne. L'ingénieur en profite aussi pour
fixer les directions générales, et pour déterminer
approximativement la longueur des droites et des
courbes qui doivent en composer l'ensemble. A ce
sujet, il s'aidera efficacement des plans du cadastre
embrassant tout le pays où la ligne peut s'étendre, et
il y placera provisoirement une série de points sur
lesquels devront être faits le profil en long et les
profils en travers. Ces plans, dressés ordinairement
sur l'échelle commode de $0^m,001$ par mètre, contenant l'indication exacte des propriétés particulières
et des détails de la division du sol, offrent toute
facilité pour y établir promptement leur concor-
dance avec les accidents du terrain. Ils sont, en
conséquence, d'un grand secours pour recueillir les
notes, les observations, et pour faire tous les essais
de directions qu'il peut être nécessaire de tenter, afin
de s'arrêter avec plus de certitude à celle qui devra
être la plus avantageuse.

On doit aussi, pour ces sortes de reconnais-
sances, avoir soin de se munir d'un petit niveau
à bulle d'air, établi sur un mètre dont on se sert

en forme de canne , et à l'aide duquel on peut
mesurer approximativement la déclivité du terrain,
et rattacher divers points de la ligne sur les repères
du nivellement général. Je dois dire cependant que
j'ai vainement cherché chez les opticiens un instrument qui pût servir à cet objet , et que j'ai
été forcé d'en confectionner un moi-même. Pour
cela , j'établis au-dessus du niveau une petite alidade ou simplement une tige graduée pouvant
donner le degré d'inclinaison du rayon visuel qui
passait , d'un côté par l'un de ses points , et de
l'autre par la partie supérieure du niveau. J'ai
souvent désiré que quelque artiste habile voulût
bien s'occuper à combiner et à exécuter un instrument qui pût être employé commodément à un
tel usage.

J'ai trouvé encore un grand avantage à me
servir, pour ces premières études, de patrons en
bois, faits à l'échelle des plans , et représentant
des courbes de divers rayons, mais surtout du plus
faible que l'on soit autorisé à employer. Lorsque l'on
a fixé sur le plan les points de sujétion et une
série d'autres points dont on doit s'approcher ou
s'éloigner le moins possible, on place ces segments
de cercles, qui sont de véritables règles circulaires,
de manière à les accoler les uns aux autres dans des
conditions conformes à celles auxquelles on est soumis. On trace ensuite sur le plan les réseaux de lignes,
dont on détermine graphiquement les tangentes et

les rayons, et qui servent de canevas pour établir les plans que l'on devra tracer après avoir fait des opérations plus exactes.

Lorsque cette première étude est suffisamment mûrie, et que l'on a terminé les profils en long et en travers sur l'axe provisoire, on procède au travail de cabinet. On discute alors sérieusement quel est le tracé qui nécessite le moins de déblais ou de remblais, en renfermant le projet dans les limites des courbes et des pentes auxquelles il est astreint. Cette seconde ligne, tracée au besoin sur un nouveau plan, si le premier est déjà trop surchargé, servira à son tour de point de départ pour un plus ample et plus minutieux examen, et recevra toutes les nouvelles corrections qui paraîtront devoir l'améliorer encore.

On peut ensuite entreprendre le tracé du plan définitif, qui devra indiquer, avec toute l'exactitude possible, les cotes de nivellement, la longueur développée de toutes les lignes, et les accidents de terrains dans tous leurs détails.

Il ne reste plus, dès lors, qu'à rapporter sur le terrain les points correspondants à ceux qui sont tracés sur les plans.

La disposition du terrain rend quelquefois ce transport assez difficile. Il faut, en ce cas, choisir sur le terrain même quelques points bien stables, que l'on rapporte bien rigoureusement sur le plan ; puis on les repère avec le point que l'on n'a pas pu établir, en ayant soin de mesurer exactement leur distance respective, et les angles qu'ils forment dans le plan de leurs côtés et avec l'horizon ; ces nouveaux points sont destinés à retablir, au besoin, au moyen d'une courte opération, le point qui indique le véritable passage de la ligne. Ce travail sur les lieux, quelque soin que l'on ait mis du reste à multiplier les profils en travers, fait toujours ressortir la nécessité de quelques modifications dans le tracé; il en arrive souvent de même pendant l'exécution des travaux. Il est de ces accidents de terrain qu'il est impossible de prévoir, soit à l'inspection des lieux, soit même en s'aidant de la sonde, et qui, lorsque les travaux ont pris un certain développement, font reconnaître que la configuration du sol est toute différente de ce qu'on l'avait crue d'abord. Il en résulte parfois qu'il y aurait de tels inconvénients à suivre le projet arrêté, qu'on est forcé de changer la direction de la ligne. Ainsi j'ai trouvé plusieurs fois que des rochers élevés et presque à pic, dans lesquels il s'agissait d'ouvrir des tranchées, étaient coupés à leur pied par des veines d'argile inclinées sur la ligne, à travers lesquelles s'opérait un suintement presque insensible, et sur lesquelles la masse entière du rocher n'aurait pas manqué de glisser jusqu'à ce qu'elle s'écroulât sur la voie. D'autres fois aussi j'ai remarqué qu'un mouvement analogue, qui s'opérait sur la partie d'amont du profil en travers de la ligne, agissait sur tout le terrain jusqu'à la partie d'aval, en sorte que la chaussée entière tendait à se déplacer par un mouvement lent et continu, et sans qu'il existât ni rupture, ni solution de continuité, ni éboulement. Je ne parle pas des terrains houillers, où s'opèrent des déflexions qui entraînent souvent des déplacements de plusieurs mètres. Quand on a à traverser de telles localités, on doit faire une étude bien exacte de tous les travaux qui ont pu être pratiqués anciennement, et prendre en considération le danger que peut courir la ligne, d'être déformée par les travaux postérieurs. Les mouvements de terrain qu'occasionnent les mines peuvent s'étendre, dans tous les sens, à de très-grandes distances, et ce sont des probabilités qu'il faut peser sérieusement, surtout lorsque l'on a des percements à ouvrir. Au reste, de tels mouvements n'ont pas lieu seulement dans les terrains houillers en exploitation; la géologie nous fournit l'exemple de plusieurs grands pays qui se déplacent lentement, et j'ai moi-même observé en Bourgogne, près de Montbard, plusieurs villages dont les clochers sont aujourd'hui visibles dans leur entier, dans des positions d'où on ne les apercevait nullement il y a cinquante ou soixante ans.

L'ouverture de grands travaux, particulièrement dans les tranchées à deux parements qui se font à l'entrée des percements, donne quelquefois lieu à des soulèvements du sol de la ligne. Cela arrive

surtout lorsque le terrain inférieur est plus susceptible de se délayer dans l'eau que celui qu'il sup-
porte. Si l'on n'a soin d'y ménager des écoulements
faciles, il peut s'ensuivre bien des inconvénients.
Pour assainir des passages semblables, que je n'a-
vais pu éviter, je me suis trouvé dans la nécessité
de creuser des canaux jusqu'à deux mètres en con-
tre-bas de la ligne, et d'établir, à partir de ce point,
des murs en maçonnerie, ayant un mètre d'épaisseur, espacés de quatre mètres, et se prolongeant
jusque dans les talus.

Toutes les fois qu'un changement apporté au tracé
fait varier la longueur de la ligne, il occasionne
une variation proportionnelle dans la hauteur des
points qui se trouvent dans la portion assujettie à un
même taux de pente ; car il allonge ou diminue
l'espace dans lequel doit être répartie la différence
de hauteur entre les extrémités. Si l'on veut conserver l'uniformité de la pente, il faut donc, à
chaque correction faite dans le tracé, en recommencer la répartition conformément à la nouvelle
longueur adoptée. Quand on sait combien un tel
travail est long et compliqué, on peut comprendre
pourquoi le détail du profil en long des chemins
de fer, présente, en général, beaucoup d'irrégularités. Bien qu'en certains cas ces défectuosités puissent n'avoir qu'une très-légère importance, il est
bon cependant de les éviter autant qu'on le peut.
Les hommes de l'art, et le public lui-même, lors-

qu'ils jugent un travail, n'admettent pas facilement, comme excuse à une négligence, qu'il aurait fallu trop de temps ou de soins pour la réparer. Il est si facile de reconnaître les fautes d'un tracé quand il est exécuté, que l'on a souvent peine à s'expliquer comment les ingénieurs peuvent en commettre de si nombreuses. Mais on sera plus tolérant et moins prompt à juger défavorablement de quelques incorrections, si l'on veut bien considérer les difficultés, les obstacles que rencontre une telle opération, et tout le temps et toute la réflexion qu'il faut y consacrer pour n'en vaincre qu'une partie. Au reste, il y a d'autant moins de moyen d'éviter ces fautes que l'ingénieur n'étudie pas seul et par lui-même toutes les parties de la ligne. Or, les employés auxquels est confiée la direction des différents points, en leur accordant égalité de mérite, n'ont pas des facultés, une nature d'esprit identiques : ils sont plus ou moins aptes à arrêter des dispositions heureuses, et à adopter, du premier coup, les directions qui offrent le plus de probabilités de pouvoir être maintenues, indépendamment de l'ignorance où l'on est sur la nature des terrains qu'elles doivent traverser. Il ne faut donc pas faire retomber sur l'ingénieur seul une trop lourde responsabilité. D'ailleurs, toutes ces matières sont encore bien neuves, et celui qui entreprend de les résoudre n'a pour se guider que des renseignements fort insuffisants. J'essaierai d'y ajouter un peu en exposant le détail de quelques opérations pratiques que j'ai eu occasion d'exécuter. Si, dans d'autres occasions, les mêmes circonstances se représentaient, l'étude de ce qui a été fait pourra n'être pas inutile. On aura à decider alors, suivant les cas, s'il convient de se servir simplement des mêmes moyens, ou de les modifier, ou de les combiner avec d'autres méthodes.

V. Du tracé des lignes droites.

Le tracé d'une ligne droite est, en apparence, la chose la plus simple du monde ; cependant, lorsque cette ligne doit avoir une certaine étendue, on éprouve quelquefois de très-grands embarras pour la diriger avec précision. Cela arrive surtout quand elle doit être établie à travers des lieux très-accidentés, embarrassés par des arbres, par des constructions, ou par tout autre obstacle qui s'oppose à ce qu'on en saisisse facilement l'ensemble. Il est très-important, avant de commencer aucun travail d'exécution, de s'être bien assuré que tous les points que l'on a placés se trouvent exactement dans l'alignement. On comprend que, s'il se rencontre sur le passage de la ligne de grandes tranchées, des remblais élevés, des percements, une rivière, etc., une erreur reconnue après coup pourrait exiger pour être réparée, de si énormes dépenses, qu'on serait forcé de la laisser subsister, et une imperfection de cette nature est d'autant plus fâcheuse, qu'il ne sera pas possible de la déguiser. Que l'on fasse varier le rayon d'une courbe de manière à faire passer la ligne par autant de points que l'on voudra, l'œil ne condamnera pas des inflexions qui lui paraîtront toujours assujetties à une loi quelconque de continuité; mais il juge beaucoup plus sévèrement les moindres défauts d'une ligne droite, et l'on sait combien la moindre déviation est sensible, à quelque distance qu'on soit placé pour l'apercevoir.

Quand on a à tracer sur le terrain une ligne droite très-étendue et d'une longueur déterminée, on doit avoir deux points au moins qui en établissent la position et la direction. Si des obstacles physiques ne permettent pas de la jalonner, il devient nécessaire d'avoir recours à des moyens détournés. On trace alors, dans telle direction que l'on veut, une autre ligne que l'on rattache par quelques points à ceux de la première dont la position est fixée; puis on rapporte le tout sur un plan bien exact. Cette nouvelle ligne peut comporter sans inconvénients une série plus ou moins nombreuse de brisures, pourvu que l'ouverture des angles et la longueur de leurs côtés soient exactement mesurées. Il vaut même mieux, au risque de multiplier les irrégularités, choisir des endroits commodes, tels que des chemins, les bords d'une rivière, etc., qui offrent des communications faciles avec la direction présumée de la ligne définitive.

On doit apporter la plus grande attention à mesurer l'inclinaison que forment avec l'horizon toutes les parties de la ligne provisoire, et à en faire la réduction ; car il est très-essentiel que chacun des points auxquels on se place pour élever des ordonnées sur la ligne principale, se rapporte exactement à des distances horizontales. Il est très-évident qu'en les mesurant dans une direction inclinée, on s'exposerait à tomber dans les plus graves erreurs.

Cette opération est fort simple et ne présente aucune difficulté. Je crois cependant devoir donner un exemple de la manière dont elle peut être pratiquée, moins pour l'enseigner que pour rappeler toutes les précautions et tous les soins qu'il est nécessaire d'y mettre.

Soit une ligne AB (pl. 1, fig. 1), d'une longueur de 3000 mètres, qu'il s'agit de tracer le long d'un fleuve. Supposons que divers obstacles ne permettent pas de se porter sur sa direction, et de lier directement ses diverses parties les unes aux autres par une opération graphique quelconque. On choisira une suite de points C,D,E,F,G,H,I,K, placés le plus commodément possible pour se prêter à cette condition. On mesurera exactement la distance qui les sépare, et les angles qu'ils font entre eux dans les divers plans qui les contiennent, ainsi que leur inclinaison à l'horizon ; ce qui donnera le moyen de tracer un profil en long, A', c, d, e, f, g, k, B', qui servira à calculer les longueurs $A'c'$, $c'd'$, $d'e'$, etc., exprimant celles des lignes AC', $C'D'$, $D'E'$, etc., qui leur correspondent, rapportées à l'horizon. La somme de ces dernières lignes équivaut évidemment à la longueur de la ligne AB. Cette opération terminée, on choisira les points r, s, t, u, v, x, y, z, de manière à pouvoir établir commodément les ordonnées rr', ss', etc., dont la position déterminée et la longueur calculée et réduite à l'horizon serviront à fixer les points r', s', t', u', v', etc., par lesquels devra passer la droite.

Les alignements intermédiaires peuvent se prendre ensuite avec de longues perches, que l'on tient bien perpendiculaires, au moyen de fils à plomb, ou bien en se plaçant sur un lieu élevé, et en traçant, avec un instrument muni d'une alidade plongeante, une ligne d'emprunt parallèle à la direction de la ligne principale, s'il n'est pas possible de se placer dans cette direction même.

On peut aussi, pour abréger le temps, et lorsque la disposition des lieux s'y prête, employer le moyen des parallèles pour le tracé des droites d'une grande étendue. Supposons, par exemple, qu'en M il existe un clocher ou un autre édifice élevé qui permette de découvrir toute la campagne environnante. On commencera à déterminer la plus courte distance horizontale du point M à la ligne AB; et l'on tracera un autre point **N** éloigné le plus possible de **M**, et dont la distance horizontale jusqu'à la ligne AB soit la même que celle du point **M**. Ensuite on placera en **M** un cercle Azimuthal, instrument muni d'une lunette fixée à l'un des côtés d'un axe tournant horizontalement sur un plateau gradué et autour duquel elle peut elle-même tourner verticalement. On établira dans un niveau parfait le cercle horizontal de l'instrument, principalement dans la section perpendiculaire aux lignes **AB, NM**. Puis on tracera une suite de points **O,P,Q**, que l'on répérera avec une grande exactitude. On retournera alors la lunette, en faisant décrire à son axe un arc de 180 degrés, et l'on s'assurera que la série des points **N,O,P,Q** se trouve toujours dans le même alignement. Après avoir reconnu que l'axe optique de la lunette est bien exactement dans un plan vertical, on placera définitivement les points **O,P,Q**, etc., dans la position d'où l'on pourra le plus facilement les rattacher à la direction de la ligne AB.

Cette opération terminée, on déterminera, à l'aide de ces points, et par une opération graphique semblable à celle que je viens de décrire, d'autres points appartenants à la ligne AB. Il faut bien remarquer que la position des points **O,P,Q**, etc., comme celle du point qu'ils ont servi à établir sur la ligne **AB** n'est connue que relativement à la place qu'ils occupent dans des plans verticaux passant par les deux points **M** et **N**, **A** et **B**. Mais comme on n'a aucun moyen de reconnaître la distance horizontale ou verticale de ces points, soit entre eux, soit aux points B et M, A et N, il est toujours préférable de déterminer directement des points sur la ligne AB lorsqu'on peut le faire, à l'aide d'un réseau de lignes.

Lorsque les lignes droites doivent être conduites à travers des terrains d'un accès difficile, et que leur étendue doit rencontrer plusieurs percements, il peut arriver que le tracé et le raccordement d'une ligne d'emprunt, contrariés par divers obstacles, n'aient point un dégré suffisant de certitude. Il y aurait alors d'autant plus de danger de commettre des erreurs, qu'il ne serait plus temps d'en revenir lorsque l'ouverture de la ligne les ferait connaître. Il faut, en ce cas, s'attacher à tracer la ligne d'emprunt dans le plan vertical de la ligne définitive. Quand un certain nombre de points sont ainsi désignés et bien vérifiés, il est très-facile d'en tracer, avec précision, autant qu'on le veut, d'un revers de la montagne à l'autre.

Ces opérations sont, comme on le voit, assez compliquées; il est nécessaire de les faire avec une grande exactitude et de les recommencer plusieurs fois, pour être bien certain qu'elle ne sont entachées d'aucune erreur.

Les employés qui ne sont pas habitués à se livrer à ces sortes de travaux, sont toujours trop enclins à croire que l'affaire la plus importante pour eux, c'est de savoir manier habilement les instruments de précision ; ils ne se pénètrent pas assez de cette vérité, qu'il n'est pas moins essentiel de ne négliger aucun de tous les petits soins, de tous les détails minutieux, dont l'omission est presque toujours la cause des erreurs qui se commettent.

La mesure des angles par la méthode de la répétition, est sans doute une opération difficile, qui exige de l'attention, de l'intelligence et beaucoup d'habitude ; mais la place que doit occuper l'instrument dans la position du point déjà observé, le niveau exact du cercle horizontal, l'observation et l'inscription sur les carnets d'une manière bien nette, bien claire, bien lisible, de la longueur des lignes, de l'ouverture des angles, etc., l'annotation exacte des signes positifs ou négatifs des quantités, ne réclament pas moins de soins et d'exactitude. Lorsque l'oubli de quelqu'une de ces précautions a occasionné une erreur, on a d'autant plus de peine à la relever, que l'on est moins disposé, pour les vérifications, à recommencer, comme il le faudrait, le travail en entier, en faisant varier les points de départ et d'arrivée, sauf à en opérer ensuite le raccordement. On se laisse bien plutôt aller à reprendre les opérations dans le même ordre, pour s'assurer si l'on n'a rien omis ; or, on sait combien l'œil laisse passer facilement, plus tard, ce qui lui a échappé une première fois.

VI. Des courbes.

Le tracé primitif d'un chemin de fer est toujours composé uniquement de lignes droites accolées les unes aux autres, et formant entre elles des angles plus ou moins grands. Le projet du chemin de Saint-Étienne à Andrieux a été même présenté en cet état et approuvé par l'administration des ponts et chaussées. On procède de même sur le terrain, c'est-à-dire que l'on y trace d'abord le réseau des lignes droites, comme s'il devait être suivi exactement dans l'exécution des travaux. Ce n'est que par une opération postérieure et entièrement indépendante de la première, qu'on s'occupe de les réunir par des courbes qui leur sont tangentes.

Ces courbes doivent toujours être développées sur le plus grand rayon possible ; c'est un principe que la pratique confirme chaque jour. En vain a-t-on essayé de modifier les machines et les wagons pour les rendre propres à manœuvrer sur des courbes d'un faible rayon, on n'a pas tardé à reconnaître que ces moyens, applicables tout au plus dans quelques cas particuliers, ne pouvaient en aucune façon être employés dans la construction d'un chemin de fer destiné à un grand mouvement.

L'invention la plus remarquable qui ait été faite dans le but de permettre de diminuer le rayon des courbes, est due à **M. B. Laignel**, ingénieur civil, auquel on doit plusieurs inventions utiles. **M. Laignel**, observa que pour faire rouler les wagons sur des courbes aussi facilement que sur des droites, il suffirait d'augmenter le rayon de la roue qui porte sur la courbe extérieure, relativement au rayon de la roue opposée, dans le même rapport qui existe entre les rayons des deux courbes, intérieure et extérieure, que forme la voie. Il pensa donc que l'on pourrait résoudre la question en ajoutant à la roue une seconde plate-bande qui servirait de boudin pour la retenir sur les rails dans les droites, et qui, dans les courbes, porterait sur un élargissement du rail extérieur.

L'essai en petit de ce système a été couronné d'un succès complet ; voici le calcul sur lequel **M. Laignel** s'est basé pour l'établir :

Soit AB (pl. 2, fig. 3), la longueur du rayon de la courbe extérieure, et AC celui de la courbe intérieure d'un chemin de fer disposé pour être parcouru parallèlement à son axe par des wagons dont les roues extérieures porteraient sur le boudin et les roues intérieures sur la plate-bande. Soit BD le diamètre de la roue pris sur le boudin, et EC le diamètre pris sur la plate-bande ; ce dernier diamètre étant de $0^m,76$, et le boudin de $0^m,02$, on aura

$$\text{BD} : \text{EC} :: \text{BA} : \text{CA} ;$$

et comme $\text{CA} = \text{AB} - 1^m,50$, largeur de la voie, on a

$$0,80 : BA :: 0,76 : BA - 1,50$$

d'où $BA = 30$ mètres.

Mais pour que la condition fût parfaite, il faudrait encore que les essieux des roues fussent tous deux inclinés à l'axe longitudinal du wagon, de telle manière que leur direction coïncidât au point A, centre de la courbe, et formât les directions FA, GA; il arriverait alors que lorsque la courbe changerait de signe, ou, en d'autres termes, tournerait sa convexité du côté de A, la tendance de la roue à sortir de la voie deviendrait double de ce qu'elle est sur la courbe AF, avec des essieux parallèles.

Pour éviter un tel inconvénient, on a proposé de ne pas fixer invariablement aux wagons les boîtes ou supports dans lesquels tournent les collets des essieux. On leur laisserait, au contraire, un peu de jeu, mais on lierait par des verges inflexibles la boîte X avec Y et la boîte U avec V. Ce moyen permettrait aux essieux de prendre les positions inclinées AF, AG, ou A'F, A'G, à quelque distance que se trouvât le point A; et comme l'effort du boudin des roues sur les rails tend toujours à les ramener dans la position qui offre le moins de résistance, le système entier se placerait naturellement dans la condition la plus favorable à son maintien sur les rails.

On calculerait le jeu qu'il faudrait laisser entre les boîtes et leurs supports, en observant que l'on a

$$AU : AX :: UY : XV$$

$$30 : 28,50 :: 1 : XV . XV = 0,95.$$

Il faudrait, par conséquent, laisser 0,025 de jeu de chaque côté, c'est-à-dire, en tout, la différence entre UY et XV = 0,05.

Mais cet inconvénient ne serait pas le seul qu'il y aurait à faire fonctionner ce système sur des courbes d'un aussi faible rayon. Il y en aurait un autre bien plus sérieux : c'est qu'il ne serait pas possible d'imprimer une grande vitesse au convoi. En effet, la force centrifuge, mesurée par le sinus-verse de l'arc parcouru dans l'unité de temps que l'on prend pour terme de comparaison, déterminerait contre les rails un frottement qui croîtrait en raison inverse du rayon de la courbe et du carré de cette vitesse. Et comme l'inclinaison que l'on pourrait donner aux rails pour parer à cet inconvénient ne le préviendrait, ainsi que nous le démontrerons plus tard, que pour un seul cas; cette limite passée, le convoi serait exposé à exercer, contre le rail extérieur, un effort si considérable qu'il finirait par l'écarter du rail intérieur; les wagons alors se trouveraient jetés hors de la voie, effet qui aurait également lieu, en sens inverse, dans les vitesses trop faibles.

Il est donc de toute impossibilité d'appliquer ce système aux grandes lignes de communication. Cependant quelques ingénieurs ont pensé qu'il

pourrait être utilisé du moins pour pratiquer les
embranchements lorsque la disposition des lieux
ne permettrait pas d'adopter des courbes assez
développées. Ils jugeaient que, dans ce cas, il suffirait de faire monter sur l'épaisseur du rail le
rebord de la roue extérieure. Mais les dimensions
ordinaires de ce rebord n'étant pas calculées pour
supporter le poids du wagon, il serait sujet à se
briser par éclats, et pourrait occasionner la perte
de la roue. Il faudrait donc, pour le rendre propre
à cet usage tout exceptionnel, lui donner plus de
largeur, et, par conséquent, modifier la forme de
toutes les roues, et en augmenter le poids. Ces
changements occasionneraient alors assez de dépenses pour qu'un si médiocre avantage ne pût
jamais les compenser. Le nouveau procédé ne me
semble donc propre à être utilisé que dans des circonstances toute particulières, mais je ne crois pas
qu'on puisse jamais l'appliquer à des chemins de
fer destinés à un mouvement considérable de transports.

On a essayé par plusieurs autres moyens encore
de se soustraire à la nécessité des courbes d'un grand
rayon, mais il n'en est aucun dont la pratique n'ait
présenté des inconvénients au moins aussi graves ;
et il n'en a jamais été fait de sérieuse application.
On s'en est donc tenu jusqu'ici à l'emploi des courbes développées sur un assez grand rayon pour que
les effets du frottement et de la gravitation n'aug-

mentent pas d'une manière sensible la résistance
qu'éprouve la traction sur les droites. Et plus le
chemin devra transporter de voyageurs et de marchandises, plus on voudra donner de vitesse au parcours, et plus aussi on devra faire de sacrifices pour
agrandir ce rayon.

A l'époque où furent établis les chemins de fer
de Darlington et de Saint-Étienne, on pensait généralement que des courbes d'un rayon de 500 mètres
devaient être suffisantes dans tous les cas. On ne
se faisait même aucun scrupule de les resserrer
beaucoup plus, quand on rencontrait des passages
difficiles et peu fréquentés. Ainsi, sur le chemin
de Manchester, on en remarque une qui n'a que
150 mètres de rayon; elle est située tout près du
lieu de chargement, du côté de Manchester. Sur le
chemin de fer d'Andrezieu à Roanne, il en existe
plusieurs dont le rayon est de 200 mètres. Lorsque
le gouvernement nous accorda la concession du chemin de Saint-Étienne, il ne nous imposa aucune
limite à ce sujet. L'opinion publique était alors qu'en
m'astreignant à ne donner jamais moins de 500 mètres aux rayons de mes courbes, j'entraînerais la
compagnie dans des dépenses dont elle ne serait pas
dédommagée par les avantages que j'espérais obtenir de cette mesure. La suite a prouvé que je ne
m'étais pas abusé en y attachant tant d'importance;
et aujourd'hui les gouvernements, en adjugeant des
chemins de fer, assujettissent les concessionnaires à

n'employer que des courbes d'un grand rayon, et
à ne pas dépasser le minimum de la pente que comporte le terrain.

Sur le chemin de fer de Paris à Saint-Germain,
le minimum du rayon des courbes est de. . . .   800 mèt.
Sur le chemin de Manchester à Liverpool, ce rayon
est, terme moyen, de.   1,327
   Sur celui de Liverpool à Birmingham. . . . 3,600
   Sur celui de Londres à Briggton. 3,200
   Sur celui de Paris au Hâvre. 1,000

Il est bon d'ajouter que les localités que traversent ces divers chemins se prêtaient à l'adoption de
ces immenses rayons sans qu'il dût s'ensuivre un
grand surcroît de frais. Mais les ingénieurs et les
praticiens de France et d'Angleterre s'accordent à
reconnaître qu'un minimum de 1,000 mètres suffit
pour tous les services que nous exigeons aujourd'hui
des chemins de fer, et que l'on peut s'en tenir à cette
limite, lorsque pour la dépasser, on aurait à faire
des dépenses considérables.

On emploie les courbes pour unir entre elles les
lignes droites dont se compose l'ensemble du tracé ;
mais lorsque les angles formés par ces lignes ne
sont pas assez ouverts, il arrive que, pour maintenir la longueur du rayon, on est forcé de donner
aux courbes un tel développement, que leur extrémité vient coïncider avec l'origine de la courbe
suivante, tangente à la même droite. Cette droite disparaît alors entièrement, et le chemin de fer se com-

pose d'une série de courbes, inégales dans leurs longueurs comme dans leurs rayons, et accolées les unes aux autres. Lorsque ce cas se présente, ce qui arrive assez fréquemment dans les localités difficiles, on doit s'attacher à égaliser, autant que possible, la courbure de l'ensemble du réseau. Car on se tromperait si l'on pensait qu'en faisant suivre une courbe roide d'une courbe plus développée il doit y avoir compensation. Les dangers que présentera la première, les accidents qui pourront en être la suite, les ruptures des roues, des rails, des chairs, l'écartement des rails ou la déviation du convoi emporté par la force centrifuge, tous ces événements que l'on doit d'autant plus redouter que la marche est plus rapide, ne seront pas rachetés parce qu'au sortir de ce passage il se trouvera une courbe plus développée.

Lorsque l'angle que forment deux lignes droites est connu, et que l'on a déterminé sur chacune le point de départ de la courbe qui doit les unir, il ne s'agit plus que de tracer la courbe qui satisfait le mieux à cette condition. Or, il n'est pas douteux que l'arc de cercle peut seul remplir ce but.

En effet : supposons une série de lignes droites, A,B,C,D,E,F (pl. I, fig. 2) qui détermine la direction d'un chemin de fer; supposons encore que le réseau de ces lignes ait été calculé de telle sorte que celles qui forment le plus petit angle, BA, BC, soient dirigées de manière à ce que l'on puisse faire passer par les points T et U un arc de cercle qui leur soit tangent, et dont le rayon ne soit pas au-dessous de la limite fixée par l'ordonnance de concession.

Il est évident que l'on peut faire passer par les points T, U toute espèce de courbe jouissant de la propriété d'être tangente aux lignes BA, BC vers les points U et T.

Supposons d'abord que l'on élève aux points T, U, les perpendiculaires UC, TC; leur réunion en C déterminera le centre de l'arc de cercle UT, qui satisfait à la condition exigée.

Si, au lieu d'employer l'arc de cercle, on voulait y substituer la parabole pour passer d'une courbe d'un grand rayon dans une autre d'un rayon plus faible, il existerait nécessairement des parties de cette dernière ligne où la courbure serait moindre que celle de l'arc de cercle auquel on la substituerait.

Il en résulterait donc vers ces points une augmentation de résistance.

Pour éclaircir ceci, supposons qu'il s'agisse de passer d'une courbe DM ayant 3,000 mètres de rayon dans une autre MAN ; et que la longueur de l'ordonnée PM de cette dernière courbe, ainsi que celle des tangentes TM, TN, aussi bien que l'angle qu'elles forment entre elles, ne permettent pas l'emploi d'une courbe ayant plus de 1,000 mètres de rayon; et soit :

$$\text{M B} = a = 1000.$$
$$\text{P M} = y = 750.$$
$$\text{A P} = x.$$
$$\text{A D} = \gamma.$$

Le triangle MPB nous donnera le moyen de déterminer PB, soit :

$$\text{P B} = \sqrt{\text{M B}^2 - \text{M P}^2} = \sqrt{1000^2 - 750^2} = 661.$$

Nous aurons ensuite PT en considérant les triangles semblables PMB, MPT, ce qui nous donne

$$\text{P T} = \frac{\text{P M}^2}{\text{P B}} = \frac{(750)^2}{661} = 851$$

et comme l'ordonnée dans la parabole est égale à la moitié de la sous-tangente, nous aurons :

$$\text{A P ou } x = \frac{851}{2} = 425,50.$$

Nous déterminerons le paramètre en mettant dans l'équation de la parabole $y^2 = \text{P}x$ les valeurs de x et de y, ce qui donnera

$$\text{P} = \frac{(750)^2}{425,50} = 1323.$$

et pour le rayon de courbure au point A

$$\frac{1323}{2} = 661,$$

quantité plus petite que **MB**, ainsi que l'indique le mécanisme du calcul ; puisque d'ailleurs la valeur de l'ordonnée **P′M′**, qui détermine le point de la courbe où le rayon de courbure **M′B′** est égal au rayon **BM**, est exprimé par :

$$ \gamma = \frac{(P^2 + 4\,P\,x)^{\frac{3}{2}}}{2\,P^2}, $$

qui, lorsque $\gamma = 1000$ et $P = 1323$, nous donne $x = 130$, valeur inférieure à celle de PM ; ce qui nous fait voir, d'une manière générale, que le rayon de courbure suit les variations de grandeur de l'ordonnée.

On éprouverait donc tous les inconvénients inhérents à l'emploi des courbes du rayon qui serait déterminé au point A par l'adoption de la parabole, et l'on ne retrouverait en échange que le faible avantage, si c'en est un toutefois, de passer par des différences insensibles de la courbe DM dans la courbe MA.

Il suit de là que l'arc de cercle est la seule courbe qu'il convienne d'employer dans le tracé des chemins de fer ; j'ajouterai que c'est la seule qu'il soit possible d'adopter en pratique. En effet, outre les difficultés que présente le tracé de tout autre courbe, il serait impossible que les ouvriers chargés de réparer et de relever les rails pussent en maintenir tous les points à la place que leur assignerait la valeur des ordonnées de l'équation d'après laquelle ils auraient été posés d'abord. Mais lorsque la courbe est formée d'un arc de cercle, il suffit que le cantonnier ait un peu d'habitude pour en apercevoir les plus petites inflexions, et pour les rectifier sans le secours d'aucun instrument ni d'aucune opération graphique.

Les ingénieurs anglais, qui attachent moins d'im
portance à la théorie que nous ne le faisons en France
ont, pour la plupart des opérations relatives à leur
art qui exigent quelques applications de la science
des méthodes graphiques ou empiriques dont il
s'écartent rarement.

Le procédé qu'ils emploient pour établir les
courbes sur le terrain, consiste simplement à
tracer une série de lignes droites AB, CD, EF, toutes
égales, et ayant généralement 22 pieds anglais de
longueur. Chacune a son origine en A, C, E à la
moitié de celle qui la précède, et s'écarte à son
extrémité B, D de celle qui la suit, d'une quantité
BE, DG qui détermine une suite de points C, E, G
par où doit passer la ligne courbe.

Cette méthode est même tellement usitée en Angleterre, que les constructeurs de chemins de fer
et les ingénieurs se contentent de désigner les courbes en indiquant cette déviation, qui est de 2 à
4 pouces dans les circonstances ordinaires.

Ce moyen est, comme on le voit, d'une grande
simplicité, mais non pas d'une grande exactitude.
La moindre erreur force à reprendre l'opération dès
son origine, et l'on ne peut arriver à un résultat
exact qu'à l'aide de tâtonnements plus ou moins
longs.

Le moyen le plus sûr et le plus méthodique consiste à construire la courbe sur la tangente, sur la
corde ou sur son prolongement, en employant les

formules trigonométriques pour indiquer les ordonnées relatives au choix que l'on fait de l'un de ces moyens. Lorsque le terrain est accidenté, couvert de bois, coupé de rivières, ou occupé par des constructions, ces opérations peuvent devenir fort difficiles.

Les alignements étant déterminés, et le sommet des angles ou un certain nombre de points sur la direction des droites étant bien établis et bien repérés, on choisit la position de la ligne trigonométrique la plus facile à établir. On y rapporte les ordonnées de la courbe; on procède ensuite au travail sur le terrain, en employant concurremment, si cela est possible, deux procédés différents pour mieux s'assurer de l'exactitude de l'opération.

Il est bon d'avoir pour les courbes, qui sont d'un emploi plus fréquent, des tables calculées d'avance, et indiquant la valeur des ordonnées rapportées à la tangente. Ces tables sont surtout essentielles pour les courbes décrites sur le plus petit rayon indiqué dans l'ordonnance de concession. Les ordonnées qui se rapportent à la corde se déduisent ensuite facilement de celles de la tangente, en retranchant les valeurs qui expriment ces dernières d'une quantité constante indiquant la distance de la corde à la tangente.

On se sert, à cet effet, de l'équation du cercle

$$y^2 = ax - x^2,$$

dans laquelle a désigne le diamètre, x l'ordonnée, à partir de l'origine de la courbe, et y l'abcisse.

Pour calculer les valeurs XY, qui répondent aux points X′,X (pl. 2, fig. 5), pris à des distances égales sur la tangente AX, ou bien les valeurs YZ, qui se rapportent à la corde CZ, on mettra successivement, dans l'équation ci-dessus, à la place de a et de x, les valeurs relatives au cas particulier que l'on considère, ce qui servira à déterminer y.

Connaissant y, on retranchera sa valeur du rayon, ce qui donnera XY, soit l'ordonnée de la courbe rapportée à la tangente.

On déduit de cette valeur celle de l'ordonnée rapportée à la corde CZ, en retranchant XY de AC, qui exprime la distance de la corde CZ à la tangente AX.

La valeur de YD, et celle de XY étant connues, on en déduit avec facilité celle de toutes les lignes que les circonstances peuvent forcer à employer.

Supposons, par exemple, que la difficulté du terrain ne puisse se prêter à prolonger la tangente AX jusqu'en T, mais que l'on puisse facilement rapporter sur le terrain les lignes AD, XY et YU, on retrancherait EV + TU de TE, ce qui donnerait la valeur de UV.

On peut enfin avoir besoin, pour quelque vérification, de connaître soit la longueur de TY, soit celle de YZ, que l'on obtiendra facilement lorsque l'on connaîtra YD et AD ou AC.

VII. Des pentes.

Il n'est pas toujours possible de conserver sur toute l'étendue, ou même sur de grandes parties de l'étendue d'un chemin de fer, la régularité de la pente. Ou bien ce sont des difficultés physiques qui s'y opposent ; ou bien un esprit d'économie bien entendu fait à l'ingénieur une loi d'adopter un profil qui, moins parfait, remplira mieux le but qu'il doit atteindre. On doit cependant mettre une grande circonspection à ne pas adopter inconsidérément des dispositions qui seraient de nature à entraîner dans une trop grande augmentation de frais sur le service des transports. Les dépenses que l'on éviterait aux dépens du système des pentes pourraient avoir pour résultat plus tard de causer la ruine de l'entreprise. C'en pourrait être assez pour mettre le chemin hors d'état de profiter des améliorations qui seront probablement apportées à la construction des moteurs ; et même, s'il arrivait qu'à l'aide de moyens qui ne seraient pas applicables à ce chemin, on parvînt à exécuter les transports à un prix beaucoup moins élevé, il pourrait devenir indispensable d'abandonner la ligne construite, et d'en établir une nouvelle. En effet, le profil d'un chemin de fer dépend de sa direction, et cette direction elle-même est imposée par la condition du moindre déblai et du moindre remblai. Si l'on fait varier l'un, il faut

donc modifier l'autre ; ou , en d'autres termes, u
changement dans le système des pentes ne peu
s'effectuer qu'autant qu'on change le tracé. Ma
comme l'ouverture d'une communication aussi im
portante fait toujours monter considérablement l
valeur des terrains qui l'avoisinent ; comme il n
tarde pas à s'élever sur son passage des constructions, des usines, des fabriques, qu'elle dessert pa
des embranchements, on voit quelles énormes indemnités on aurait à payer si l'on voulait modifie
la ligne, en se tenant près de sa direction primitive.
On n'a donc, en ce cas, rien de mieux à faire que
d'en créer une nouvelle, tout à fait indépendante de
la première.

Ainsi que je l'ai déjà fait observer, il est indispensable qu'un nivellement parfaitement exact, sur
la précision duquel il ne puisse rester aucun doute,
précède tout autre opération graphique et le commencement de tous travaux, surtout dans les lignes
hérissées de grandes et nombreuses difficultés. Les
points de cette triangulation servent de repères pour
des opérations secondaires, et l'on n'est plus exposé,
dès lors, qu'à des erreurs de peu d'importance, qu'il
est facile de reconnaître, et de corriger.

L'exactitude que l'on est obligé de mettre dans
la distribution de la pente, et le faible taux auquel
sont assujettis ordinairement les chemins de fer,
rendraient les différences insensibles au niveau
d'eau ; aussi est-il nécessaire que chaque employé,

hef d'une division, ait à sa disposition un niveau
à bulle d'air, construit avec toute la perfection pos-
ible dans les limites d'un prix abordable pour les
praticiens.

Il arrive souvent que les points de nivellement
ntermédiaire que l'on a rattachés au réseau général,
manquent de fixité. Il est des terrains assujettis à
des conditions d'équilibre qui éprouvent, dans leurs
positions respectives, des changements dont il est
mpossible de se faire une idée; tels sont, par exemple, la déflexion ou le gonflement des points envi-
ronnant les remblais, qui se font ressentir quelque-
ois jusqu'à une grande distance, les mouvements
en amont et en aval des grandes tranchées, ou au-
res variations générales ou particulières. C'est pour
ela que l'on ne saurait faire des vérifications trop
céquentes, quelle que soit d'ailleurs la sécurité
qu'inspire la fixité des points que l'on croit avoir
établis d'une manière invariable.

Les points désignés dans chaque chantier au ni-
eau à bulle d'air, sont répartis, au niveau d'eau,
par les entrepreneurs et les cantonniers dans tous
es endroits où cela est nécessaire. Ces ouvriers emploient aussi, à cet effet, les nivelettes ou règles
égères en bois, auxquelles on donne un coup de
cie à la hauteur de l'œil, afin d'y placer une feuille
le papier pliée en deux, dont on se sert comme
d'une mire. Ce petit instrument, simple et peu coû-
eux, s'établit facilement en l'assujettissant avec

quelques pierres sur les rails ; il offre, pour égaliser
les pentes d'un point à un autre, beaucoup plus de
commodité et de précision que le niveau d'eau.

Lorsqu'une ligne de chemin de fer doit être dirigée parallèlement au cours d'un fleuve, la pente,
ordinairement assez douce que suivent les eaux, est
d'un grand secours pour la répartition de la pente
du chemin, surtout si l'on peut maintenir la ligne
dans la vallée où coule le fleuve. Il ne faut pas
cependant oublier de tenir compte de certains inconvénients particuliers à une telle position. Les
fleuves sont souvent sujets à éprouver dans le volume de leurs eaux de grandes variations. La plupart couvrent et abandonnent successivement, et
plusieurs fois par an, certaines parties de la vallée
où leur lit est creusé ; et dans chacune de ces crues,
ils déposent sur leurs rives des matières terreuses
qu'ils charrient. Pendant les premières années, ces atterrissements s'élèvent avec une assez grande promptitude ; mais la fréquence de leurs submersions ne
pouvant être qu'en raison inverse de leur hauteur,
lorsqu'ils ont atteint le niveau de la hauteur moyenne
des crues ordinaires, la progression de leur élévation devient extrêmement lente. Sur les bords du
Rhône, dans les endroits où peut s'épandre une
grande masse d'eau et où le courant n'est pas assez
rapide pour empêcher le limon de se déposer, on
calcule que, pendant les premières années, le sol
monte de $0^m,20^c$ par an. Au bout de trente ans, les

îles et les rives du fleuve se sont élevées moyennement de 2 mètres, et leur hauteur au-dessus de l'é-
tiage est d'environ 3 mètres; elles ne sont plus alors
immergées qu'une fois ou deux par an. C'est alors
seulement qu'il convient d'en profiter pour y établir
la chaussée d'un chemin de fer.

Ces terrains n'ont pas, en général, une grande
valeur, car on ne peut y bâtir, ni les mettre en
culture réglée; et l'on peut les obtenir à un prix
d'autant plus bas, que la chaussée, construite sur
le bord du fleuve, préserve des inondations toute
la partie de la vallée qui s'étend au delà, et
permet ainsi d'en tirer un parti beaucoup plus
profitable.

Les crues extraordinaires qui, sur le Rhône, s'é-
lèvent en moyenne à 5 mètres au-dessus de l'étiage,
sont très-rares, et ne se succèdent guère qu'à cinquante ou soixante ans d'intervalle. Pour la portion du chemin de fer de Saint-Étienne, qui est
latérale au Rhône, j'ai pensé qu'il était suffisant de
donner à la chaussée 1 mètre au-dessus du point le
plus élevé qui, de mémoire d'homme, ait été atteint
par les eaux. Me réglant donc d'après les traces que
j'ai retrouvées en divers endroits, j'ai établi la voie
à 6 mètres au-dessus de l'étiage.

Mais si l'on veut s'astreindre à suivre les bords
d'un fleuve, et à rester à une hauteur constamment
égale au-dessus de ses eaux, il faut renoncer à
avoir une pente régulière; car la pente n'est jamais

11

répartie également sur le cours entier ; et lors même qu'elle le serait, comme la ligne ne peut suivre tous les détours, qu'elle s'éloigne ou se rapproche suivant qu'elle y est forcée par les exigences du tracé, sa longueur développée n'est plus égale à celle du fleuve, et la relation de pente ne peut être la même.

Il existe entre les diverses parties du même fleuve de grandes différences dans le rapport de leur hauteur à l'étiage à leur hauteur pendant les crues. Le degré de rapidité des eaux, la forme de leur lit, la nature des terrains sur lesquels elles s'épandent, les obstacles qu'elles peuvent rencontrer dans la longueur de la vallée, etc., sont autant de causes qui peuvent en retarder ou en favoriser l'écoulement.

Lors donc qu'on a fixé la hauteur des points de départ et d'arrivée, ce n'est pas sur l'étiage qu'il faut se guider pour déterminer la hauteur des points intermédiaires. On s'attache à retrouver, à des distances aussi courtes que possible, des repères des plus grandes crues, et on lie ces points entre eux par des pentes régulières, au moyen d'opérations partielles.

Ces précautions ne mettent pas cependant les chaussées à l'abri de toute invasion des eaux ; la hauteur des crues peut éprouver postérieurement des variations locales, par suite de circonstances dont l'influence deviendra permanente. C'est ce qui arriverait si l'on établissait une nouvelle chaussée, soit à côté du chemin de fer, soit sur la rive opposée ; si l'on construisait des digues à marteau, si l'on faisait des plantations considérables sur des terrains où les eaux trouvaient auparavant un libre débouché. Ce sont autant de cas dont il faut calculer la probabilité, et l'on ne doit pas reculer devant les sacrifices que conseille la prudence, pour prévenir les inconvénients auxquels on peut craindre de se trouver exposé.

La pente des grandes rivières, comme de tous les cours d'eau en général, est d'autant moins rapide qu'on la considère plus près de l'embouchure. La pente du Rhône, entre Lyon et la mer, est de 0,0004835 ; entre Lyon et Givors, elle est de 0,0005. Ces variations de la pente sont peu considérables vers l'embouchure, parce que l'énorme volume d'eau que débouche le fleuve tend, à mesure qu'il approche de la mer, à égaliser le niveau ; mais elles sont bien plus sensibles vers les affluents et près de la source. Ainsi le cours du Giers, qui se jette dans le Rhône à Givors, et celui de Janon, qui s'unit à lui à Saint-Chamond, présentent la section A, B, C, D, E (pl. 2, fig. 6).

La ville de Givors, éloignée de 36,000 mètres de Saint-Etienne par le développement du chemin de fer actuel, se trouve à 353^m, 90^c plus bas que cette dernière ville. Il est évident que le tracé qui aurait maintenu la régularité de la pente entre ces deux points aurait été le plus convenable ; mais l'ordonnance royale nous imposait l'obligation formelle de faire passer la ligne par Rive-de-Giers ; et d'ailleurs cette ville était trop importante, par ses houillères et par les débouchés qu'elle offrait au chemin, pour que l'on pût penser à la faire desservir par un embranchement. Je ne me suis donc pas occupé d'étudier ce projet qu'il m'était interdit d'adopter, et qui, je n'en doute pas, aurait été d'une exécution plus difficile et plus dispendieuse que celui qu'on a suivi ; il est vrai que le développement devenant un peu plus long, la pente moyenne n'aurait guère dépassé $0^m,009$ par mètre. Dans l'état actuel des choses, la corde AB (pl. 2, fig. 6), de Givors à Rive-de-Giers, est de 15,000 mètres, et la flèche xy, ou la plus grande distance verticale du lit du Giers à la ligne du chemin, est de 14 mètres ; entre Rive-de-Giers et Terre-Noire, la corde BC a 17,000 mètres, et la flèche vz 27 mètres. Enfin, si l'on eût adopté une seule pente, la ligne AC eût été de 32,000 mètres, et la flèche tu, de 80 mètres.

Les lignes yx, tu, vz, donnent la mesure des plus grandes hauteurs auxquelles puissent s'élever les remblais pour l'établissement des chemins. C'est une limite à laquelle on se trouve assez souvent forcé d'atteindre, quand le tracé suit un torrent dont le cours fait de rapides inflexions, et qui est encaissé dans des vallées dont les bords ont une grande déclivité. On comprend toute la prudence, toute la maturité qu'il faut apporter à l'examen des avantages ou des inconvénients qu'il peut y avoir à adopter un tracé qui se tienne plus éloigné ou plus rapproché des cours d'eau. C'est une question sur laquelle on ne doit jamais s'exposer à prononcer tant que l'on n'a pas acquis une connaissance exacte du régime des rivières et de la nature des vallées où elles coulent. Souvent, après avoir fait cette étude, on donne la préférence à un tracé qui n'aurait pas paru d'abord le plus simple et le plus naturel, et qui pourtant est le seul qui puisse remplir le but qu'on se propose. Il arrive, par exemple, que pour passer du versant d'une mer ou d'un grand fleuve dans un autre, le point dont on doit faire choix n'est pas, à beaucoup près, le moins élevé ; c'est ainsi que, pour le chemin de fer de Saint-Étienne à Lyon, j'ai dû choisir la vallée du Janon et franchir le col de Terre-Noire plutôt que celui du Langonen, qui est cependant moins élevé de 28 mètres. J'ai figuré en EFH le profil de ce dernier col, afin qu'on puisse le comparer avec le tracé que j'ai adopté. L'inspection seule de ce profil montre qu'il eût fallu concentrer la plus grande partie de la pente entre le point H et le point E, à moins de faire un percement très-long, ou de s'éloigner beaucoup de Saint-Chamond, ce qui aurait entraîné dans des travaux considérables.

La considération générale de la direction et de

la pente des cours d'eau a été souvent l'objet des méditations des physiciens et des hydrographes. M. Brisson, directeur de l'école des ponts et chaussées, est entré à ce sujet dans des détails qui témoignent de la profondeur avec laquelle il a étudié ces questions [1]. On a même cherché à dé-terminer analytiquement l'équation de la courbe qui représente en moyenne la section du cours des rivières en général ; mais il est évident que trop d'accidents particuliers viennent compliquer le problème, pour que sa solution puisse jamais être d'aucune utilité.

Au résumé, comme il est rare que, sur une lon-gue ligne, on puisse conserver le même taux de pente, on doit, autant que possible, faire choix de directions qui permettent de tracer des pentes égales entre les points de sujétion. La hauteur ver-ticale de ces points et leur distance entre eux déterminent la limite de l'inclinaison de la pente qui doit les réunir. Entre les deux extrêmes de cette limite on peut établir trois divisions dont je vais traiter successivement.

1° DES PLANS INCLINÉS. Le service des plans in-clinés est toujours sujet à de nombreux inconvé-nients, et l'on ne doit avoir recours à ce moyen que lorsqu'on ne peut pas faire autrement. La

---

[1] *Essai sur le système de navigation intérieure de la France*, Paris, 1829, préface, page III.

moindre négligence dans les minutieuses précautions qu'ils exigent peut causer de graves accidents. Nous avons surtout, en France, trop peu de fonds à faire sur l'exactitude et sur le zèle de nos ouvriers, pour leur confier sans appréhension le soin de surveiller les machines qui y sont employées. Il est bien nécessaire de ne s'en remettre, pour cette tâche, qu'à des hommes éprouvés. Les Anglais sont, à cet égard, bien mieux partagés que nous, car l'insouciance et l'incurie sont des défauts que l'on trouve rarement dans leurs ouvriers.

Quand on ne peut éviter d'employer un plan incliné, il convient de le faire aussi court que possible. On prolonge autant qu'on le peut la rampe qui doit être pratiquée par les locomotives ou par les chevaux, et l'on donne au plan une inclinaison telle, que la gravité puisse vaincre facilement la résistance des cordes et des poulies qui rattachent, à la descente, les convois aux machines fixes, et qui servent ensuite à les remonter.

Il est bon encore, si l'on n'y est forcé, de ne pas faire décrire de courbe au plan incliné, afin que l'œil en embrasse à la fois toute l'étendue; que d'une station à l'autre on aperçoive le moindre obstacle qui pourrait contrarier le mouvement, et que les signaux puissent être donnés et reçus avec facilité. D'ailleurs, quand la voie suit une courbe, il est inévitable de donner une inclinaison aux poulies qui soutiennent les câbles; le frottement s'en

augmente, et les câbles en sont moins sûrement retenus dans la poulie ; en sorte qu'à la moindre cause
ils peuvent se jeter dans l'intérieur de la courbe,
casser, briser ou tuer tout ce qui se trouverait
sur leur passage, et occasionner dans la marche
du convoi une accélération de vitesse d'où résul-
teraient, sans aucun doute, d'incalculables accidents.

L'inclinaison que l'on doit donner aux poulies
dans les courbes est relative au poids et à la tension des cordes qu'elles soutiennent. Le poids de
la corde tend à exercer un frottement vertical sur
la poulie. Si la tension était nulle, il ne serait pas
nécessaire de donner d'inclinaison à la poulie,
quelle que fût d'ailleurs la courbure de la ligne ;
mais, par contre, on sent que si la tension était in-
finie, eu égard au poids de la corde, le contraire
aurait lieu, et que les poulies devraient être exactement placées dans le plan de la courbe.

La fixation de l'inclinaison des poulies se déduira
donc des circonstances particulières à chaque cas.

Supposons qu'il s'agisse de faire le service d'un
plan incliné de 1,000 mètres de longueur, ayant
une pente de $\frac{1}{50}$ ou $0^m,02$ par mètre, et sur lequel
on doive remonter 8 wagons chargés, pesant en-
semble 30 tonneaux.

On sait aujourd'hui que, pour que des câbles
pussent durer une année en faisant ce service, il
faudrait qu'ils eussent 4 centimètres de diamètre;

ils peseraient alors environ $1^{kil.},50$ par mètre courant[1].

D'après des expériences réitérées, la résistance moyenne due au frottement des câbles, lorsqu'ils sont soutenus par des poulies en fonte de $0^m,30$ de diamètre, et tournant sur des axes de $0^m,05$, est égale au douzième environ de leur poids.

La tension de la corde, lorsque le convoi aura acquis une marche constante, se composera donc :

1° De la résistance due au frottement du convoi, ce qui, en la supposant de 0,005, donnera $30,000^{kil.} \times 0,005$, ou.   . 150

2° De la résistance due à la gravité décomposée suivant la pente $30,000 \times 0,02$. 600

3° Du frottement de la corde $1,000^{kil.} \times 1,50 \times \frac{1}{12}$. 125

4° De la résistance de la corde due à la gravité $1500 \times 0,02$. 30

——
905

Cette tension sera donc de $905^{kil.}$.

Soit a, b, c, d (pl. 2, fig. 7), une série de poulies placées sur une courbe de 500 mètres de rayon, et éloignées les unes des autres de 5 mètres ; on trouvera la longueur bx de la flèche que forme la corde passant sur trois d'entre elles placées consécutivement, en faisant cette proportion :

$bx : ab :: ab : 1000$, diamètre de la courbe ;

soit $bx = \dfrac{5 \times 5}{1000} = 0,025$, $by = 0,05$;

---

[1] *Manuel des constructeurs de chemins de fer,* par E. Biot. Paris, 1834, in-18, p. 110.

et en formant le parallélogramme des forces ay, cy, la tension décomposée suivant bx deviendra, à très-peu de chose près, proportionnelle à by; soit :

$$by = 905^{kil.} \times \frac{0,05}{5} = 9^{kil},05.$$

Mais le poids de la corde étant de $1^{kil},50$ par mètre, et chacune des poulies a, b, c, d soutenant 5 mètres de corde, cette poulie sera sollicitée dans le sens vertical BG (pl. 2, fig. 8), par un poids de $7^{kil},50$, et dans le sens horizontal BY par un poids de $9^{kil},05$. Il faudra donc lui donner une position intermédiaire BP qui satisfasse à la condition de se trouver dans le plan de la résultante des forces BG, BY, en donnant 9,05 de longueur à BY, 7,50 à BG, et en tirant la diagonale BP, qui indiquera la direction cherchée.

On voit, d'après cela, que l'inclinaison que l'on doit donner aux poulies varie comme la tension des câbles; tension qui est très-irrégulière, surtout au départ des wagons, où l'inertie des masses exige, pour être vaincue, le développement de toute la force de la machine.

La corde, dans le mouvement des convois, peut manquer les gorges des poulies et déterminer ainsi un inconvénient très-grave; car on comprend qu'à mesure que les wagons descendent, les poulies $a, b,$ c, d (pl. 2, fig. 7) étant placées en ligne droite, et les wagons descendant de a en b, la corde qui les retient tombe précisément au milieu des poulies. Mais si la direction des points *a, b, c,* etc., forme une courbe, la corde tendant toujours à se mettre en ligne droite, si le convoi parti du point *a* est arrivé en *c* avant que la corde n'ait été placée dans la poulie *b*, elle s'en trouvera éloignée de toute la quantité *bx;* et si quelque ressaut ou quelque autre circonstance lui fait encore manquer la poulie *c*, quand le convoi sera en *d*, elle se sera éloignée de *b* d'une distance presque double. Il sera à craindre alors qu'elle n'abandonne toutes les autres poulies, et ne se lance dans l'intérieur de la courbe.

Nous avons vu que la résistance du convoi serait, dans le cas que nous avons pris pour exemple, 905^{kil}. Si cette résistance devait être vaincue avec 3 mètres par seconde, soit une vitesse trois fois plus grande que celle que l'on donne ordinairement aux pistons des machines à vapeur à poste fixe, la résistance sur le piston serait de 905 $\times$ 3 = 2,715. Et comme on calcule ordinairement que la force d'un cheval de machine à vapeur suffit pour vaincre une résistance de 75^{kil} avec l'unité de vitesse, ou un mètre par seconde, la force de la machine déterminée en chevaux sera donc de $\frac{2715}{75}$ = 36,20 chevaux, 40 chevaux environ.

Il faudrait alors 500 secondes de temps ou près de 10 minutes à la machine pour remonter un convoi. En supposant encore la moitié de ce temps ou 5 minutes pour la descente, et 5 minutes pour accrocher et décrocher les wagons, la machine pourrait suffire

à transporter 8 wagons ou 24 tonnes en 20 minutes, soit 24 wagons ou 72 tonnes par heure, et 288
wagons ou 864 tonnes pendant la journée moyenne
de 12 heures de travail; ce qui répondrait à un mouvement de 300,000 tonneaux par an.

A mesure que le convoi en montant s'approche
de la machine, la résistance diminue proportionnellement à la quantité de corde qui s'enroule sur le
tambour. Ainsi cette résistance, qui, au bas du plan
incliné, était de $2,715^{kil}$, ne donne plus, à son extrémité supérieure, que

$$30,000^{kil.} \times 0,025 \times 3 = 2,250$$

pour la pression rapportée sur le piston de la machine.

Si le plan incliné était plus ou moins étendu, la
dimension de la corde devrait être relative à l'augmentation ou à la diminution de sa longueur, de
manière à ce que sa force fût proportionnée à l'effort qu'elle serait obligée de faire pour vaincre sa
propre résistance et celle du convoi.

Supposons que le plan incliné ait 3,000 mètres.
En désignant par x le poids que doit avoir la nouvelle corde pour un mètre de longueur, et par R
la résistance du convoi au bas du plan incliné, nous
aurons

$$30,000^{kil} \times 0,025 + 3000 \times x \times \tfrac{1}{12} + 3000 \times x \times 0,02 = R;$$

et d'autre part, le poids de la corde devant être
proportionnel à sa résistance, on a aussi

$$R : x :: 905^{\text{kil.}} : 1,50, \quad R = \frac{905\,x}{1,5};$$

substituant à la place de R sa valeur en x et réduisant, nous obtenons

$$x = \frac{1125}{440} = 2^{\text{kil.}}\,54, \quad R = 1537,40.$$

Cette résistance est celle qui a lieu au bas du plan incliné. A la partie supérieure, elle sera diminuée de toute celle du câble, et réduite à

$$30,000 \times 0,025 = 750^{\text{kil}},$$

c'est-à-dire à moins de moitié.

Ainsi la résistance va en diminuant tandis que la puissance de la machine reste toujours la même, et la marche du convoi tend à acquérir une augmentation progressive de vitesse. Il suit de là que, si les ouvriers ne sont pas très-lestes à décrocher les câbles, lorsque le convoi a atteint le haut du plan incliné, il court risque de venir se briser contre les tambours sur lesquels s'enroulent les câbles.

Il me semble, d'après cela, que les machines à haute pression doivent être plus propres au service des plans inclinés que celles de Watt, parce qu'elles se prêtent mieux à un développement de puissance variable, suivant les résistances que l'on a à vaincre.

L'application en paraîtrait d'autant plus naturelle et plus avantageuse, que la machine n'employant pas la vapeur que produit la chaudière, pendant que l'on accroche ou que l'on décroche les convois, cette vapeur s'accumulerait dans la chaudière, et gagnerait ainsi assez de ressort pour vaincre facilement, et l'inertie du convoi, et le maximum de résistance au bas du plan incliné. Mais, à mesure que la résistance totale diminuerait par la suppression graduelle de celle de la corde, la tension de la vapeur baisserait dans la chaudière, en sorte que les deux quantités éprouveraient des variations analogues, qui tendraient à utiliser la vapeur de la manière la plus favorable, tout à la fois, à l'économie, à la facilité et à la sûreté du service.

La pente des plans inclinés desservis par des machines stationnaires sur les chemins de fer actuellement existants, varie de 0,03 à 0,05. Quant au prix auquel reviennent les transports, il dépend du taux de la pente, et des masses sur lesquelles on opère. On comprend, en effet, que les frais sont à peu près les mêmes, soit que la machine fonctionne toute la journée, soit qu'on ne la mette en mouvement qu'à des intervalles qui ne peuvent jamais être assez longs pour permettre d'éteindre le feu des chaudières. L'économie se borne donc à une petite portion de la houille destinée à alimenter le feu, et ne saurait être bien considérable.

Au reste, ce mode de transport n'étant guère usité que dans des cas où un seul intérêt préside à l'organisation du service, on le règle, en général de manière à en tirer le meilleur parti possible.

II. Des pentes sur lesquelles les wagons peuvent descendre par le seul effet de la gravité. — Les wagons descendent de leur propre poids, aussitôt que la pente atteint une limite telle que la gravitation puisse vaincre la résistance due au frottement. Sur les rails du chemin de Manchester, cette limite est, comme nous l'avons vu, de 0,0036. Sur toutes les parties de la ligne où la pente est maintenue à ce taux, on n'a point à faire usage des moteurs. Mais dès que la pente devient plus rapide, les convois tendent à graviter de tout leur poids, en augmentant de vitesse, suivant la loi indiquée par l'inclinaison du plan sur lequel ils descendent. Il devient nécessaire alors d'employer un moyen quelconque pour modérer leur marche ; ou bien leur mouvement continuant à s'accélérer, il ne serait bientôt plus possible de le maintenir, et il en pourrait résulter les plus déplorables accidents. On s'est servi jusqu'ici, à cet effet, de freins faits d'une matière peu dure, de bois, par exemple, à l'aide desquels on établit un frottement continu contre les roues des wagons. La force de gravité développée par la marche, qui est une véritable chute, se dépense à user les garnitures des freins, qu'on a soin de renouveler en temps utile ; elle se trouve ainsi paralysée à chaque instant et à mesure qu'elle se déploie, et cesse d'avoir influence sur la marche des wagons. Ces freins sont presque toujours disposés de manière à agir à la fois sur les deux roues d'un même côté des wagons auxquels on les adapte, et dont le nombre varie suivant la pesanteur du convoi et l'inclinaison de la ligne. Leur action est réglée par un conducteur, qui, au moyen d'une moufle, peut en faire agir deux à la fois. La pression qu'ils exercent sur les roues ne devrait jamais être telle, qu'elle les empêchât de tourner ; mais c'est ce qui arrive presque toujours lorsqu'on veut, par économie, diminuer le nombre des conducteurs. Ces hommes, chargés alors d'une surveillance trop étendue, et placés continuellement dans l'alternative, ou de laisser prendre aux wagons une vitesse qu'ils ne pourraient plus maîtriser, ou de se laisser atteindre par les convois qui les suivent, ne peuvent pas maintenir la régularité de la marche. Quand ils ont laissé prendre au convoi une trop grande rapidité, ils y remédient en serrant les freins jusqu'à arrêter les roues. Alors ces roues glissent sur les rails, s'échauffent, se détrempent, se brisent, sortent de la voie, etc., etc. D'ailleurs l'action de ces freins ne pouvant être sans danger interrompue un seul instant, s'il arrive quelque dérangement à leur mécanisme, ou quelque accident au conducteur, la sûreté de tout le convoi en est gravement compromise.

On a essayé de remplacer les freins par plusieurs autres moyens dont je ne crois pas utile de m'occuper ici ; car je n'en regarde aucun comme ayant atteint d'une manière satisfaisante l'effet qu'on en réclame. Je me suis moi-même occupé de quelques recherches à ce sujet; mais je n'ai pu faire les expériences dont j'aurais eu besoin pour juger de l'efficacité des moyens que j'avais en vue. Je crois que toute la difficulté serait vaincue si l'on parvenait à appliquer au convoi une force rétardatrice dont l'intensité se développât de telle sorte que la vitesse ne pût jamais dépasser une limite déterminée. Tel serait, par exemple, le développement d'une surface, ou le mouvement d'un piston dans un cylindre, qui présenteraient à l'air une résistance croissante comme le carré des vitesses.

Le mouvement que prennent les convois sur les pentes est assujetti, sauf quelques modifications, aux mêmes lois de gravité qui régissent les autres corps. On sait que les corps en tombant parcourent des espaces qui sont entre eux comme les carrés des temps écoulés depuis l'origine de la chute. Cette loi est une conséquence de celle de la gravité, qui, agissant sur un corps comme s'il était en repos, tend continuellement à accroître sa vitesse, en lui communiquant, à chaque instant, une vitesse égale à celle qu'il en a reçue dans l'instant précédent; il suit de là que les vitesses croissent comme les temps, et les espaces parcourus comme les carrés des vitesses. Si donc nous désignons la vitesse par v, l'espace parcouru par e, et le temps par t, nous aurons

$$t^2 = e \; ; \; v^2 = e \; ; \; t = v.$$

Mais ces relations étant indépendantes de toute mesure de temps et d'espace, il faut, pour les approprier à notre manière ordinaire de compter, y introduire des constantes qui indiquent les rapports de ces quantités entre elles, en mètres et en secondes.

C'est ce que nous pourrons faire en considérant qu'un corps qui tombe librement à la surface de la terre, parcourt, à peu de chose près, 5 mètres dans la première seconde de sa chute ; et que la vitesse, croissant en progression arithmétique comme le temps écoulé, sera, par conséquent, de zéro au commencement de la chute, et de 10 mètres à la fin de la première seconde ; on introduira, donc des constantes dans les trois équations ci-dessus, en déterminant les valeurs qu'il convient de leur donner, pour qu'elles représentent un cas particulier. Ces valeurs pourront ensuite s'appliquer à tous les autres cas.

Nous aurons donc :

1° Pour les relations entre l'espace et le temps, en supposant t le temps de la chute égal à une seconde, ce qui répond à un espace parcouru ou à une valeur de e égale à 5 mètres, et désignant provisoirement par a la constante :

$$at^2 = e, \ a = \frac{e}{t^2} = \frac{5}{1} = 5,$$
$$5\,t^2 = e. \ \ldots \ldots \ldots (1);$$

2° Pour la relation entre la vitesse et l'espace

parcouru, en désignant par b la constante, et mettant à la place de v, sa valeur 10 :

$$v^2 = b\,e, \quad b = \frac{v^2}{e} = \frac{100}{5} = 20,$$

$$v^2 = 20\,e. \ldots \ldots \ldots (2);$$

3° Et pour celle entre le temps et la vitesse, en désignant par c la constante.

$$c t = v, \quad c = \frac{v}{t} = \frac{10}{1} = 10,$$

$$10 t = v. \ldots \ldots \ldots (3).$$

Cela posé, si l'on suppose un wagon placé en **A** (pl. 3, fig. 9) sur un plan incliné **AB** ayant une pente de 0,0136 ; soit cette pente divisée en deux parties, dont l'une CD de 0,0036, représente le frottement que le convoi exerce sur les rails ; c'est-à-dire que le wagon placé en **D** ne prendrait aucun mouvement, mais que s'il recevait une impulsion, il la conserverait, comme s'il était placé sur un chemin horizontal sur lequel le frottement serait nul. Il est visible que la force de gravitation tendra à faire tomber le wagon de **A** en **D** ; mais comme il en est empêché par le plan **AB**, cette force ne pourra agir sur la ligne **AB** que relativement à son inclinaison mesurée par **AD**.

Or, cette quantité **AD** étant la centième partie de **AB** le wagon parcourra **AB** comme s'il était attiré dans le sens **AB** par une sphère d'attraction égale à un centième de celle de la terre, et dont le centre serait à la même distance que celui de la terre.

Dans cette nouvelle supposition, la vitesse et l'espace parcouru dans la direction AB, pendant la première seconde de temps, ne serait plus qu'au centième de ce qu'ils auraient été dans la direction AC; et l'on déterminerait les nouvelles valeurs des constantes a, b, c, en substituant dans les équations (1), (2), (3), les nouvelles valeurs t, e, v, ce qui nous donnera :

$$a't^2 = e, \quad a' = \frac{e}{t^2} = \frac{0,05}{1} = 0,05 , \quad 0,05t^2 = e$$

$$20\, e = t^2. \quad . \quad . \quad . \quad . \quad . \quad . \quad (4).$$

$$b'e = v^2, \quad b' = \frac{v^2}{e} = \frac{0,01}{0,05} = 0,2, \quad 0,2\, e = v^2$$

$$e = 5\, v^2. \quad . \quad . \quad . \quad . \quad . \quad . \quad (5).$$

$$c't = v, \quad c' = \frac{v}{t} = 0,10, \quad 0,10\, t = v$$

$$t = 10\, v. \quad . \quad . \quad . \quad . \quad . \quad . \quad (6).$$

Faisons l'application de ces formules à un plan incliné ayant une longueur de 2,000 mètres, et 0,01 de pente excédant celle qui répond au frottement que les wagons exercent sur les rails.

Nous connaîtrons la vitesse avec laquelle le convoi arrive en x, en substituant dans l'équation (5) $e = 5v^2$, la valeur de e, ce qui nous donnera :

$$2,000 = 5\, v^2 , \quad v = \sqrt{\frac{2000}{5}} = 20^m \text{ pour la}$$

vitesse en x.

Et, pour avoir le temps, nous mettrons dans l'équation (4) la valeur de e.

$$t^2 = 20\ e,\ t = \sqrt{20 \times 2000} = 200''.$$

Si l'on compare ces valeurs avec les cas analogues où le wagon graviterait librement de A en C,
Nous aurons

$$e = Ay = 20^{m.};$$

et la vitesse deviendra, en substituant 20 à la place
de e dans l'équation (2),

$$v^2 = 20 \times 20\ ,\ v = 20$$

Ce qui doit être, en effet ; car le corps, en parcourant le plan incliné Ax, n'a pu perdre aucune
partie du mouvement que lui a communiqué la
gravité, puisqu'il a parcouru dans les deux cas le
le même espace vertical Ay. Seulement, en glissant
sur le plan incliné Ax, sa vitesse a été successivement et en entier décomposée suivant $\dfrac{Ay}{Ax}$

Par contre, le temps de la chute a augmenté dans
la même proportion, suivant $\dfrac{Ax}{Ay}$ de telle sorte que
le temps pendant lequel la gravité a agi, a précisément compensé la diminution de son intensité.
En effet, l'équation (1) nous donne dans ce cas :

$$5\ t^2 = e,\ t^2 = \frac{e}{5},\ t = \sqrt{\frac{20}{5}} = 2'' \text{ soit le centième}$$

de 200″.

Il faut donc éviter avec soin de laisser les convois abandonnés à eux-mêmes sur des pentes qui
excèdent la limite qui répond à leur frottement,
puisqu'ils se mettent alors en mouvement, plus

lentement à la vérité, mais en suivant la même loi que s'ils tombaient librement, et qu'ils finissent par acquérir la même vitesse que s'ils avaient parcouru directement toute la hauteur qui mesure la pente du plan incliné.

Pour prévenir les accidents qui peuvent arriver à la remonte, dans le cas où quelques wagons se détacheraient du convoi, on place derrière les wagons, un morceau de bois armé de fer. Cette espèce d'appui mobile traîne sur le terrain et vient, au besoin, buter contre l'empierrement au milieu de la voie.

Un autre moyen, qui m'a également réussi, consiste à placer sur la voie de remonte un bout de rail ab (pl. 3, fig. 10), tenu ouvert dans la position ab, par un ressort qui lui permet de prendre la position ac. Les wagons en remontant font fermer le rail, qui n'oppose aucun obstacle à la marche du convoi. Mais si un ou plusieurs wagons viennent à s'échapper, les roues en descendant enfilent l'intervalle cb, et le wagon est jeté hors de la voie, dans un lieu préparé pour le recevoir, de manière à ce qu'il ne puisse ni se briser, ni occasionner d'accident.

On peut faire usage encore de barrages mobiles en bois, ou freins heurtoirs (pl. 3, fig. 11), que l'on jette sur la voie ; ainsi que de fortes barres en bois HI (pl. 3 fig. 12), soutenues à l'une de leurs extrémités par une chaîne HK, et tournant à l'autre

bout sur un gond I, de manière à se placer naturellement en travers du rail. Il n'y aurait pas excès
de prudence à user à la fois de toutes ces précautions, vu la gravité et la multiplicité des accidents
qu'ils sont destinés à prévenir. Ces accidents sont
surtout à craindre lorsque les wagons qui s'échap-
peraient devraient arriver sur les lieux de chargé-
ments. J'ai vu parfois, dans de tels événements, des
rails entiers coupés par les roues des wagons comme
par les cisailles les mieux effilées, et des convois
entiers réduits, en un clin d'œil, en un monceau de
débris, voler en éclats de tous les côtés.

Dans tous les calculs qui précèdent, nous n'avons
pas pris en considération la résistance que l'air oppose à la marche du convoi. Je vais essayer de l'apprécier aussi exactement que le permet l'insuffisance
des observations qui ont été faites jusqu'aujourd'hui.

D'après les expériences faites par Borda et confir-
mées par M. de Pambourg, on peut estimer que la
résistance de l'air, par mètre carré et pour une
vitesse de 6^m,50, est égale à 4^{kil},24 [1]. Cette résistance

---

[1] Borda estime que la résistance du vent sur une surface de
1 pied carré, avec une vitesse de 20 pieds par seconde, équivaut à 0,915 de livre, soit : 4^{kil}24 par mètre carré avec une vitesse de 6,50 ; puisque
    1 mètre carré = 9,48 pieds carrés,
    qui, multipliés par 4,895 rapport de la livre au kilog.,
    donnent. . . . . $\overline{4,24}$ pour la résistance d'un mètre
carré, avec une vitesse de 20 pieds, ou 6,50 vitesse. (V. Pambourg, *Traité sur les machines locomotives*, p. 126 *et seq.*)

augmente comme le carré des vitesses, puisque le corps exposé à son action, à mesure qu'il marche plus rapidement, est frappé par une plus grande quantité de molécules. En nommant r cette résistance et en la substituant à la place de e dans l'équation

$$(2). \ldots \ldots b\,e = v^2$$

nous aurons

$$b'\,r = v^2$$

Nous déterminerons b' en mettant la valeur de r et celle de v relatives au cas particulier, déterminées par les auteurs que nous avons cités, ce qui nous donnera

$$4{,}24\,r = 6{,}50^2, \; r = \frac{42{,}25}{4{,}24} = 9{,}96$$

Soit 10, pour simplifier les calculs, en sorte que l'équation

$$10\,r = v^2 \ldots \ldots \ldots (7)$$

nous exprimera le rapport de la résistance du vent en fonction de la vitesse pour l'unité de surface, soit 1 mètre carré.

La section en travers des wagons étant de 2 mètres environ, et leur résistance sur le chemin de fer de Saint-Étienne de 0,005, l'effort nécessaire pour les mettre en mouvement deviendra

$$1{,}350^{\text{kil}} \times 0{,}005 = 6{,}75,$$

soit $3^{\text{kil}}{,}375$ par mètre carré. Substituant cette valeur dans l'équation (7), nous aurons

$$10 \times 3,375 = v^2$$
$$v = \sqrt{33,75} = 5^{m.} 80.$$

J'ai vu quelquefois sur le chemin de fer de Saint-Étienne, dans des circonstances favorables, des wagons vides se mettre en mouvement par le seul effet d'un vent, dont on pouvait estimer la vitesse à 6 mètres environ, ce qui s'accorde assez bien avec l'appréciation ci-dessus.

Il s'ensuit que, sur une pente excédant de 0,005 celle qui est nécessaire pour vaincre le frottement, un wagon vide et isolé ne pourra jamais acquérir une vitesse de plus de 6 mètres par seconde ; le même calcul servira à déterminer la vitesse relative à tout autre taux de pente.

Soit, par exemple, la pente 0,015 excédant 0,010 celle du frottement, la résistance, sur cette pente, sera égale à 6,75 par mètre, et nous aurons

$$v = \sqrt{10 \times 6,75} = 8^{m},21$$

et si le wagon tombait librement, le maximum de vitesse qu'il pourrait acquérir et ne saurait dépasser, serait exprimé par

$$v = \sqrt{10 \times 675} = 82^{m}10$$

Ces calculs, comme on le comprend très-bien, ne peuvent être régardés que comme des approximations bien imparfaites ; ils sont propres seulement à mettre sur la voie pour faire des observations qui puissent aider à former une théorie sur le mode de résistance de l'air, si peu connu et si peu étudié. Il paraît que la résistance de l'air, une fois vaincue par le premier wagon, ceux qui le suivent en éprouvent peu les effets.

La vitesse avec laquelle descendent les wagons sur une pente excédant celle qui représente leur frottement, nous servira à mesurer ce frottement, en tenant, toutefois, compte de la résistance de l'air. Il faut, pour cela, choisir une ligne inclinée, contiguë à une autre qui le soit dans un sens opposé, ou à une ligne horizontale, et abandonner le convoi sur la partie la plus inclinée, en observant la hauteur à laquelle il se trouve au moment du départ, et le point où il arrivera sur le plan opposé.

Supposons, comme dans le cas précédent, que l'on abandonne en A (pl. 3, fig. 13) un wagon du poids de 1,000$^{kil.}$, chargé de 3,000$^{kil.}$, en tout 4,000$^{kil.}$; soit le plan incliné AX, d'une longueur de 2,000 mètres, et d'une hauteur verticale AY de 30 mètres, contigu à une partie Xy de niveau.

Le wagon parviendra en X avec la vitesse résultant de la hauteur verticale AY, moins la partie qui représente le frottement, et que nous désignerons par FY, et celle qui est due à la résistance de l'air, et que nous exprimerons par TF, c'est-à-dire avec la vitesse relative à AT.

Arrivé au point X, il éprouvera, en parcourant la ligne Xy, la résistance due au frottement représentée par la ligne $f y$, plus celle due à la résistance de l'air, représentée par ft, et arrivera en un point y tel que ty soit égal à AT, en parcourant un espace Xy dont la longueur servira à déterminer ty, ou l'angle tXy, composé de fXy, qui mesure le frottement, et tXf, qui mesure la résistance de l'air.

Supposons que le wagon ayant parcouru la ligne AX, de 2,000 mètres de longueur, parvienne à 1,000^m de X en un point y, où il s'arrête; il est évident que le frottement aura alors épuisé toute la vitesse que le wagon avait acquise en tombant d'une hauteur représentée par AT, et que l'on aura ty = AT.

En appelant a le rapport de ty à yX égal à $\dfrac{TY}{XY}$

et observant que le frottement, augmenté de la résistance de l'air pendant que le wagon parcourt yX, est égal à la gravité pendant qu'il parcourt AX, nous aurons

$$1,000\, a = 2,000\, (0,015 - a),$$

d'où l'on tire $a = 0,01$.

Par conséquent, le sinus de l'angle TXY ou tXy, qui mesure le frottement et la résistance de l'air, est égal à 0,01 du rayon.

Le wagon gravitera donc de A en X avec la vitesse qu'il aurait eue en tombant dans le vide de A en T, exprimé par

$$(2)\quad \ldots \ldots \quad v = \sqrt{20 \times 10} = 14,10$$

qui déterminera en X un courant d'air contre le wagon ayant la même vitesse.

Cette vitesse déterminera une résistance R contre le wagon, pour chaque mètre carré de surface, égale à

$$(7). \quad \ldots \ldots \quad R = \frac{(14,10)^2}{10} = 20,18$$

ou, pour les deux mètres de surface que le wagon occupe,

$$20^{kil.}\,18 \times 2 = 40^{kil.}\,36$$

Et comme cette résistance est relative à un poids de 4,000$^{kil.}$, elle répond à très-peu près à 0,01 du poids en mouvement.

Nous avons dit que la vitesse croissait comme le temps écoulé depuis l'origine du mouvement; et comme elle est nulle au point A, et qu'au point X elle a atteint son maximum, il s'ensuit que la résistance moyenne de l'air sur le wagon pendant qu'il parcourt AX, est égale à

$$\frac{0 + 40,36}{2} = 20,18$$

qui, répartie sur le poids total, équivaut à

$$\frac{20,18}{4,000} = 0,005045$$

Soit 0,005 en nombre rond, pendant toute la durée du mouvement.

La valeur de TF devient alors

$$2,000 \times 0,005 = 10^{m.}$$

et celle de FY exprimant le frottement

$$FY = AY - AT - TF = 30 - 10 - 10 = 10$$

qui, répartie sur XY, nous représente $\frac{10}{2000} = 0{,}005$ du poids total.

On mesure aussi la résistance, en se servant d'un dynamomètre, ou poids à ressort, par l'intermédiaire duquel on fait avancer les wagons. Cet instrument est muni d'un cadran divisé, sur lequel tourne un index qui indique à quel poids répond la résistance. J'ai tenté plusieurs fois ce moyen, mais il ne m'a jamais réussi, parce que la masse du corps à mettre en mouvement est trop considérable, comparativement à la résistance qu'il oppose à la traction. En effet, il faudrait que la vitesse avec laquelle le moteur développe la force qui doit vaincre cette résistance, fût exactement en rapport avec la vitesse qui a déjà été communiquée au wagon ; au cas contraire, l'aiguille éprouve des oscillations continuelles, et ne peut plus être d'aucun secours. En définitive, je n'ai jamais réussi qu'à briser les appareils dont je me suis servi pour faire ces expériences, et il ne paraît pas que d'autres expérimentateurs aient été beaucoup plus heureux que moi [1].

Au surplus, des essais de ce genre ne pourraient jamais être regardés comme concluants, qu'autant qu'ils auraient été souvent répétés : une opération faite isolément est sujette à trop d'erreurs, et peut tout au plus servir à mettre sur la voie pour pré-

[1] G. de Pambour, p. 101.

voir et obtenir des résultats plus certains. Il est tant
de causes particulières qui peuvent modifier et compliquer les situations ; le vent , le graissage, les différences de formes et de poids de véhicules, l'état
des rails, celui des machines et mille autres circonstances peuvent tellement faire varier le résultat,
qu'on ne doit l'accueillir comme vrai qu'avec une
extrême circonspection.

D'après un assez grand nombre d'expériences et
d'observations, j'estime que, sur le chemin de fer
de Saint-Étienne, le frottement est égal à 0,005
ou $\frac{1}{200}$ des poids. Cette résistance est plus considérable que celle qui a lieu sur le chemin de Manchester, d'une quantité relative surtout à la différence entre les diamètres des essieux des wagons.
On sait, en effet, que le frottement est toujours proportionnel à la vitesse, et à peu près indépendant de
l'étendue de la surface frottante ; ainsi, la résistance
provenant du frottement des axes décroît à mesure
que le rapport de l'axe au diamètre augmente. Dans
les wagons du chemin de Saint-Étienne, ce rapport
est de $\frac{1}{12}$, tandis que dans ceux du chemin de Manchester, il est de $\frac{1}{24}$ et même de $\frac{1}{30}$. Je ne crois pas
cependant que ce soit de là que provienne toute la
différence, et il serait plus exact de dire que, sur le
chemin de Manchester, le frottement total des essieux sur leur collets, des roues sur la voie, du
rebord des roues contre les rails, des chocs qu'occasionne la rencontre des joints de ces rails, et de

toutes les autres causes enfin, n'est que $\frac{36}{50}$ de ce qu'il est sur le chemin de Saint-Étienne.

Pour apprécier le frottement sur ce dernier chemin, j'ai égalé entre elles deux expressions de la résistance se rapportant à deux parties de la ligne ayant une inclinaison différente, en faisant entrer comme inconnue, dans l'équation qui représente cette résistance, la valeur du frottement et celle de l'angle qui exprime l'inclinaison de la ligne.

Sur la partie de la ligne entre Givors et Lyon, où se trouve une pente montante de 0,0004, la charge ordinaire des machines est de 20 wagons; mais elles sont obligées, en arrivant à Lyon, de franchir une rampe dont l'inclinaison est de 0,004. Elles ont souvent amené 25 wagons jusqu'à ce point et l'ont même quelquefois franchi avec cette charge, lorsqu'elles avaient pu, avant d'y arriver, acquérir une vitesse suffisante.

Si cette dernière rampe n'existait pas, on pourrait, sans aucun doute, augmenter la charge ; en sorte qu'un poids moyen de 100 tonneaux me semble représenter assez exactement le travail des machines sur cette partie de la ligne.

Entre Givors et Rive-de-Gier l'inclinaison de la ligne est de 0,00596, et les machines transportent moyennement 33 wagons vides ou tonneaux de marchandises, charge que j'estime comme équivalant très-approximativement à un poids de 38,000^{kil}.

En supposant que la résistance de la machine, comparée à son poids, soit égale à une fois et demie celle des wagons, et que l'excès de la résistance, par suite de sa charge, soit égal à 50 kilogrammes (voir page 108), nous aurons, en désignant par x le frottement :

$$(100,000^{\text{kil.}} + 14,000 \times \tfrac{3}{2}) \times (0,0004 + x) + 50$$
$$= (38,000^{\text{kil.}} + 14,000 \times \tfrac{3}{2}) \times (0,00596 + x) + 50$$

Réduisant et tirant la valeur de x :

$$98,40 + 121,000\, x = 401,64 + 59,000\, x$$
$$x = \frac{303,24}{62,000} = 0,0049.$$

Ce résultat se trouve confirmé par les faits suivants : Les convois descendent par le seul effet de la gravité, et en gagnant toujours de vitesse sur la pente de 0,0059, entre Rive-de-Gier et Givors. Il suffit cependant qu'une circonstance particulière détermine dans la résistance une légère augmentation pour qu'ils s'arrêtent en route. Ainsi, un convoi bien graissé, bien en état, se met en mouvement sur les droites, et non sur les courbes; lorsqu'il est en moins bon état, il faut que les conducteurs s'emploient à faire tourner les roues; il part alors en franchissant les courbes et acquérant de la vitesse. Ce qui établit enfin que la résistance, dans les circonstances favorables, n'atteint pas 5 millièmes, c'est que, en arrivant à Givors, les convois parcourent, pendant 2,000 mètres, une

pente qui n'a que 0,00498, sans perdre sensiblement de leur vitesse.

Lorsque les convois sont abandonnés à leur gravité sur une pente de 0,00596, leur frottement
étant égal à 0,005, la vitesse qu'ils acquièrent est
alors relative à l'inclinaison, qui répond à 0,00096,
ou environ 1 mètre pour 1,000 mètres. Après avoir
parcouru 2,000 mètres, les wagons ont déjà acquis
une vitesse représentée par

$$v^2 = 20 \times 2 \;.\; v = \sqrt{40} = 6^m,30.$$

Les convois se mettent d'autant mieux en mouvement et conservent d'autant mieux la vitesse
qu'ils ont acquise, qu'ils sont composés d'un plus
grand nombre de wagons. On prévient donc le
ralentissement de la marche par l'addition de quelques wagons, lorsque des circonstances particulières, telles que la direction du vent, la malpropreté des rails, les neiges, la solidification de l'huile
par l'effet du froid, etc., rendent le tirage plus difficile que de coutume. On doit éviter cependant de
faire des convois trop considérables. Il y avait, par
exemple, une imprudence extrême à réunir, comme
on l'a fait quelquefois malgré ma défense expresse,
jusqu'à cent wagons, ce qui donne un poids de
400 tonneaux environ. La quantité de mouvement
étant représentée par la masse multipliée par le carré
de la vitesse, on voit dans quelle proportion énorme
elle s'élève, quelque lente que puisse être la marche.

13

Dans les rencontres, les premiers wagons sont iné-vitablement brisés et mis en pièces. Si une roue se casse, si quelque partie d'un wagon se dérange, ce surcroît de résistance, qui suffit pour arrêter un convoi de vingt wagons, ne produit pas le même effet sur un convoi qui en a cent; la gravité est alors plus forte que l'obstacle, le convoi continue sa marche, et les conséquences possibles d'un tel accident sont incalculables. La vitesse qu'acquièrent les convois en mouvement est bien modérée, comme nous l'avons vu, par la résistance de l'air; mais cette cause retardatrice, assez considérable sur un wagon vide, diminue dans une proportion qui suit presque le rapport du poids entier du convoi comparé à celui d'un seul wagon. Elle demeure donc à peu près sans effet sur la marche d'un grand convoi.

On a voulu quelquefois utiliser l'impulsion dont est pourvu le convoi en arrivant au pied d'une rampe pour l'aider à la gravir; c'est ce qui a lieu au passage du Rainhill, sur le chemin de Manchester. Ce moyen peut être employé, et il réussit assez bien lorsque rien n'empêche la machine d'acquérir toute sa vitesse. Mais à la moindre cause qui peut venir entraver sa marche, le convoi ne pouvant atteindre le sommet de la rampe, se trouvera dans la nécessité de rétrograder, ou bien il faudra surcharger la soupape de sûreté de la machine, pour suppléer par un excédant de pression à la force qui lui manquera.

Il me paraît bien plus rationnel et plus en harmonie avec l'intérêt du service, d'égaliser les pentes toutes les fois qu'on le peut, même avec un assez grand excédant de dépense. Il faut, en général, se garder de toutes ces pratiques exceptionnelles, qui ne manquent presque jamais de se résoudre en pertes de temps et d'argent, et en augmentation de la probabilité des accidents.

Le plan incliné du Rainhill a 2,400 mètres de longueur sur 0,01 de pente, ce qui représente une différence de hauteur de 24 mètres. Lorsque les machines arrivent, avec leur convoi, au pied de la rampe, elles sont pourvues ordinairement d'une vitesse de 15 mètres par seconde; si elles continuaient à ne développer exactement que la force nécessaire pour vaincre le frottement du convoi augmenté de la résistance due à la gravité, sur la rampe de 0,001 qu'on rencontre avant d'arriver au bas du plan incliné, cette vitesse serait suffisante pour élever les machines à une hauteur représentée par

$$e = \frac{v^2}{20} = \frac{225}{20} = 11^m,25$$

C'est-à-dire qu'elles pourraient parcourir 1,125 mètres, ou parvenir à peu près à la moitié du plan incliné.

Soit pour cette raison, soit pour ne pas trop les fatiguer, on ne leur donne pour charge que 6 à 8 wagons ou voitures de voyageurs, ce qui représente environ le tiers ou tout au plus la moitié de ce que la quantité de vapeur qu'elles produisent leur permettrait d'entraîner[1]. On pousse fortement le feu, la machine fournit momentanément un grand excès de vapeur, et le convoi, profitant de sa vitesse acquise, parvient ainsi artificiellement à franchir le plan incliné.

En même temps que la marche se ralentit, la résistance que l'air oppose au mouvement du convoi diminue; d'autre part, la machine dépensant moins de vapeur, le conducteur tend le ressort pour augmenter la pression, en sorte que tous ces moyens combinés et mis en œuvre par d'habiles ouvriers, déguisent à presque tous les yeux les petits inconvénients que je viens de signaler.

Cette rampe du Rainhill, de $0^m,01$ par mètres, est l'une des plus fortes que l'on ait fait jusqu'ici pratiquer par les machines à vapeur. Cependant, d'après les essais que j'ai faits sur le chemin de Saint-Etienne, sur une rampe de 0,013, je crois qu'il y aurait avantage, sous le triple rapport de la vitesse, de la facilité du service et de l'économie, à employer les machines même sur une rampe de 0,015.

En appliquant à la pente de 0,015 les calculs que nous avons établis, page 115, pour connaître le poids que peuvent entraîner les machines sur une pente donnée, nous aurons

[1] G. de Pambour, p. 230.

$$c = \frac{e-r-pz}{f+z} = \frac{416,50-110,50-14.000 \times 0,015}{0,015 + 0,0036} = 5,200^{\text{kil.}}$$

et cependant la charge ordinaire des machines sur le Rainhill est de 20,000 kilog. environ. Entre Rive-de-Gier et Terre-Noire, sur une pente de 0,01378, je suis parvenu à faire transporter moyennement un poids de 12,000 kil., par nos machines, qui, à vitesse égale, emploient, à peu de chose près, la même quantité de vapeur à la même tension que celles du chemin de Manchester. Je pense qu'il serait très-possible de rendre les machines locomotives propres à fonctionner sur les pentes qui ne dépasseraient pas 0,015, limite supérieure déjà à celle que l'on s'impose ordinairement en construisant un chemin de fer. Il suffirait, pour en obtenir ce résultat, de leur faire subir quelques légères modifications qui ne toucheraient en rien au système général. Ainsi, y mettre quelques roues de plus, ou leur donner un plus grand diamètre, pour accroître le frottement et les empêcher de glisser sur les rails; donner un peu plus de poids à la machine, en y plaçant soit le réservoir d'alimentation d'eau, soit la provision de coke, ou un peu plus de capacité aux cylindres pour augmenter la force de la machine, seraient autant de moyens d'atteindre ce but; et il ne s'ensuivrait pas, à la fin de l'année, une variation sensible dans les frais de mise en œuvre et d'entretien de la machine.

Il n'est donc pas douteux que, quand on le voudra, on arrivera à construire des machines pouvant entraîner sur des pentes de 0,015, ou $\frac{1}{66}$, une charge de 20 tonneaux ou 20 wagons vides, avec une vitesse égale ou peu inférieure à celle qu'on obtient aujourd'hui sur les chemins de fer, c'est-à-dire 36,000 mètres environ à l'heure, ou 10 mètres par seconde. Toutefois, pour qu'il soit avantageux de donner cette extension à l'emploi des machines, il faut que le plan incliné ait une certaine étendue, et mérite l'établissement d'un service qui lui soit spécialement consacré. Car les machines modifiées pour parcourir les plans inclinés ne pourraient, sans inconvénients, être mises en mouvement sur les autres parties du chemin, et le bénéfice que l'on doit en attendre se changerait alors en une perte évidente.

Supposons que la machine transportant 20 tonneaux, l'excédant du prix qu'il en coûtera pour lui faire parcourir un kilomètre sur des rampes comprises entre 0,010 et 0,015 soit compensé par l'économie résultant de ce qu'elle descendra par le seul effet de la gravitation; le prix du transport par tonneau et kilomètre (voir page 109), deviendra

$$\frac{0,80 \times 2}{20} = 0,08$$

Pour comparer ce prix avec celui des transports exécutés par les chevaux, je prendrai pour exemple ce qu'il en coûte pour faire la remonte sur la partie du chemin de fer de Saint-Étienne à Lyon, où la pente est de 0,01378, et se rapproche beaucoup de celle que j'ai supposée.

Sa longueur jusqu'au lieu moyen de la distribution des wagons est de 19,000 mètres, et le prix du transport par cheval est de 2 francs par wagon ou tonneau, soit à peu près 0^f,10, par tonneau et kilomètre, en prenant en compensation le poids des wagons et celui des tonnes transportées. Il y aurait donc économie à employer les machines; mais la diminution des frais n'en serait que le moindre avantage : on en trouverait un bien plus grand dans la rapidité avec laquelle s'effectuerait le transport des marchandises; car, dans l'état actuel, un des principaux embarras du service de ce chemin réside dans l'impossibilité de satisfaire à toutes les demandes. Or, parmi les frais d'exploitation, il en est une bonne partie qui restent les mêmes, quelle que soit la quantité des transports; et l'augmentation de dépense que nécessite un plus grand mouvement n'est pas relative au surcroît des recettes.

Pour établir une comparaison exacte entre ces deux moyens de transports, il faudrait faire entrer en compte l'excès de dépense qui résultera d'une plus grande détérioration des rails fréquentés par les machines. Mais cette appréciation est fort difficile; car si les machines usent les rails, les chevaux défoncent la chaussée, dont l'entretien nécessite alors un excédant de frais qui compense en partie la détérioration des rails. Ce piétinement continuel délaie le terrain, les dés perdent leur assiette et leur solidité, et il suffit ensuite d'un faible effort pour les renverser hors de la ligne, et occasionner fréquemment dans le matériel des accidents et de coûteuses réparations. Rien toutefois n'est plus vicieux que l'emploi simultané des chevaux et des machines : les chevaux écrasant sous leurs pieds les matériaux qui composent l'empierrement, il se forme de la boue qui, lancée contre les rails, les maintient dans un état continuel de malpropreté. Le tirage en éprouve beaucoup plus de résistance ; la boue favorisant le glissement des roues des machines, elles tournent sur elles-mêmes sans avancer sur les rails ; leur destruction est ainsi beaucoup plus prompte, tandis que les machines elles-mêmes, éprouvant de fréquentes secousses, se fatiguent extrêmement et sont mises beaucoup plus vite hors de service.

L'extrême propreté des rails est indispensable si l'on veut tirer des machines tout le parti possible. Lorsqu'un chemin de fer est fréquenté par des chevaux, ou même lorsqu'un règlement sévèrement exécuté n'en interdit pas l'abord au public, il n'est pas possible de calculer quels seraient les résultats de l'emploi des machines avec toutes les précautions convenables.

Je pense donc que les compagnies doivent faire tous leurs efforts pour substituer les machines aux chevaux, partout où cela est possible ; et mon opinion est que, même en mettant de coté toute autre considération, et en n'envisageant que la question des déboursés, il y aurait avantage à le faire sur des pentes de 0,015.

Nous avons vu , page 108 , que l'effort de la machine locomotive , lorsque le poids total du convoi est de 94 tonneaux, s'élève à 416,50 , et que la somme du frottement exercé tant par la machine que par les wagons, produit une résistance qui équivaut à 0,00442 du poids total. Si l'on suppose que $y'X$ (pl. 3, fig. 13) soit la partie du chemin de fer qui précède le plan incliné du Rainhill en allant de Manchester à Liverpool , et que la machine arrive en X avec 6 à 8 voitures, ce qui réduit la résistance au tiers environ de sa puissance réelle , le Rainhill ayant une inclinaison de 0,01 , la résistance totale deviendra

$$0,01 + 0,00442 = 0,01442 \text{ du poids,}$$

c'est-à-dire qu'elle sera environ trois fois plus grande que sur $y'X$. Mais comme, par contre , la masse du convoi est trois fois moindre , il sera entraîné avec la même vitesse que lorsque la machine a sa charge ordinaire.

Si la résistance du convoi, au lieu d'être le tiers, était la moitié de celle qui répond à l'emploi de toute la force de la machine , la résistance sur le plan incliné étant de 0,01442 , la machine ne pouvant vaincre, avec la moitié de sa charge, qu'une pente double de celle qui représente le frottement, c'est-à-dire

$$0,00442 \times 2 = 0,00884$$

ne suffirait plus à faire remonter le convoi ; il perdrait graduellement de sa vitesse jusqu'à ce qu'il s'arrêtât. Il faudrait donc employer une machine de renfort, ou faire arriver le convoi en **X**, au pied du plan incliné, avec une vitesse capable de de lui en faire gagner le sommet.

Puisque la résistance est de 0,01442 et que la machine peut vaincre un effort de 0,00884, il y a donc un déficit de puissance représenté par

$$0,01442 - 0,00884 = 0,00598$$

sur une longueur de 2,400 mètres représentant une hauteur verticale de

$$2,400 \times 0,00598 = 11^m,96.$$

La machine devra donc arriver en **X** avec une vitesse telle que, si la force motrice cessait alors d'agir, cette vitesse représentât un effort capable de la soulever à une hauteur de $11^m,96^c$. Pour déterminer cette vitesse, nous aurons recours à l'équation

$$(2) \quad v^2 = 20 \; e \; . \; v = \sqrt{20 \times 11,96} = 15,4$$

soit $15^m,40$ par seconde, ce qui fait 55 kilomètres ou 13 à 14 lieues à l'heure, vitesse que l'on atteint souvent pendant la marche ordinaire.

Il faut toujours que les machines aient une certaine quantité de force en sus de celle qui leur serait nécessaire pour entraîner leur convoi, afin qu'elles ne restent pas trop longtemps pour l'amener à la vitesse qu'il doit conserver pendant le reste du trajet. Cet excès de mouvement, qui, mis pour ainsi dire en réserve, peut être utilisé pour vaincre un excédant momentané de résistance, comme cela se pratique au plan incliné du Rainhill, est le même qui se réalise au moment de l'arrivée, quand on arrête le jeu de la machine, et qui lui ferait dépasser le but si l'on n'avait pas soin d'intercepter la vapeur quelques instants auparavant.

La vitesse qu'acquiert un convoi lorsqu'il est mu par une machine douée d'une puissance supérieure à sa résistance passive, peut être évaluée d'une manière très-simple, en comparant la force en excès avec celle qui est nécessaire pour vaincre une résistance représentée par une inclinaison donnée.

Supposons, en nous reportant aux chiffres que nous avons posés ci-avant, que cet excès produise le même effet que si le convoi était placé sur un plan ayant une inclinaison correspondante au surcroît de puissance de la machine, et qu'il y obéît librement à sa gravité. L'effort de la machine étant égal à $0,00442$ du poids du convoi, si sa puissance est augmentée de $\frac{1}{4,42}$, c'est-à-dire capable de vaincre une résistance de $0,00542$ ou $0,001$ de toute la masse du convoi égale à $94,000$ kil., en sus de ce qui est nécessaire pour vaincre sa résistance passive ou statique, le convoi se mettra en marche comme s'il

gravitait sur une pente de 0,001. L'effet que produirait la gravité pour faire glisser un corps sur un pareil
plan incliné, abstraction faite de tout frottement, ne
serait que le millième de celui qu'elle produit sur les
corps tombant librement à la surface de la terre, et
les relations entre les temps et les vitesses seraient
alors en multipliant, dans l'équation $v = 10t$ la constante 10 par $\frac{1}{1000}$

$$v = \frac{10\,t}{1000} \quad , \quad 100\,v = t$$

Par conséquent, pour arriver à obtenir une vitesse de 15 mètres, il faudrait, en mettant 15 à la
place de v,

$$t = 100 \times 15 = 1,500'', \text{ soit } 25'.$$

Pour connaître l'espace parcouru pendant ce temps,
nous diviserons aussi, dans l'équation $v^2 = 20e$, la
constante 20 par 1,000, ce qui nous donnera

$$v^2 = \frac{20}{1,000}e \quad , \quad 50\,v = e$$

Et, en mettant à la place de v sa valeur 15,

$$e = 50 \times (15)^2 = 11,250^m.$$

La machine partant du repos et devant y revenir
au bout de son trajet, perdrait donc 25 minutes de
temps, espace beaucoup trop long sur des chemins
de fer destinés à être pratiqués avec de grandes
vitesses.

Ceci montre qu'une grande partie de la puissance
des machines locomotives est employée à procurer
au convoi la vitesse de sa marche ordinaire dans

un temps assez court pour ne pas apporter de trop grands retards dans le service.

En supposant la moitié de la puissance de la machine absorbée pour produire cet effet, l'équation du temps deviendrait

$$15 = 10 \times \frac{4,42}{1000} \times t, \quad t = 340'' = 5'40''$$

L'espace parcouru serait représenté par l'équation

$$20 \; e \times \frac{4,42}{1000} = v^2 \;\;, 88,4e = 1,000v^2 \;, e = 11,33v^2,$$

et en mettant à la place de v sa valeur 15 ,

$$e = 11,30 \times (15)^2 = 2,550^{m.}$$

ce qui est presque nécessaire pour des chemins de grande vitesse, lorsqu'il y existe de fréquentes stations. On voit, en effet que, même en réduisant le travail de la machine à la moitié de sa puissance, on perdrait encore au départ $2'50''$, et autant à l'arrivée, pour donner au convoi le temps de revenir au repos, depuis le moment où l'on a arrêté le jeu de la machine.

Les mécaniciens, peuvent en cas de besoin et lorsque leur vitesse est trop grande, abréger ce temps à l'arrivée, en donnant une très-petite quantité de vapeur à la machine, ce qui détermine dans les cylindres une soustraction de pression et dans la marche des pistons un retard qui augmentent le frottement des roues ; ou même s'il se présentait quelque circonstance qui exigeât d'arrêter subitement la machine, en introduisant la vapeur dans le cylindre à contre-sens du mouvement des pistons, ce qui arrête complétement les roues et tend même à les faire tourner en sens inverse.

III. Des pentes sur lesquelles on doit employer les moteurs dans les deux sens.

Les pentes sur lesquelles les convois descendent par le seul effet de la gravité ne sont pas celles qui sont les plus avantageuses, car les machines exigeant, à peu de chose près, les mêmes frais, qu'elles entraînent ou non leur convoi, il faut, autant que possible, que la résistance qu'elles ont à vaincre soit égale dans les deux sens de leur marche.

Lorsque l'on a évalué la proportion de la remonte à la descente et que l'on connaît les limites du frottement, on peut en induire la pente qui satisfait le mieux à la condition d'égal tirage. Il est bien évident, en effet, que, pour égaliser l'effort de la machine, soit à la remonte, soit à la descente, il faut avoir égard au taux de la pente, à la mesure du frottement relative à la perfection du chemin, et à la différence entre la masse des produits qui doivent être transportés dans un sens et dans l'autre. A ce sujet, j'ai presque toujours remarqué que les grandes masses de productions naturelles, dont l'emploi satisfait à quelque besoin de l'homme, sont placées en général dans des lieux d'où leur transport peut se faire avec les plus grandes facilités. N'y a-t-il pas là encore une de ces admirables prévoyances de la providence, qui se révèlent à nous à chacun de nos pas dans le progrès, et qui semblent avoir tout disposé d'avance de telle façon que la nature n'opposât jamais le moindre obstacle aux développements de l'humanité; mais au contraire, pour qu'elle nous offrît, pour chaque nouveau besoin, de nouveaux trésors de sa fécondité? On peut raisonnablement regarder comme un fait constant que le mouvement à la descente sera toujours plus considérable que celui de la remonte, lorsque la ligne sera destinée à une exploitation locale. On aura donc, pour égaliser l'effort total des machines pour l'allée et pour le retour, à évaluer la différence des transports à la remonte et à la descente, et à balancer la force de traction par le taux plus ou moins élevé de la pente.

Supposons un chemin de fer dont le mouvement en descendant soit de 600,000 tonneaux, le mouvement de remonte de 100,000 tonneaux, et sur lequel le frottement soit égal aux 0,005 du poids. Comme il faut ajouter à ces masses le poids des wagons ou autres véhicules dans lesquels elles doivent être placées, si nous supposons ce dernier poids égal à un tiers du premier, le mouvement de la descente s'élèvera à 800,000 tonneaux et celui de la remonte à 300,000 tonneaux. En désignant par x le taux de pente qui rendra le tirage égal dans les deux sens nous aurons :

$800,000 \times (0,005 - x) = 300,000\ x. \quad x = 0,00363 = \frac{1}{275}$

On voit en effet que la résistance des convois en montant sera

$$300,000 \times 0,00363 = 1090,90$$

et celle des convois en descendant

$$800,000 \times (0,005 - 0,00363) = 1090,90.$$

Sur le chemin de Manchester, la pente pour les mêmes quantités de transport deviendrait

$800,000 \times (0,0036 - x) = 300,000\ x. \quad x = 0,002618 = \frac{1}{118}$

puisque

$$300,000 \times 0,002618 = 800,000 \times (0,0036 - 0,002618)$$
$$= 785,40$$

Ces conditions sont encore modifiées par les courbes, qui déterminent un excédant de résistance d'autant plus grand que leur rayon est moindre; en sorte qu'il conviendrait, pour rendre la balance parfaitement égale, d'augmenter la pente sur les courbes proportionnellement à l'excès de résistance qu'elles offrent, et dont nous allons traiter dans le chapitre suivant.

CHAPITRE IV.

DE L'EXCÈS DE RÉSISTANCE QUE LES COURBES OPPOSENT A LA MARCHE DES CONVOIS.

———

I. Du glissement des roues des wagons sur les rails dans les courbes.

L'excès de résistance que présentent les convois lorsqu'ils parcourent des courbes est dû à plusieurs causes ; il y a d'abord frottement du boudin ou rebord de la roue sur les rails extérieurs de la courbe ; ensuite les roues, fixées deux à deux au même essieu, sont disposées pour avoir toujours une marche égale ; la différence de longueur entre les deux rails de la courbe, force la roue extérieure à parcourir un chemin plus long que la roue intérieure, et elle ne peut accomplir ce surplus de trajet qu'en glissant à chaque instant, pendant un très-petit espace, sur le rail. Ainsi, lorsqu'un wagon ABCD (pl. 3, fig. 15) se meut sur une courbe ayant 500 mètres de rayon jusqu'au rail intérieur, et 501ᵐ50ᶜ jusqu'au rail extérieur, les développements de chacune des deux lignes de rails étant propor-

tionnels aux rayons, il s'ensuit que sur une longueur CD de 1 mètre du rail intérieur, la partie FB correspondante du rail extérieur aura un
excédant de lengueur de $0^m,003$. Mais les roues des
wagons étant liées invariablement par leur essieu,
et la roue A devant parcourir un espace de trois
millimètres de plus que la roue C dans le même
temps, il en résulte que les roues AB devront se
traîner sur le rail AB avec la charge qu'elles portent
pendant un espace de $0^m,003$ par chaque mètre parcouru.

Coulomb a conclu de ses expériences que le frottement du fer sur lui-même est égal au tiers environ de son poids; mais dans ces essais comme dans
tous les autres analogues qu'ont faits les physiciens,
on ne pouvait prendre en considération une vitesse
aussi grande que celle des wagons et des machines.
Il me semble donc plus simple de chercher la mesure de ce frottement d'après des observations tout
à fait spéciales au cas dont je m'occupe.

La gravitation tend à faire acquérir une grande
vitesse aux convois qui descendent de Saint-Étienne
à Saint-Chamond. Pour modérer leur marche l'on
est obligé de serrer les freins de manière à exercer
un frottement modéré sur un grand nombre de
roues; mais les conducteurs pour s'épargner la surveillance continuelle qu'exige cette manœuvre, et
sans s'inquiéter s'ils détrempent ou usent les roues
pressent sur un certain nombre de freins, au moyen

de leurs moufles, avec une si grande force, que les roues cessent complétement de tourner et glissent sur les rails en permettant toutefois au convoi de continuer sa marche sans augmentation ni diminution de vitesse. Il est évident que **le** frottement qu'exercent alors ces roues est mesuré par la force de gravitation diminuée de celle qui est nécessaire pour vaincre le frottement du convoi.

J'ai fait souvent des expériences pour m'assurer du nombre de roues qu'il faut successivement arrêter pour empêcher la marche d'un convoi de six wagons de s'accélérer, et voici les divers résultats que j'ai obtenus :

Lorsque les rails sont très-propres et mouillés par la rosée, c'est-à-dire dans les circonstances où le glissement produit son effet le plus complet, il faut, sur une pente de 0,0137, arrêter complétement six roues ou trois essieux.

En temps ordinaire, il faut enrayer quatre roues, ou un sixième de la masse totale.

Enfin, lorsque les rails sont sales et encombrés de boue sèche, il suffit d'arrêter deux roues, ou le douzième du poids entier.

Le frottement sur le chemin de fer de Saint-Etienne pouvant être regardé comme égal, à très-peu près, à 0,005, il s'ensuit que la force qui sollicite les wagons à descendre sur l'inclinaison donnée devient,

$$0,0137 - 0,005 = 0,0087.$$

14

Le poids total d'un convoi de six wagons se compose, savoir :

Poids de 6 wagons à 1,350	×	6	8,100$^{kil.}$
Charge de 6 wagons à 3,250	×	6	19,500
Soit en total.			27,600$^{kil.}$

La gravité, en temps ordinaire, tendra par conséquent à faire descendre cette masse avec un effort représenté par

$$27,600 \times (0,0137 - 0,050) = 240^{kil},12.$$

Cet effort suffit pour faire glisser sur ses 4 roues un wagon chargé du poids de 4,600 kil. , d'où l'on conclut que, dans ce cas, la résistance au glissement est $\frac{240,12}{4600}$ du poids total, soit, pour adopter un nombre rond, afin de simplifier les calculs, $\frac{1}{20}$. Cette quantité deviendra donc $\frac{240,12}{6000}$ ou environ $\frac{1}{30}$ dans les circonstances les plus favorables au glissement, et $\frac{1}{10}$ lorsque les rails, par suite de leur mauvais état ou de leur malpropreté, présenteront le maximum de résistance de l'état habituel du service.

On serait parvenu directement aux mêmes résultats en faisant abstraction du poids des wagons, et considérant seulement la masse glissante mise en mouvement par l'effet de gravitation du convoi, ce qui aurait donné

Pour le premier cas,	$0,0137 - 0,005 \times 4 = 0,034$
Pour le second,	$0,0137 - 0,005 \times 6 = 0,051$
Pour le troisième,	$0,0137 - 0,005 \times 12 = 0,104$

Considérant donc le frottement des roues des

wagons sur les rails comme équivalant au $\frac{1}{20}$ de leur poids, si le wagon pèse 4,600 kil., le frottement, pour les deux roues extérieures, sera égal à

$$\frac{2300}{20} = 115^{kil.}$$

Mais comme ce frottement n'a lieu que pendant le 0,003 de la marche, il faut multiplier cette quantité par 0,003, ce qui donnera :

$$115 \times 0,003 = 0,345$$

pour un poids de 4,600 kil., soit 0,000075 du poids transporté.

Si la courbe avait seulement 50 mètres de rayon, un calcul analogue indiquerait une valeur 10 fois plus grande, en raison inverse du rayon, soit 0,00075.

A ce glissement, en raison de la longueur des rails, il s'en ajoute un autre qui tend à se produire dans le sens de la largeur ; il est dû à la résistance qui, sur les rails d'une courbe, s'oppose à ce que les roues des wagons prennent leur mouvement en ligne droite, leur fait abandonner, à chaque instant la direction tangentielle par laquelle tous les corps mus circulairement tendent à s'échapper, et les force, par une suite continuelle de glissements en travers du rail, et par un frottement latéral, à suivre la direction de la courbe.

Soit les deux rails IB, LD (pl. 3, fig. 15), faisant partie d'une courbe dont le rayon a 500 mètres, et A, B, C, D les quatre points des roues par

lesquels un wagon porte sur les rails. En exagérant
à dessein la petitesse du rayon pour rendre plus
sensibles les résultats auxquels nous allons arriver,
nous remarquerons que si les roues A, B, C, D, du
wagon en mouvement n'étaient pas maintenues par
le rail IB dans la direction de la courbe, elles con-
tinueraient à se mouvoir dans les directions BT,
DT'. Il faut, par conséquent, pour que de la position ABCD, le wagon parvienne à la position
EFGH, éloignée d'un mètre de la première, que
les roues A, C, avant de se placer en E G, aient
glissé en travers des rails d'une quantité égale à
CH (la quantité AF représentant le glissement dans
le sens de la longueur du rail que nous avons précédemment déterminée), les roues B D, pour venir
en E et en H, doivent avoir glissé également en
sens contraire sur les rails, d'une quantité aussi
égale à C H.

Cette ligne C H n'étant autre chose que le sinus
verse d'un arc égal à C D, dont le rayon est de 500
mètres, nous aurons :

$$\mathrm{C\,H} = \frac{\mathrm{CD}^2}{2\ ray.} = \frac{1}{1000} = 0,001,$$

et comme le quart du poids du wagon, soit 1,150 kil.
porte sur chacune des roues, le frottement du fer
sur lui même étant estimé, comme ci-dessus, $\frac{1}{20}$ de
son poids, on aura pour l'expression du frottement :

$$\frac{1150 \times 4}{20} = 230^{\text{kil.}}$$

Ou, en multipliant par 0.001, puisque le frottement n'a lieu que pendant un millième de la marche,
$$230 \times 0,001 = 0^{kil.},230,$$
pour le frottement total, soit
$$\frac{230}{4600} = 0,00005$$
du poids transporté, quantité qui, comme la précédente, varie en raison inverse du rayon des courbes.

On serait parvenu au même résultat en observant que les deux frottements que nous avons considérés dans le sens A F, et dans le sens C H, en long et en travers du rail, reviennent à une révolution entière que les deux roues A, B, auraient faites pendant qu'elles auraient parcouru la circonférence entière, dont le rayon est de 500 mètres, sur une plaque de fer autour des centres C, D ; et a un tour entier des roues A, B, C, D, autour de leurs axes. On voit, en effet, que la première partie du frottement équivaut à
$$\frac{2 \times 1150 \times 2 \text{ BD} \times \varpi}{20 \times 4600 \times 1000 \times \varpi} = 0,000075$$
et la seconde à
$$\frac{4 \times 1150 \times \text{AB} \times \varpi}{20 \times 4600 \times 1000 \times \varpi} = 0,00005.$$

II. De la résistance due au frottement vertical des rebords des roues contre les rails dans les courbes.

Le glissement en travers des rails détermine né-

cessairement un frottement latéral des roues contre
les rails en E et en D (pl. 3 , fig. 15); car le wagon
tendant, en vertu de son mouvement, à avancer
dans la direction B T, et trouvant en A un obstacle,
tandis qu'il peut avancer librement en C, se porte
sur les points A et D, ce qui produit un excès de
résistance.

On peut assimiler ce frottement à l'effet qui serait nécessaire pour faire vaincre au wagon la résistance que lui offrirait une rampe mesurée par le
sinus verse de l'arc parcouru, et qui, d'après le calcul que nous venons d'établir, serait de 0,001. Cet
effet ayant lieu sur deux roues chargées chacune de
1,150 kil., représente 2,300 kil. Il tend à renverser
le rail extérieur et le rail intérieur hors de la voie,
avec une intensité d'action égale à un millième du
poids que porte chaque roue, soit à $1^{\text{kil.}},15$ par roue;
et s'ajoute, pour la courbe extérieure, à l'effet bien
plus considérable de la gravité, dont nous allons avoir
à nous occuper. Le frottement qui en résulte contre
le bord du rail étant regardé comme un glissement,
l'expression de la résistance qu'il produit deviendrait

$$\frac{2 \times 1150}{20 \times 4600 \times 1000} = 0,000025.$$

Le mécanisme du calcul dont nous nous sommes
servi pour déterminer la valeur des diverses quantités qui tendent à s'opposer à la marche des wagons
sur les courbes, en augmentant leur résistance, nous

fait voir que ces diverses résistances sont d'autant plus grandes que la voie est plus large et que les essieux sont plus éloignés les uns des autres. En effet, à mesure que AC deviendra plus grand, la différence entre FB et HD augmentera dans la même proportion. D'autre part, en augmentant CD, la longueur du sinus-verse C H ne sera plus dans le même rapport avec CD; ce rapport croîtra, pour de petits espaces tels qu'on doit les considérer ici, comme les carrés de CD.

Ceci explique pourquoi l'on est obligé de renoncer aux avantages que l'on trouverait à augmenter la largeur de la voie et la distance entre les essieux; car il y a nécessité de se tenir dans des limites telles que l'on puisse pratiquer les courbes sans y rencontrer un trop grand excès de résistance; et il faut d'ailleurs se réserver la possibilité de passer d'une voie dans une autre en employant sur de très-courts espaces des courbes d'un rayon extrêmement faible, ce qui deviendrait tout à fait impraticable si l'on donnait trop d'écartement aux rails et aux essieux.

III. Du frottement des rebords des roues sur les rails des courbes, dans le sens horizontal.

Ainsi que nous l'avons dit, un corps qui se meut suivant une loi quelconque dans une courbe où il est retenu par un obstacle, affecte constamment de se diriger dans une ligne droite tangente à la courbe, aussitôt que l'obstacle qui l'y retient cesserait d'agir. Lorsque la vitesse de ce corps ainsi que sa masse sont connues, on peut déterminer l'effort qu'il exercera en sens horizontal contre la partie concave du rail extérieur, pourvu que le rayon de la courbe soit donné.

Soit donc AB (pl. 4, fig. 16) le plan horizontal des rails, perpendiculaire à la direction dans laquelle la gravité x exerce son action ; et A C un plan vertical et perpendiculaire à la direction y de la force avec laquelle le rail A résiste aux roues des wagons, pour les maintenir dans une courbe MN qu'ils sont assujettis à décrire. L'effort que fait un wagon ou tout autre corps en mouvement dans une courbe, ainsi que la force nécessaire pour l'y maintenir, se mesurent par la longueur du sinus-verse de l'arc parcouru dans un temps donné. En effet, un corps partant de A et dirigé en S, mais retenu par la courbe AV, exercera en V, contre cette courbe, un effort d'autant plus grand que la longueur S V sera plus grande. Cette longueur sera donc la mesure de la résistance que doit opposer le rail à la déviation du wagon.

Cela posé, et le poids du wagon étant de 4,600 kil., sa vitesse de 15 mètres par seconde, et le rayon de la courbe AV de 1,000 mètres, nous déterminerons la valeur de SV en observant quelle est le sinus verse de l'arc AV.

$$SV = \frac{AV^2}{2.\,ray.} = \frac{225}{2000} = 0,1125.$$

Pour comparer cette valeur avec l'effet de la gravité à la surface de la terre, nous remarquerons que lorsqu'un corps est abandonné à lui-même, sans être retenu par aucun obstacle et que rien ne s'oppose à sa chute, l'attraction de la terre lui fait parcourir un espace de 5 mètres environ dans la première seconde de son mouvement. Il s'ensuit donc que la véritable mesure de la gravité serait représentée par la vitesse que devrait avoir la terre, pour qu'en décrivant un arc AS dans une seconde de temps, le sinus verse SV de l'arc parcouru fût égal à 5 mètres ; ou, en d'autres termes, que si la terre était pourvue de cette vitesse, les corps qui sont placés à sa surface éprouveraient une tendance à s'éloigner de son centre, avec une intensité d'action suffisante pour lui faire parcourir 5 mètres par seconde ; ce qui anéantirait la gravité et rendrait les corps indifférents à occuper toutes les positions verticales dans lesquelles on pourrait les placer.

Cette vitesse ou AS serait exprimée par

$$AS^2 = 5 \times 13,730,000 \ , \ AS = 7,980^{m.}$$

ou 17 fois environ la vitesse actuelle de la terre, qui est de 463 mètres par seconde.

Pour que l'effort que feront les wagons pour s'échapper des rails, et la pression qu'ils exerceront contre eux fussent égaux à la gravité, il faudrait donc que la vitesse dont ils seraient pourvus fût

suffisante pour leur faire parcourir, dans une seconde, un espace tel que SV fut égal à 5 mètres; ce
qui donne, en supposant une courbe de 1,000 mètres de rayon,

$$AS^2 = 5 \times 2000 \quad . \quad AS = 100^m,$$

c'est-à-dire une vitesse de cent mètres par seconde.

Partant de là, nous pouvons connaître l'effort des
wagons pour renverser les rails en déterminant SV
lorsque la vitesse et le rayon des courbes seront
connus.

Qu'il soit question d'abord de déterminer l'effort
SV sur une courbe de 1,000 mètres de rayon, et
une vitesse de 30 mètres qui a été quelquefois atteinte sur le chemin de Manchester; nous aurons :

$$SV = \frac{30 \times 30}{2000} = 0,45,$$

soit $\frac{0,45}{5} = 0,09$ du poids total;

par conséquent, une machine du poids de 9,000 kil.
exercerait, pour renverser les rails, un effort représenté par

$$9,000^{kil.} \times 0,09 = 810^{kil.}.$$

Il est bon d'observer toutefois que le temps pendant lequel le rail doit soutenir cet effort diminue
à mesure que la vitesse augmente; c'est un effort passager, qui n'a pas le temps de produire son entier
effet. Ainsi l'on sait qu'en frappant un grand coup de
marteau sur une enclume on ne la fait pas bouger de
place, tandis que si l'on employait, d'une manière

continue, la même force à la pousser dans le même sens, on la dérangerait de sa position. L'effort des machines et des wagons, mus avec de grandes vitesses sur les chemins de fer, peut donc être assimilé à des chocs répétés qui tendent à détruire les rails en attaquant leur organisation intérieure plutôt qu'à les déranger de leur position ; et c'est aussi ce que j'ai toujours cru reconnaître. Le fer des rails qui avaient servi longtemps sur les chemins de Darlington, de Manchester ou de Saint-Etienne, m'a toujours paru avoir éprouvé une espèce de désorganisation, comme s'il avait été frappé longtemps sur une enclume. Une partie de ces rails se couvre de petites écailles minces qui s'enlèvent successivement ; et l'autre partie, bien plus considérable, se désagrège en filets, de manière à présenter l'aspect du chanvre.

La vitesse ordinaire du chemin de fer de Manchester étant de 15 mètres par seconde, l'effort que les convois exercent dans le sens horizontal, comparé à la gravité, devient

$$\frac{15 \times 15}{5 \times 2000} = 0,0225,$$

et celui d'un wagon du poids de 4,600 kil. , pour renverser les rails

$$0,0225 \times 4600 = 103^{kil},50.$$

Sur le chemin de Saint-Etienne, avec des vitesses de 6 mètres et des courbes de 500 mètres de rayon, on aurait pour la première valeur

$$\frac{6 \times 6}{5 \times 1000} = 0,0072,$$

et pour le frottement des wagons du poids de 4,600 kil.

$$0,0072 \times 4600 = 33^{kil.},12.$$

On peut regarder cette pression comme la mesure du frottement que les rebords des roues des wagons exercent latéralement contre les rails. Toutefois le mouvement, et par conséquent le frottement, au lieu de s'exercer dans un seul sens, se réalise par une suite de glissements sur une série de petits segments de courbes épicycloïdales ; ce qui, en dernière analyse, revient au même que si les surfaces avaient glissé les unes sur les autres, en suivant une ligne droite ou une courbe continue. Le frottement étant égal à $\frac{1}{20}$ du poids, nous aurons pour la mesure du frottement sur le chemin de fer de Saint-Etienne

$$\frac{6 \times 6}{5 \times 1,000} \times \frac{1}{20} = 0,00036 \text{ du poids total;}$$

En récapitulant ces diverses quantités, pour apprécier la résistance totale, nous trouverons :

1º Pour le chemin de Saint-Etienne, sur des courbes de 500 mètres de rayon et avec des vitesses de 6 mètres :

1. Pour la différence de développement des courbes intérieures et extérieures et le glissement en long des rails (page 213). **0,000075**

2. Pour le glissement en travers (page 215) . **0,000050**

3. Pour le frottement contre les rails intérieurs et extérieurs (page 216). **0,000025**

4. Pour la résistance due à la décomposition de
la gravité dans le sens horizontal (page 222). . . 0,000360

Total. 0,000510

2° Pour le chemin de Manchester, sur des courbes de 1,500 mètres et avec des vitesses de 15 mètres :

1. Pour le glissement des roues sur les rails, dans le sens de leur longueur . . . . . . 0,000075 $\times \frac{1}{3}$ 0.0000250

2. Pour le glissement en travers. 0,000050 $\times \frac{1}{3}$ 0,0000166

3. Pour le frottement contre les rails intérieurs et extérieurs . . . . 0,000025 $\times \frac{1}{3}$ 0,0000083

4. Pour la résistance due à la décomposition de la gravité dans le sens horiz. 0,000360 $\times \frac{225}{36} \times \frac{1}{3}$ 0,0007500

Total. . . 0,0007990

Il faudrait plus d'expériences qu'on n'en a fait jusqu'ici pour s'assurer jusqu'à quel point ces calculs réprésentent les faits. Il est une foule de données qui manquent pour apprécier les circonstances particulières à chacun de ces cas. On ne sait pas, par exemple, si le frottement des roues sur les rails suit une loi indépendante des grandes vitesses, et si les petits espaces qu'elle leur fait franchir à chaque instant ne le diminuent pa d'une manière sensible. La manière d'agir de ce frottement se modifie très-probablement encore par l'emploi de roues trempées et parfaitement polies, et suivant qu'elles glisseraient sur des rails secs ou humides. On ne sait pas enfin comment se comportent les roues contre les supports intérieurs des wagons contre lesquels elles frottent dans leur manche, ni quelles sont la nature et l'intensité de ce frottement.

Les expériences pour constater l'excès de résistance que le mouvement des wagons éprouve sur les courbes, comparativement à celle qu'il rencontre sur les lignes droites, dans les grandes vitesses, présentent beaucoup de difficultés, et il en a été fait très-peu que je sache. Je trouve un seul fait cité sur ce sujet, par le major Poussin [1]; mais il ne donne ni les détails des essais qui ont servi à l'établir, ni la vitesse à laquelle se rapportent les expériences; il omet même de dire si les rails de la courbe extérieure avaient une sur-élévation sur ceux de la courbe intérieure, circonstance qui, comme nous le verrons bientôt, est de nature à atténuer une grande partie de l'excès de frottement que les convois éprouvent en parcourant les courbes.

Le major Poussin estime que l'excès de résistance sur une courbe de 122 mètres, parcourue avec une *vélocité modérée,* exige un effort de moitié en sus de celui qui est nécessaire pour parcourir une ligne droite. En supposant que la vitesse soit de 5 mètres par seconde, un peu supérieure à celle de 13 kilomètres à l'heure, dont il parle auparavant, nous aurons pour les diverses quantités qui se rapportent à l'excès de frottement dans le cas particulier :

[1] Major Poussin, p. 199

1° Pour la différence de développement des rails et le glissement en long, ci. . $0,000075 \times \frac{500}{122}$ . . . . $0,000307$

2° Pour le glissement en travers. . . . . . . $0,00005 \times \frac{500}{122}$ . . . . $0,000205$

3° Pour le frottement contre le rail intérieur et extérieur, ci. . . . . . $0,000025 \times \frac{500}{122}$ . . . . $0,000102$

4° Pour la résistance due à la décomposition de la gravité dans le sens horizontal. $0,000360 \times \frac{500}{122} \times \frac{25}{36}$ . . $0,001020$

$$\overline{ 0,001634}$$

Ne connaissant pas la mesure du frottement sur le chemin de fer cité par le major Poussin, il ne m'est pas possible d'apprécier la différence entre ce qu'indique le calcul et ce qui ressort des expériences; je suis loin, d'ailleurs, de donner ces résultats comme propres à représenter exactement les faits. Ces méthodes, ou d'autres semblables, peuvent tout au plus montrer par quelles lois se règle l'action des corps les uns sur les autres; mais, dans aucun cas, on ne peut espérer de s'en servir pour les prévoir *à priori*, si l'on n'a, pour terme de comparaison, des observations faites dans des circonstances absolument semblables. C'est donc par l'étude minutieuse de tous les détails qui peuvent modifier ces différents effets qu'il faut procéder à la solution de ces diverses questions; on pourra alors faire quelque fonds sur les calculs par lesquels on cherche à les éclairer, et qui, comme on le voit, n'exigent pas une bien grande connaissance des sciences mathématiques.

La principale cause de l'excès de frottement que les wagons éprouvent en parcourant les courbes est due à la gravitation artificielle, qui détermine dans le wagon une tendance à être rejeté horizontalement hors de la voie. On pourra donc, en combinant cette force avec celle de la gravité, déterminer une résultante dans laquelle chacune de ces deux qnantités entrera pour sa valeur; et si l'on dispose les rails du chemin de fer dans un plan perpendiculaire à cette résultante, on paralysera complétement l'effet du frottement latéral du rebord des roues contre les rails, ainsi que la tendance du wagon à sortir de la voie.

Soit donc AB (pl. 4, fig. 16) une ligne horizontale représentant la coupe en travers du chemin de fer. Lorsque les roues d'un wagon se trouveront placées en A et B, son centre de gravité passera par DP en supposant DP perpendiculaire à AS, et le wagon, s'il est mu dans une direction AS perpendiculaire à AB, persistera à conserver une position qui serait parallèle au plan vertical engendré par une suite de lignes DP, lesquelles représenteraient les positions que le wagon prend dans sa marche.

Mais si le wagon est dévié de la route rectiligne par une courbe AM de 500 mètres de rayon, sur laquelle la gravité, décomposée dans le sens TY, exerce, comme nous l'avons vu, pag. 222, un effort de 33$^{kil.}$,12, pour une vitesse de 6 mètres par seconde, soit 0,0072, il est visible que la résultante de ces deux forces ne passera ni par DP, ni par TY, mais par une ligne DR, dont la position devra satisfaire à ces deux conditions.

Or, on sait que la résultante DR est la diagonale du parallélogramme des forces DQRP, lorsque la longueur des côtés DP, DQ représente l'intensité des forces x, y; on construira donc DQRP en faisant DP=5 mètres pour représenter la gravité de la terre, et DQ = 0,0072, mesure de la force centrifuge des wagons dans le sens AD; on tirera la ligne DR diagonale à DPRQ; et sur son prolongement, on tirera la ligne CB perpendiculaire à TR, qui deviendra un véritable plan horizontal pour les wagons : la gravité pour eux ne se dirigera plus vers le centre de la terre tant qu'ils conserveront la même vitesse, mais bien suivant une ligne DR, dont la position s'écartera de DP en raison du carré de cette vitesse, et qui devra par conséquent être compensée par un excès de relèvement du rail A.

Ce relèvement du rail extérieur revient donc à le remonter d'une quantité AC égale à 0,0072 de AB, soit $0,0072 \times 1,50 = 0^m,0108$ sur le chemin de fer de Saint-Etienne, avec une vitesse de 6 mètres; et $0,225 \times 1,50 = 0,0337$ sur le chemin de Manchester, avec une vitesse de 15 mètres. C'est ce que l'on fait ordinairement; mais il faut que le terrain soit

assez bien assis, et les rails assez solidement établis,
pour que les tassements, lorsque le chemin de fer
est pratiqué par de lourds fardeaux, ne se confondent pas avec cette différence, ainsi que cela est
arrivé pendant les trois premières années de la mise
en activité du chemin de fer de Saint-Etienne.

Pour prévenir les inconvénients qui résultent du
parallélisme des essieux dans les courbes, on donne
quelquefois à la jante des roues une forme légèrement conique. Par ce moyen, la gravité, rejetant
le wagon sur la courbe extérieure, le fait rouler
sur une partie dont le rayon est d'autant plus grand
qu'elle est plus rapprochée du bord intérieur de la
roue. On doit alors donner au rail A une surélévation moindre que celle qui est indiquée par le calcul,
afin qu'une partie de la force centrifuge qui tend à
rejeter le wagon de B en A, jointe à la différence
de développement des deux roues dans la partie de
la jante qui porte sur les rails, maintienne le wagon
sur les rails, tout en évitant le frottement du men-
tonnet.

Le calcul peut indiquer exactement quelles sont
les quantités qui satisferaient à ces diverses conditions pour des vitesses et des rayons de courbure
donnés. Mais cette exactitude ne peut guère être
atteinte dans la pratique, et tous ces moyens ne
sont que des palliatifs fort imparfaits pour suppléer
à l'absence des grands développements des courbes.
Je ne m'étendrai donc pas plus longuement sur ce

sujet, et me bornerai à renvoyer, pour plus de détails, à l'ouvrage de M. de Pambour[1], où l'on trouvera cette question traitée analytiquement avec toute la clarté désirable.

Lorsque l'on donne aux rails une surélévation pour contre-balancer l'effet de la force centrifuge, il faut avoir soin de conserver à l'une des branches le nivellement de la ligne, afin que les employés puissent rattacher leurs opérations à une direction invariable, représentant celle du profil en long. Cette précaution est très-importante pour faciliter postérieurement l'entretien de la voie ; elle offre un moyen de rectifier promptement les erreurs des cantonniers, qui, dans les commencements de la mise en activité, et tant qu'ils n'ont pas acquis une grande habitude de leur travail, contribuent à augmenter les déformations opérées par les tassements, en élevant ou abaissant inconsidérément l'un des rails. On doit aussi veiller attentivement à ce que le plat des rails soit bien exactement dans la direction de la ligne CB, et non dans celle de AB ; car la moindre erreur dans leur inclinaison détermine les machines et les convois à porter sur leurs bords, et en entraîne promptement la destruction.

IV. De quelques causes accidentelles de résistance.

Il est encore un grand nombre d'autres causes

[1] G. de Pambour, p. 326.

accidentelles qui déterminent une augmentation de résistance à la marche des convois, et sur lesquelles je crois devoir présenter quelques courtes observations. Les principales sont :

1° La résistance du vent debout ou en travers.

2° Le manque de parallélisme dans les roues des wagons.

3° Un assemblage imparfait des madriers qui forment le cadre des wagons, en sorte que les quatre collets, au lieu d'occuper les quatre coins d'un parallélogramme rectangle, se trouvent aux angles d'un parallélogramme obliquangle.

4° L'inégalité du diamètre des roues.

5° Un assemblage imparfait des roues sur les essieux, de telle sorte que l'essieu n'est pas perpendiculaire à leur plan.

6° Un mauvais centrage, qui fait que certaines parties de la jante sont plus près du centre les unes que les autres.

7° Un mauvais accouplage des wagons, par suite duquel le tirage ne se fait pas dans la ligne du centre de gravité.

8° Les changements de voie.

9° Les secousses occasionnées par la jonction des rails.

10° Le roulis que prennent les convois.

11° L'imperfection du graissage.

On sera peut-être étonné de me voir iusister sur des détails dont la plupart paraîtront du ressort des ouvriers qui sont chargés de construire ou d'entretenir le matériel. Mais il faut considérer qu'un chemin de fer est une machine de précision sortant tout à fait de la ligne des moyens grossiers, qui suffisent pour constituer de très-bonnes voitures ordinaires ; et puisque l'on ne doit pas négliger les précautions les plus minutieuses pour prévenir des inconvénients qui n'influent souvent que pour quelques fractions de millièmes dans l'expression du frottement, il ne serait pas raisonnable de refuser son attention à des causes qui peuvent exercer un effet beaucoup plus considérable sur l'ensemble de la résistance, et devenir la source de graves accidents.

I. Lorsque le vent est debout ou arrière au convoi, il ne peut exercer une bien grande action pour retarder ou accélérer la marche ; car cette action n'a lieu que sur quelques mètres, représentant la plus grande section de la machine. Cependant, comme les résistances croissent en raison du carré des vitesses, lorsque la direction du vent se trouve en sens opposé de la marche de la machine, les deux effets, en s'ajoutant, peuvent donner à cette résistance une grande valeur.

Prenons pour exemple un convoi marchant avec une vitesse de 20 mètres, dans une direction opposée à celle du vent, pourvu d'une vitesse de 30 mètres. Si la section de la machine est de 3 mètres, la résistance opposée par l'air à la marche du convoi sera égale à la pression exercée par une colonne d'air qui aurait 3 mètres pour base, et pour hauteur celle qui répond à une vitesse de 50 mètres, représentés par l'équation

$$(7). \quad 10r = v^2. \quad r = \frac{50 \times 50}{10} \times 3 = 750^{kil.},$$

c'est-à-dire à peu près toute la force de la [machine. Mais ces vitesses du vent sont rares, et les machines ne sont pas encore assujetties à parcourir d'une manière permanente les chemins de fer avec la rapidité sur laquelle nous avons calculé, en sorte que cet inconvénient peut encore être regardé comme un accident passager et de peu d'importance.

La résistance du vent en travers a pour résultat de jeter le convoi contre le rang de rails opposé à sa direction, effet qui peut être apprécié d'une manière approximative comme le précédent. Supposons un convoi de dix voitures de voyageurs, présentant chacune une surface de 6 mètres carrés dans le sens de la longueur des rails, et, par conséquent, en tout une surface de 60 mètres. Si la vitesse du vent est de 20 mètres, l'effort qu'il exercera sera exprimé par

$$(7). \quad 10r = v^2. \quad r = \frac{20 \times 20}{10} \times 60 = 2400^{kil.}.$$

Comme nous avons supposé le frottement $\frac{1}{20}$ de la pression, la résistance à la marche sera de 120 kil.

II. Le manque de parallélisme dans les essieux des wagons oppose à leur marche des inconvénients analogues à ceux qu'ils éprouvent lorsqu'ils

parcourent des courbes. Or, puisqu'une différence
de 0,003 entre les développements des rails extérieurs et intérieurs produit une résistance appréciable, et que si les ouvriers donnaient aux supports
ou coussinets des roues A, B (pl. 3, fig. 15) un
écartement de $0^m,003$ plus grand que celui des
roues C, D, il en résulterait un excès égal de résistance, la résistance que présentent les courbes sera
donc doublée par cette légère imperfection de détail,
toutes les fois que les roues les plus écartées porteront sur le rail intérieur.

III. Lorsqu'un accident, un vice de construction,
un manque de soins dans la réparation, font varier
la position des madriers AB, CD (fig. 3, p. 15), qui
composent le cadre du wagon, et que la diagonale AD n'est plus égale à CB, le wagon exerce sur
les collets A et D ou C et B, suivant qu'il est déformé,
une pression qui le rejette sur les rails, et y occasionne un excès de frottement. Cela n'arrive guère
aux voitures destinées au transport des voyageurs ;
mais sur des chemins de fer qui sont encombrés par
les transports, on se laisse souvent aller à employer
des wagons réparés provisoirement, et remis par
abus sur la ligne. Si l'on considérait tout ce qui
peut résulter de ce service, en excès de résistance
ou en probabilité d'accidents, on y mettrait sans nul
doute plus de prudence, et l'on ne ferait parcourir le chemin que par des wagons en parfait état.

IV. L'inégalité du diamètre des roues, en chan-

geant aussi les relations de développement des jantes sur les rails, produit un effet analogue à celui
qui résulte du manque de parallélisme dans les essieux. Il est assez difficile d'obtenir des fondeurs que
les roues soient d'un diamètre parfaitement égal. Le
retrait de la fonte n'est pas toujours bien régulier :
la moindre différence de diamètre des coquilles dans
lesquelles on fond les roues pour donner la trempe
à la partie extérieure de la jante, en occasionne de
pareilles dans les roues. Si ces erreurs, légères en
elles-mêmes, au lieu de se compenser, s'ajoutent les
unes aux autres, et se compliquent encore de quelques autres différences, il peut s'ensuivre une très-
notable augmentation dans la résistance.

V. Les roues doivent être établies sur l'essieu de
manière à ce qu'il soit parfaitement perpendiculaire
à la jante. Il suffit de quelques soins pour obtenir
cette condition, et l'on s'assure facilement qu'elle
est atteinte, en faisant tourner l'essieu dans ses collets
sur un tour destiné spécialement à cette épreuve.
Mais dans les chocs et dans les accidents il arrive
très-souvent que les essieux plient et se faussent,
ce qui détruit le parallélisme des roues ; il en résulte
alors que la partie la plus large de la roue, lorsqu'elle
passe sur le rail, exerce sur lui un grand frottement
et même une espèce de choc qui fait monter le boudin sur le rail, tandis que la partie opposée se jette
en dedans du rail et peut même entraîner la chute
du wagon hors de la voie. Aussi, quand les essieux

d'un wagon ont éprouvé quelque dérangement, ils doivent être sur-le-champ ou réparés ou réformés.

VI. Le défaut de centrage des roues cause au wagon une secousse qui tend à le désorganiser. Mais c'est de tous les inconvénients que je connaisse, l'un des plus rares et des plus faciles à prévenir. Les roues, dans l'assemblage le plus ordinaire, se percent sur un tour ; elles sont, à cet effet, placées dans un mandrin bien centré sur le chariot qui porte l'alisoir, et ensuite emmanchées sur les essieux avec un mouton ; s'il y a quelque possibilité d'erreur, ce n'est qu'en recalant de vieilles roues dont l'essieu aurait pris depuis longtemps du jeu dans le moyeu. Alors, cet intervalle étant rempli par une seule calle peut ramener la roue de ce côté. De telles réparations sont toujours imparfaites, de peu de durée, et quand une roue est trop gaie dans son essieu, ce qu'il y a de mieux à faire c'est de la remplacer.

VII. L'accouplage des wagons influe singulièrement sur le tirage. Il n'est guère possible, on le comprend bien, que la traction ait toujours lieu dans une direction qui passe par le centre de gravité du wagon ; et cependant cette condition est absolument nécessaire pour que les wagons, dans leur marche, ne soient pas rejetés obliquement sur les rails. Il y a donc d'autant plus de raisons d'apporter de grands soins à organiser l'accouplage, qu'il est plus difficile de l'obtenir parfait. On a essayé pour y parvenir plusieurs modes dont aucun jusqu'ici n'a pu remplir complétement le but. Le premier qui ait été essayé consistait à placer dans le milieu du wagon une barre de fer rigide, qui, au moyen d'une clavette, se liait par sa partie inférieure à la partie antérieure de la barre du wagon suivant. Mais cet assemblage présentait une telle roideur, que le convoi ne formait plus alors qu'une seule masse, et qu'il n'était plus possible aux machines et aux hommes de vaincre son inertie et de le mettre en mouvement. D'autre part, il suffisait que la marche des wagons se trouvât entravée par un obstacle quelconque, même avec de faibles vitesses, pour que les barres d'accouplage des premiers fussent faussées, brisées ou arrachées. Enfin, on était obligé d'ajouter à ces barres des chaînes attachées avec des crochets à l'extrémité des sablières, ou pièces principales du cadre des wagons, pour parer aux acidents qui, dans les pentes rapides, auraient été la suite de l'échappement d'une clavette, ce qui aurait occasionné la descente précipitée des wagons le long des plans inclinés. L'accouplage par des barres rigides fut donc abandonné, et l'on se contenta, sur plusieurs chemins de fer, de deux chaînes en fer fixées solidement par un anneau et par un crochet aux extrémités respectives des sablières.

Ce moyen est fort imparfait encore ; car, dans les courbes, les wagons tirés forcément par un seul de leurs angles, sont rejetés en travers de la voie. Il est d'ailleurs presque impossible que les accouplages soient assez exactement égaux pour que, même dans les droites, le tirage porte également sur les deux côtés.

Tant qu'on n'évitera pas de laisser du jeu entre les wagons, il s'ensuivra des secousses qui auront pour effet de détériorer le matériel et de fatiguer les voyageurs. Sur le chemin de Manchester, et en général sur ceux qui sont destinés au transport des voyageurs, on est parvenu à amortir ce contre-coup en accouplant les voitures par l'intermédiaire de forts ressorts en acier, et en plaçant à l'extrémité des sablières des bourrelets en cuir garnis de fer et rembourrés en crin. Mais ce moyen n'est pas assez simple, il est trop coûteux, et son application à un mouvement considérable demande trop de soins et de précautions. Il est donc à désirer qu'on puisse en en trouver un plus économique et moins compliqué.

VIII. Les changements de voie occasionnent aussi un accroissement de résistance ; mais comme cet effet est borné à des passages très-courts et généralement assez rares, il n'en résulte pas de bien graves inconvénients pour le service général. Cependant les pièces de fer qui remplacent les rails, représentant, sur ces points, une portion de courbe d'un faible rayon; si leur assemblage n'est pas très-solide, et si les diverses lignes de croisement n'ont pas été parfaitement étudiées, il peut s'ensuivre de fréquents accidents.

Lorsque l'on passe d'une voie dans une autre, on doit donner le plus de longueur qu'il est possible aux branches additionnelles DF, AC (pl. 4, fig. 17), afin que les courbes ou plutôt les angles GAC, HDF, par où doivent passer les wagons soient aussi adoucis que possible. Il est très-essentiel de bien calculer la position de ces coupures ou *turnhout*, et de s'arranger de manière à ce que le mouvement en descente sur les pentes rapides, c'est-à-dire celui qui fatigue le plus la voie, ait lieu sur des courbes les moins resserrées possible.

En supposant que la longueur AC soit de 40 mètres, si les parties GAB, ICB sont accolées à des droites, elles représenteront une courbe dont le rayon sera toujours inférieur à

$$\frac{20 \times 20}{2 \times 1,50} = 133^{m}.$$

Si le turnhout est placé sur une courbe, ce rayon devra s'ajouter à celui de la courbe ou en être diminué, et les passages de ces points offriront la résistance, et présenteront tous les inconvénients relatifs à la rapidité de leur courbure. La fatigue que le passage des wagons fait éprouver à ces points exige qu'ils soient établis avec toutes sortes de soins et de précautions ; parce que le moindre dérangement dans les nombreuses pièces qui forment un turnhout complet devient une cause d'accidents.

La courbe des *cœurs* ou pièces placées en B et E, servant à traverser les rails, doit aussi être pafaitement étudiée, ainsi que la disposition des entrées et des sorties. Dans un chemin de fer très-accidenté, où les courbes sont très-répétées et souvent accolées les unes aux autres, il faut toujours avoir un grand nombre de modèles bien calculés qui servent, soit à fondre les pièces, si elles doivent être en fer coulé, soit à courber les rails ou les pièces de fer qui sont destinés à former ces voies additionnelles.

IX. Une autre cause d'augmentation de résistance réside dans l'inégalité de hauteur des rails aux endroits où ils sont réunis bout à bout, ou dans leur mauvais assemblage sur les chairs. On s'aperçoit de ce défaut à une secousse que les wagons éprouvent périodiquement et à des intervalles répondant au temps que la machine met à parcourir un rail. On n'est pas parvenu encore à faire disparaître entièrement cet obstacle. Le fer, au bout du rail est ordinairement plus pailleux et moins sain que dans le milieu ; quelque légère que soit la différence de hauteur entre les deux extrémités adjacentes, il en résulte un choc et une détérioration d'autant plus rapide, que l'effet réagit sur la cause pour creuser davantage la partie déjà trop basse.

En outre, les rails sont encore sujets à se dépasser par les bouts dans le sens latéral ; et lorsque cette saillie est assez avancée dans l'intérieur de la voie

pour servir d'appui au rebord des roues et les faire
monter sur le plat des rails , si elle se présente en
face du côté par lequel arrive le convoi, elle peut
occasionner la sortie des wagons hors de la voie. Il
est rare que les rails, en sortant du laminoir, soient
parfaitement dressés ; et il suffirait qu'ils fussent un
peu gauches pour produire un tel accident, si les
cantonniers, au moment de la pose, n'avaient pas
soin de les ajuster les uns sur les autres, au moyen
de clefs ou griffes spécialement destinées à cette
opération.

De tout ceci, comme des précautions que demande
l'établissement du turnhout, ressort la nécessité de
consacrer une voie au mouvement d'allée et une autre à celui de retour. Cette mesure est d'autaut plus
essentielle, qu'en ne la prenant pas on ne peut pas
avoir la certitude d'éviter toujours la rencontre des
convois et des machines, ou tout autre accident qui
serait la suite d'un dérangement fortuit dans l'ordre
général établi. Il suffirait qu'on eût oublié d'en aver-
tir un seul des nombreux employés qui doivent en
être prévenus, ou qu'une autre occupation en eût
quelques instants détourné leur attention.

X. Les rails quelque solidement établis qu'ils soient,
et quelles que soient leurs dimensions , éprouvent
toujours un peu de déflexion au passage des machines et même des wagons. Cette déflexion des fractions de rails entre leurs supports est moindre dans
le milieu qu'aux extrémités, parce que les roues de

la machine et des wagons maintiennent les portions de rails serrées entre deux chairs consécutifs, comme une solive engagée par ses bouts, ce qui, comme on le sait, augmente beaucoup la résistance. Lorsque les joints des rails sont croisés, il en résulte un mouvement de balancement, semblable au roulis des navires, qui s'accumule dans la masse des voitures par l'intermédiaire des ressorts, et fatigue les voyageurs. Toutefois il n'est pas bien certain encore que cet effet soit dû à la cause que je lui assigne, et c'est une question qui demande à être mieux étudiée. La cause reconnue, on parviendra facilement, sans doute, à la paralyser, en combinant les masses et la position du centre de gravité de telle sorte que le mouvement périodique, toujours relatif à ces deux éléments, ne coïncide pas avec la vibration qui le produit. Cet effet est analogue à celui qu'éprouve une personne qui traverse une rivière sur une longue poutre ; le nombre de vibrations que peut faire la poutre dans un temps donné est invariablement fixé par ses dimensions. Si, en marchant dessus, on a soin de détruire à chaque instant, par un mouvement contraire, le mouvement qu'on lui a imprimé pendant l'instant précédent, l'amplitude de chaque oscillation ne dépassera jamais celle qui répond à l'impulsion qu'elle peut recevoir par suite d'une seule enjambée ; mais en accumulant à chaque pas le mouvement, les oscillations finiraient par acquérir une amplitude qui

16

permettrait difficilement à un homme de s'y tenir en équilibre.

Lorsque les convois sont animés d'une grande vitesse et qu'ils rencontrent un obstacle sur les rails, ou éprouvent un changement de direction par suite de quelque déflexion permanente, accidentelle, ou même causée par leur propre passage, ils parcourent des paraboles qui sont indiquées par la direction dans laquelle ils sont lancés, combinée avec la gravité ; et la pression qu'ils exercent sur les rails augmente ou diminue suivant qu'ils s'écartent ou se rapprochent de cette direction. Mais comme la surface supérieure des rails ne peut jamais être parfaitement en ligne droite, il s'ensuit que le frottement se trouve en partie remplacé par une suite presque non interrompue de petits chocs qui se succèdent les uns aux autres.

Supposons que la vitesse d'une machine soit portée à 15 mètres par seconde, et qu'en passant sur une portion de rail AB (pl. 4, fig. 18), elle l'ait fait fléchir de 2 millimètres. Soit cette portion de rail soutenue par deux coussinets espacés de $0^m,90$. Le wagon étant parvenu en X, à mesure qu'il s'approchera de B, le rail commencera à se relever, et le wagon parcourra XB avec une pente montante de 0,002 pour $0^m,45$, ou $\frac{1}{225}$. Arrivé en B, il continuera sa marche dans la direction Y en abandonnant le rail BX. Mais la gravité tendant à l'y ramener, il y retombera en un point dont on pourra déterminer la distance de B, en observant que, pour que cette condition soit remplie, il faut que pendant que le wagon a parcouru BT, la gravité lui ait fait parcourir VT égal à $\frac{1}{225}$ de BT. Nous aurons alors pour déterminer BT, en reprenant l'équation (1) du temps, $e = 5t^2$, et observant que la vitesse du convoi de B en T étant de 15 mètres par seconde, le wagon, en même temps qu'il parcourt BT, doit tomber de V en T:

$$BT = 15t \ , \ \frac{1}{225} BT = 5t^2,$$

substituant à la place de BT sa valeur $15t$, on a

$$\frac{15t}{225} = 5t^2, \quad t = \frac{1}{75} = 0{,}0133 \text{ de seconde.}$$

On voit en effet que dans $\frac{1}{75}$ de seconde, le wagon aura parcouru un espace BT de $\frac{15}{75} = 0^m{,}20$, et que l'espace VT, égal à $\frac{0{,}20}{225} = 0^m{,}000888$, exigera, pour être parcouru par le wagon, en vertu de la gravité. un temps exprimé par $e = 5t^2$; $0^m{,}000888 = 5t^2$; $t = 0{,}0133 = \frac{1}{75}$ de seconde.

Sa chute causera sur le rail une déflexion qui augmentera indéfiniment l'effet s'il y a isochronisme, c'est-à-dire si les chutes successives de la machine répondent à l'intervalle qui sépare les dés, soit à la longueur de chaque portion de rail supportée entre deux dés.

Cet effet peut aussi influer sur le mouvement de roulis des chemins de fer à grande vitesse.

Lorsque la machine, par sa chute au point T plus ou moins éloigné de B, a fait encore fléchir le rail BD d'une quantité égale à $0^m,002$, elle doit, en remontant la pente de T en D égale à $\frac{1}{225}$, exercer sur la partie T D du rail un excédant de pression relatif à sa vitesse. Pour calculer cette pression, nous observerons qu'une flèche de $0^m,002$ sur $0^m,90$ représente une courbe dont le rayon est exprimé par

$$ray = \frac{0,45^2}{0,002 \times 2} = 50 \text{ mètres.}$$

la vitesse étant de 15 mètres par seconde, il faudra à la machine pour parcourir la moitié de l'espace BD

$$\frac{0,45}{15} = 0''03 ;$$

mais la gravité aurait fait parcourir à un corps pendant ce temps, à la surface de la terre, un espace représenté par

$$(1). \ldots \quad e = 5\,t^2, \; e = 5\,(0'',03)^2 = 0^m,0045.$$

Et comme l'excès de résistance qui résulte du plan incliné formé par la demi-longueur du rail dont la flèche $= 0^m 002$, est mesuré par le rapport de ces deux quantités, le frottement et la résistance sur ce point auraient été augmentés de

$$\frac{0,002}{0,0045} = \frac{1}{2,25} = 0,444$$

de la résistance exercée par la machine sur une ligne horizontale[1].

---

[1] Voir, pour plus de développements, les *Leçons* de M. Minard *sur les chemins de fer*, 1834, p. 64.

XI. La dernière des causes que j'ai citées comme augmentant la résistance des wagons, est l'imperfection du graissage. C'est l'une des moins étudiées, et c'est une de celles que je regarde comme méritant de l'être davantage. Je ne veux pas seulment parler ici de la nature et de la qualité des diverses substances que l'on emploie au graissage ; j'entends surtout les cas où ce graissage ne se fait pas, soit par oubli de la part de l'ouvrier qui en est chargé, soit par suite d'un dérangement des boîtes ou autres machines destinées à contenir les corps gras, par l'état de la température qui durcit ou solidifie les huiles et les graisses, soit enfin par toute autre cause qui empêche ces substances de remplir l'objet pour lequel on les emploie. Lorsqu'elles cessent de s'introduire entre les essieux et les coussinets, et que la vitesse est un peu considérable, les essieux ne tardent pas à s'échauffer, les coussinets se dépolissent, les deux métaux se pénètrent réciproquement, et la résistance due au frottement augmente dans une très-forte proportion. Une seule roue, dans cet état, suffit pour arrêter complétement un convoi de vingt wagons descendant, par l'effet de la gravité, sur la pente de 0,006 du chemin de fer de Saint-Étienne entre Rive-de-Gier et Givors ; ce qui met, en très-peu de temps, hors de service les essieux et les coussinets soumis à un tel frottement.

On voit que l'ensemble des causes qui contribuent à augmenter la résistance des wagons tient à une multitude de considérations de détail, dont les unes dépendent de circonstances qui sont toujours les mêmes dans des conditions données, et dont les autres sont relatives à la surveillance exacte que l'on exerce pour qu'il ne soit apporté aucune négligence dans l'exécution du service. Il n'y aurait pas possibilité de faire usage d'une machine délicate et toute de précision, si elle était livrée aux habitudes grossières avec lesquelles sont dirigés la plupart des arts et professions ordinaires, et si l'on n'y mettait plus de précautions que n'en apportent, par exemple, les voituriers à se servir des véhicules que fabriquent nos charrons.

Pour obtenir des ouvriers ces soins soutenus, cette attention intelligente, il y a ordinairement nécessité de changer les mœurs et les habitudes de toute la population dont on est obligé de se servir. C'est donc à cette tâche difficile que doivent s'appliquer ceux qui apportent une industrie de ce genre dans des lieux où, auparavant, elle était inconnue. Il faut aussi que, les premiers, ils aient fait un apprentissage minutieux de toutes les parties du service, parce que c'est en veillant eux-mêmes à l'accomplissement rigoureux de tous les détails de l'exploitation, qu'ils pourront en assurer la prospérité.

CHAPITRE V.

———

I. Des déblais.

A l'adoption du tracé succède immédiatement l'exécution des travaux. On doit toujours s'occuper d'abord de l'ouverture des grandes tranchées dont l'achèvement pourrait occasionner du retard; il convient même d'employer, pour en hâter le déblaiement, tous les moyens dont on peut disposer; car si l'on compte l'intérêt des capitaux engagés, le montant des recettes probables, l'économie du temps, etc., on verra que les lenteurs qui reculent le moment où il eût été possible de mettre en activité le tout ou partie du chemin, causent bientôt des pertes considérables. Les depenses qui doivent être antérieures à l'exécution des travaux, forment quelquefois un capital fort élevé; l'intérêt de cette somme, reporté quotidiennement sur la masse des travaux, va toujours en croissant et en s'accumulant; et quand il s'agit de dépenser huit ou dix millions de francs avant de faire aucune recette, on voit que, sur la fin, il y a chaque jour perte réelle de 1,000 à 1,200 francs, sans compter l'absence des bénéfices.

Il est donc urgent de concentrer dans les chantiers où l'on a à faire de grands enlèvements de terres ou de rochers, toute l'activité possible. Dès l'instant où l'on a déblayé quelques mètres de terrain jusqu'au niveau de la ligne, on place provisoirement des rails sur des traverses en bois, et l'on y établit de petits chariots de la contenance d'un demi-mètre cube. Ces chariots sont d'abord manœuvrés à bras, jusqu'à ce que le chemin ait assez d'étendue pour permettre l'emploi des chevaux. Il est encore certains cas où il est bon d'établir provisoirement des voies détournées pour enlever les couches supérieures des terrains, et former les empâtements ou couches inférieures des remblais. Ce moyen peut être même mis à profit comme économie, lorsque le remblai se trouve en amont du déblai.

Qu'il soit question, par exemple, de faire en DB (pl. 4, fig. 19) au remblai de 30,000 mètres au moyen du deblai ED en aval de BD, auquel il doit être joint par une ligne ayant 0,003 de pente.

Pour activer le déblai, en y apportant toute l'économie que comporte la disposition des lieux, on commencera par diviser approximativement le déblai ED en deux parties OPQR, OEDP, proportionnelles à la facilité que présentera chaque moyen de déblaiement. On établira des voies provisoires KVCT qui viendront aboutir au niveau de l'assiette OP du déblai supérieur, et qui y pénétreront par de petites tranchées HUS, calculées de telle sorte que les pentes KVC ne présentent pas trop de difficulté à la remonte des wagons vides.

Le chantier qui attaquera en D, déblaiera DEO PQR et formera la partie du remblai DCTB; les chantiers K pénétreront dans la partie OSP, et la déblaieront pour former les premières couches du remblai CT, sur lesquelles on s'élèvera au fur et mesure jusqu'à ce que OSP soit entièrement déblayé.

Les remblais faits de cette manière sont moins sujets au tassement que lorsqu'on attaque les tranchées de front. Ce mode présente en outre l'avantage de former les premières couches avec les terres végétales, grasses et légères, qu'il est essentiel d'exclure de la voie, à cause de la facilité qu'elles ont à se délayer et à former de la boue. Cette nature de terrain compose toujours la partie supérieure du sol, tandis que les parties inférieures, plus dures, plus rocailleuses, ou même formées de roc vif, constituent une voie excellente, dans laquelle l'eau s'infiltre avec facilité.

Ces dispositions, comme on le conçoit très-bien, ne peuvent être prises que dans des localités où les propriétaires n'ont pas un grand intérêt à s'opposer à ce qu'on remue le sol en dehors de l'emplacement réservé au chemin. Au reste, d'aussi grands mouvements de terrain ont presque toujours lieu sur des points éloignés des habitations, et l'on peut alors disposer momentanément des passages provisoires, sans éprouver de trop fortes oppositions, et sans être entraîné dans de trop grands frais pour cause d'indemnités temporaires.

Lorsque la disposition des lieux s'oppose à l'emploi de ces moyens, il est nécessaire d'y suppléer par quelque autre qui atteigne le même but. Celui qui m'a paru le plus simple, et que j'ai souvent employé, consiste à placer les rails provisoires le long des talus de la tranchée, et à former ainsi des voies qui viennent toutes concourir à l'exécution du remblai. Mais il présente l'inconvénient de déterminer des pentes trop rapides, et de fatiguer les hommes ou les chevaux qui remontent les wagons vides. La voie, pour avoir un peu de stabilité, doit être maintenue contre le déblai par des pièces de bois qui supportent le bout des traverses. Ce mode d'opérer n'est pas cependant à l'abri de tout embarras. L'extrémité de la voie où se font les déchargements et où se trouvent les turnhouts et les embranchements pour le retour des wagons vides, est toujours trop encombrée pour ne pas opposer d'obstacles à l'ordre et à la célérité du service.

J'ai eu souvent l'idée, pour accélérer les grands déblais et apporter de l'économie dans les transports, de tendre, de la partie supérieure du déblai

à la partie inférieure du remblai, deux câbles parallèles, sur lesquels on ferait passer des poulies
portant des paniers en osier liés l'un à l'autre par
une corde légère. Cette corde passerait à la partie
supérieure du remblai dans la gorge d'une poulie
dont le diamètre serait égal à la distance qui sépare
les deux câbles, et servirait à faire remonter le
panier vide, en utilisant, à la descente, la force de
gravité du panier plein.

Un tel appareil serait un véritable *self acting*, et
il serait possible d'en faire varier la position sans
beaucoup de frais. Je me suis proposé plusieurs
fois d'en faire l'essai dans les travaux du chemin
de Saint-Étienne ; mais j'en ai toujours été empêché
par quelque circonstance.

Dans les chantiers où l'on craint d'être en retard,
le travail doit être organisé de manière à ce qu'il
ne soit jamais interrompu ; les ouvriers s'accoutument, au moyen d'un excédant de solde qui n'est
pas très-considérable, à braver l'intempérie des saisons ; et quand ils s'y sont mis, l'incommodité de
travailler de nuit ou à la pluie se classe et se paie
comme toute autre privation que l'on s'impose dans
la société pour subvenir à ses besoins.

La forme des wagons que l'on emploie pour les
déblais doit être appropriée spécialement à cet
usage, et combinée de façon à laisser aux hommes
le moins de travail possible. Ceux dont je me suis
servi pivotaient sur un axe placé en avant du centre

de gravité de la charge, ce qui permettait de les faire renverser facilement.

Quand la voie du chemin n'a qu'une faible largeur, 6 mètres, par exemple, et que le remblai à faire est considérable, il est bon de ne pas l'élever d'abord à toute sa hauteur, afin d'avoir plus d'espace et plus de facililé pour le déchargement.

L'usage enseignera pendant longtemps encore à perfectionner graduellement ces manœuvres; mais ceux qui voudront faire des améliorations dans cette partie, comme dans toute autre, ne doivent pas perdre de vue qu'un calcul exact de la force et de l'usage de toutes les pièces des machines nouvelles dont ils ont intention de se servir, sera le premier et le plus sûr garant de leur réussite.

Les remblais exécutés avec les wagons ont l'inconvénient de tasser beaucoup plus que ceux faits par les moyens anciennement usités; les grands remblais surtout, qui avancent lentement, exercent devant eux une poussée dont il faut se défier, quand il existe à leur pied des ponts, des ponceaux, des aqueducs, des murs en aile, ou d'autres travaux d'art contre lesquels ils viennent s'appuyer. Le manque de temps ne permet pas ordinairement de faire ces travaux assez à l'avance, pour qu'ils puissent se sécher et se consolider. Si l'on n'a pas le soin de faire transporter des terrains du côté opposé à celui par où arrive le remblai, de charger également le cerveau de la voûte des ponts et de bien faire tasser le tout, il est rare que les ponts et les aqueducs ne soient pas rejetés en avant dans le sens de la marche du remblai. On peut même dire qu'ils sont toujours plus ou moins déformés, quelques précautions que l'on prenne.

Le tassement graduel qui s'opère dans les remblais est encore sensible au bout 5 ou 6 ans; l'on est obligé, pendant tout ce temps, de relever la ligne partout où ils ont une grande élevation. Ces mouvements paraissent être assujettis à certaines conditions dépendantes de la manière dont les terres ont été versées sur l'avancée.

Le contenu de chaque wagon que l'on décharge étant formé d'une multitude de fragments de différentes dimensions, chacun d'eux, en se distribuant sur la couche déjà établie, s'y place dans un état d'équilibre qui, pour se maintenir, devra résister au mouvement des deblais versés postérieurement. Il en résulte un état de stabilité et d'homogénéité qui rend le tassement égal partout, mais plus considérable que si le remblai avait été fait d'une manière irrégulière. Aussi s'aperçoit-on que, dans les endroits où se joignent les remblais d'amont et d'aval, il existe toujours un point où la chaussée tasse beaucoup plus que partout ailleurs. Les talus s'affaissent, la chaussée s'élargit, et ces points sont bien plus difficilement entretenus en bon état. Il est donc essentiel, pour éviter ces inconvénients, de faire piloner et tasser le terrain aussitôt que les pieds des

remblais commencent à se joindre, et jusqu'à ce
qu'ils aient atteint la hauteur des rails.

Le tassement des grands remblais, pendant qu'on
les exécute, tend à faire avancer toute la masse de la
chaussée. Ce mouvement dérangeant les voies que
l'on établit provisoirement pour les transports, on
est forcé de les relever à chaque instant, et il s'ensuit de grandes pertes de temps. Quand cet effet
se produisait, quelques ouvriers stupides du chemin
de fer de Saint-Étienne, n'ayant nulle idée de ce
qu'on devait faire plus tard des rails, et s'en inquié-
tant d'ailleurs fort peu, avaient imaginé de les frapper
par le bout avec un marteau, pour les faire rentrer
en place. Ce funeste expédient fut si fort au gré de
tous ceux qui se trouvaient dans un cas pareil, que,
malgré toutes les défenses, les amendes et les punitions les plus sévères, un très-grand nombre de rails
ont été, de cette manière, mutilés et mis hors de
service·

La nécessité du prompt achèvement des grands
travaux en déblai fait qu'il est très-difficile de les
faire exécuter par adjudication. Un entrepreneur
solvable, ignorant la nature des terrains qu'il rencontrera à une grande profondeur, et sachant que,
quoi qu'il arrive, l'engagement qu'il contracte devra
être strictement rempli sous peine de sa ruine, est
toujours enclin à faire acheter ces chances à la
compagnie au delà de leur valeur. D'autre part,
il n'est aucun marché, si bien conclu et si bien

cimenté, dont la résiliation n'exige certains délais provenants soit des incidents, soit des lenteurs que peut faire naître l'entrepreneur qui sait combien la compagnie a intérêt à éviter à tout prix les retards. Quand la ruine de l'entrepreneur serait consommée, la compagnie n'en aurait pas éprouvé moins de préjudice. Il est d'ailleurs telles circonstances où des juges, malgré leur impartialité, ne sauraient se décider à condamner un entrepreneur à s'acquitter d'un engagement même reconnu irrécusable ; ce serait, par exemple, si des pluies extraordinaires délayaient le terrain, si des gelées prolongées rendaient le travail impraticable ; si les fouilles atteignaient des eaux souterraines qui liquéfieraient les terres et forceraient à les transporter à vases clos, comme de la boue ; si l'on rencontrait de ces terrains mouvants qui tendent à se niveler, et qui se relèvent à mesure que l'on déblaie l'emplacement qu'ils occupaient ; s'il survenait des éboulements qui s'étendissent à de grandes distances, et exigeassent, pour être maintenus, des précautions toutes différentes de celles qu'on aurait pu prévoir, etc., etc. : accidents que j'ai tous éprouvés un plus ou moins grand nombre de fois.

Les entrepreneurs des provinces reculées ont, en général, peu d'expérience et demandent à être guidés avec le plus grand soin ; ils ont cependant sur ceux qui viennent des grandes villes se charger des entreprises lointaines, l'avantage d'être familiarisés avec les mœurs et les habitudes des hommes qu'ils doivent employer. Sous ce rapport ils méritent d'être préférés , à conditions égales. Aussi, me paraît-il avantageux de commencer à leur confier les travaux en régie intéressée, c'est-à-dire de convenir d'un prix qui leur sera alloué dans tous les cas ; mais alors de les assujettir au régime de la régie, en tenant une note exacte de tous leurs déboursés, pour leur en tenir compte dans le cas où l'accomplissement du marché qu'ils ont souscrit ne leur fournirait pas les moyens d'y faire face. Le chef de l'entreprise doit d'ailleurs avoir une connaissance assez précise du prix des travaux, pour ne pas craindre de mettre les chances défavorables du marché à la charge de sa compagnie. L'entrepreneur, sachant que son existence est garantie et qu'il est à l'abri de la possibilité de se ruiner dans les marchés qu'il a faits, se confie entièrement au chef qui le dirige. Ce mode, d'accord avec le principe d'humanité qu'il faut que chacun vive de son travail, est d'accord aussi avec l'intérêt de la compagnie, qui peut choisir, parmi des hommes probes, ceux qui sont le plus capables de la servir avec zèle. Elle en obtient des prix plus modérés, et retire ainsi tous les bénéfices de cette garantie qu'elle leur offre.

Une grande entreprise de chemin de fer est toujours dirigée par une administration, qui, comme celle d'un état, doit entrer dans tous les détails de prévisions qui se rapportent à des mouvements opérés sur une grande masse d'individus ; c'est pourquoi il est bon, en même temps que l'on garantit la fortune des entrepreneurs, d'instituer une espèce d'assurance de la vie, à laquelle participent tous les ouvriers, et qui leur réserve un dédommagement en cas d'accident ; dédommagement qui est reporté sur leur famille en cas de mort. A cet effet, il est indispensable de faire, sur le prix de toute main-d'œuvre, une retenue de un ou deux pour cent, suivant la nature du travail et les dangers qu'il présente. Cette retenue, déposée dans les caisses de la compagnie, est distribuée par le directeur, sur le rapport des chefs de division et de section, soit à titre de secours temporaires, soit comme pensions, à ceux des ouvriers blessés ou estropiés, à leurs veuves ou à leurs enfants.

II. Des tranchées.

On ne peut guère prévoir à l'avance sous quel angle il convient de tailler les tranchées pour se mettre à l'abri des éboulements. Il est des terres qui se soutiennent parfaitement à 45 dégrés, et d'autres qui coulent sous des angles bien inférieurs parce qu'elles sont mêlées de couches argileuses et délayées par des eaux souterraines. En général la partie d'aval des tranchées est toujours plus solide que celle d'amont, par la raison qu'elle est toujours privée d'eau.

17

Les terrains accumulés ou rapportés sur d'autres, par une cause quelconque, ne contractent pas ordinairement une adhérence assez forte pour se soutenir lorsqu'on les coupe par le pied. Ainsi, dans le cours des travaux que j'ai fait exécuter, on a rencontré une fausse colline formée, au milieu d'une gorge, des atterrissements successifs amenés par les eaux que l'on avait détournées de chaque côté du vallon. Cette colline, lorsqu'on l'eut coupée par le pied, se mit en mouvement sur une étendue de 15 à 20,000 mètres carrés, ce qui détermina de profondes crevasses à travers lesquelles on pouvait reconnaître la configuration de l'ancien terrain.

Quand on ouvre de grandes tranchées dans des terres argileuses, fermes et compactes, il faut toujours suppléer, par une active surveillance, au défaut de prudence des ouvriers. Ils ont, presque sans exception, la funeste habitude d'attaquer les terrains par le pied pour déterminer des éboulements, sous lesquels ils finissent toujours tôt ou tard par se laisser prendre. Les entrepreneurs, qui n'ont trop souvent d'autre souci que d'aller vite en besogne, ferment les yeux sur les dangers de cet expédient, auquel ont été dus la plupart des accidents que j'ai eus à déplorer. Toutes les recommandations que je n'ai cessé de faire, toutes les punitions que j'ai infligées à ceux qui négligeaient de prendre les précautions convenables, n'ont pu suffire à vaincre l'aveugle obstination des terrassiers, et à prévenir de malheureux événements.

Le moyen le plus simple pour faire des abatis, consiste à enfoncer dans la terre végétale, dans le sable, ou même dans les terres argileuses, à une certaine distance de la tranchée, des pieux en bois armés de petits sabots et de frètes. On chasse ces pieux jusqu'à ce qu'il se forme des crevasses qui servent d'amorce pour en placer un plus grand nombre, dont l'enfoncement détermine alors l'éboulement de toute la masse.

Quelquefois, pour aller plus vite, et dans l'incertitude de savoir sous quel angle un déblai pourra se soutenir, on prend le parti de laisser des talus un peu roides; on s'en remet ainsi au temps, aux pluies et à la gelée, pour les former sous l'angle qui convient à la nature du terrain, et l'on charge les cantonniers d'enlever les déblais à mesure qu'ils arriveront dans le fossé. Ce moyen m'a assez bien réussi lorsque les déblais se trouvaient sablonneux ou caillouteux et propres à servir d'engravement à la voie. Mais j'ai remarqué que lorsque les terres végétales se mettent en mouvement, les éboulements se font avec une grande irrégularité, et les talus, au lieu de prendre une inclinaison propice à leur stabilité, ce qui semblerait devoir être le résultat d'un mouvement naturel, affectent au contraire une forme on ne peut plus défavorable au maintien des terres. Les parties supérieures D, D (planche 3, fig. 22) restent toujours taillées à pic, l'éboulement en **E** s'enfonce dans le terrain au milieu du déblai, le pied **A** est mis en mouvement ; on se trouve ainsi forcé, en dernier résultat, de déblayer beaucoup plus de terrain, et l'on n'a jamais un talus aussi solide et aussi régulier que s'il eût été taillé de prime abord dans un plan convenable.

Le talus que l'on doit donner aux déblais est relatif non-seulement à la nature du terrain, mais encore à sa position eu égard à sa hauteur. S'il coupe une élevation de terrain à sa partie la plus élevée **ABCD** (pl. 4, fig. 20), on peut donner plus d'inclinaison au talus, parce que l'on n'a à craindre ni les eaux supérieures provenant des pluies, ni les sources; mais si le déblai coupe la montagne sur un de ses flancs, il est convenable de bien calculer l'inclinaison, et de ne pas craindre de la rendre très-faible pour se mettre plus tard à l'abri des accidents qui pourraient interrompre le service. On doit aussi se défier des amas de terres qui existent quelquefois dans les parties supérieures des grandes tranchées, et qui, sous une inclinaison plus ou moins grande, ont toujours de la propension à couler dans la tranchée et à y déverser leurs eaux de pluie ou de source; car l'ouverture de la tranchée détermine souvent des suintements d'eau qui atteignent des bancs d'argile et occasionnent plus tard des éboulements.

Le climat, enfin, doit être pris en considération, et, sous ce rapport, celui du midi est, sans comparaison, bien plus désavantageux que celui du nord. C'est surtout dans les contrées élevées et montagneuses du midi que l'on doit s'attendre à éprouver de fréquentes avaries, car elles se trouvent sous la double influence des climats opposés.

Ainsi, le chemin de fer de Saint-Étienne à Lyon est, à sa partie supérieure, élevé de 500 mètres au-dessus du niveau de la mer ; or, on sait qu'en moyenne une différence de hauteur de 160 mètres en représente une d'un degré dans la température, et répond à une distance de 56 lieues plus au nord dans les limites comprises entre le 30e et le 60e degrés de latitude. Les travaux ont donc à résister aux inconvénients qui peuvent résulter d'un froid tel qu'il a lieu à 200 lieues plus au nord, en même temps qu'ils éprouvent les détériorations qui sont la suite des pluies d'orage, des débordements de torrents, etc., si communs dans les contrées méridionales.

Tout ce que j'ai dit jusqu'ici sur le déblai des grandes tranchées en terres végétales ou argileuses, peut s'appliquer aussi aux poudingues, calcaires, schistes, granits, etc., et autres terrains appartenants à telle formation que ce soit. Les poudingues sont difficiles à extraire, mais ils sont compacts, homogènes, rarement coupés par des fissures, et ils se soutiennent bien. Cette espèce de terrain, qui s'exfolie et se délite à l'air, mais d'une manière insensible, se reconnaît à l'aspect moutonneux qu'affectent les collines qui en sont formées ; elles sont

en outre, dans presque toutes leurs parties, couvertes de végétation, parce qu'il n'y existe nulle
part de ces grands bancs horizontaux ou verticaux,
qui, dans les terrains calcaires ou granitiques, atta-
qués et minés à leur pied par les eaux, se détachent
en fragments et laissent à nu de grandes surfaces
coupées dans le sens de la cristallisation.

Ces terrains sont assez favorables aux tranchées
et aux percements, mais la légère couche de terre
végétale dont ils sont recouverts presque également
partout, rend les emprunts difficiles et coûteux.
En effet, comme ils ne présentent aucun des accidents qui favorisent l'accumulation de quantités un
peu considérables de terre végétale, on se trouve
réduit, pour employer les moyens mécaniques de
transport, à entrer dans le poudingue vif, ce qui
augmente beaucoup les dépenses de main-d'œuvre.
Il est donc sage de prendre cette circonstance en
considération dans le tracé des lignes, et de se tenir
plutôt dans le déblai que dans le remblai, en rejetant la ligne un peu plus à l'amont qu'on ne l'aurait fait dans des terrains plus faciles à extraire.

Les roches les moins solides que j'aie rencontrées
appartenaient à des granits et à des schistes primi-
tifs isolés et dénudés de toutes parts, qui, dans
leur état naturel, se présentaient entassés et échelonnés presqu'à pic les uns sur les autres. Il me semblait qu'ils devaient se soutenir aussi bien en tranchées; mais j'ai presque toujours reconnu que le

moindre dérangement dans l'équilibre de ces masses
entraîne des mouvements qu'il n'est bientôt plus
possible de maîtriser. Ces roches sont ordinairement
coupées de veines argileuses, quelquefois imper-
ceptibles, dans lesquelles l'eau s'insinue par les
plus petites fissures qui s'y déclarent. La masse
alors se met presque toujours en marche avec lenteur et avec régularité, et il s'opère un déplacement que rien ne peut empêcher.

Les terrains tourmentés et les rochers escarpés
ont l'avantage d'offrir de nombreuses anfractuosités,
sous l'abri desquelles se sont rassemblées de grandes
masses de terres ordinairement argileuses, et quelquefois mêlées de débris de roches. Il y a toute
commodité pour faire des emprunts dans ces ac-
cumulations, dont l'extraction et le transport s'o-
pèrent avec facilité. Ces terres, recouvertes ensuite
avec les débris des roches sur lesquelles elles reposent presque toujours forment d'excellents remblais
et une chaussée toujours sèche et d'un entretien facile, surtout si l'on a soin d'éviter qu'il ne se mêle
des terres argileuses ou végétales dans les couches
qui en composent la surface.

Lorsqu'il s'agit d'ouvrir de grandes tranchées à
travers de grandes masses de rochers, on doit re-
doubler de soins et d'attention, parce qu'il y a bien
plus d'incertitudes relativement à la solidité que
pourront avoir les talus ou parements. Il faut, en
ce cas, consulter la nature des roches, leurs plans

de cristallisation ; s'assurer si elles sont coupées par des veines argileuses, et si leurs fissures sont humectées par quelque source qui facilite le glissement des couches les unes sur les autres. Il est des roches qui s'exfolient à l'air ; mais je ne me suis jamais aperçu qu'il en résultât de bien grands inconvénients. Cette altération ne pénètre pas ordinairement à une bien grande profondeur, parce que les premières couches décomposées forment un abri pour celles qu'elles recouvrent. Il s'en détache seulement chaque année l'épaisseur de quelques centimètres à l'époque du dégel ; mais il faut des circonstances toute particulières pour qu'il en résulte des éboulements de plus de deux ou trois mètres, dont l'enlèvement rentre plus tard dans les fonctions des cantonniers chargés de l'entretien de la ligne. Ces terrains, d'ailleurs, sont toujours enclins à se couvrir de végétation ; ce qui contribue à garantir de l'action de l'air les couches qu'ils recouvrent.

Lorsque les poudingues sont coupés par des bancs de grès horizontaux, c'est une garantie de plus pour la solidité des parois de la tranchée, et l'on peut sans inconvénient, suivant les circonstances, tailler les talus de 2 à 5 parties de base pour 10 de hauteur.

Il se rencontre quelquefois, dans ces tranchées, des bancs plus tendres qui menacent de s'exfolier rapidement et de laisser en charge des couches trop

peu compactes pour se soutenir par elles-mêmes ;
ceci arrive surtout dans les points au-dessus desquels il a existé des chemins, des réservoirs d'eau, etc.
Dans de telles circonstances, j'ai souvent obtenu
tout succès en renforçant les parties faibles par des
pans de maçonnerie de 0ᵐ,30 à 0ᵐ,50 d'épaisseur,
alignés au reste du parement et appuyés de tous
côtés contre les parties les plus saines de la tranchée. Il est plusieurs grandes tranchées au chemin
de fer de Saint-Étienne dont les parements, sup-
portés de cette manière, n'ont pas fait le plus léger
mouvement depuis dix ans.

Il est indispensable que la compagnie soit propriétaire d'une portion de terrain, en amont des
grandes tranchées et dans toute leur étendue, sur
une largeur de deux ou trois mètres, et plus s'il est
besoin. Cet espace est destiné à établir, pour l'écoulement des eaux, un fossé qui doit toujours être
entretenu avec le plus grand soin ; car on conçoit
que le moindre filet d'eau parcourant un espace de
douze, quinze, vingt mètres sur un plan si incliné,
suffit pour raviner, corroder le terrain, encombrer
le fossé inférieur et la voie, causer des éboulements,
et par suite des accidents. La compagnie doit aussi
acquérir, surtout lorsqu'ils sont de peu de valeur,
tous les terrains supérieurs aux tranchées qui offrent
de grandes probabilités d'éboulements. Car, soit
par malveillance, par ignorance ou par besoin réel,
le propriétaire, maître chez lui, peut faire tels tra-

vaux que bon lui semblera, sans s'inquiéter s'ils courent le risque d'être détruits par le fait des ouvrages que la compagnie a fait exécuter ; et lorsqu'il arrive un accident qui le prive de son terrain, de ses constructions, etc. , on doit peu espérer que les arbitres ne prendront pas en considération et ne feront pas payer à la compagnie l'augmentation de valeur que les propriétés ont gagnée à l'ouverture de la nouvelle communication.

Le fossé des grandes tranchées entraîne, principalement du côté d'amont, dans un énorme surcroît de déblai, sa largeur et sa profondeur devant être plus grandes à mesure que les parements de la tranchée sont plus élevés. Il serait bon que le niveau inférieur du fossé fût toujours plus bas que le dessous des dés, pour éviter les inconvénients qui résultent du séjour de l'eau dans toutes les parties qui peuvent être ébranlées par le mouvement du chemin. Mais dans les tranchées d'une grande étendue cette condition devient difficile à remplir. On y supplée, au reste, assez efficacement en creusant au-dessous de la voie la moins fatiguée par le mouvement des transports, un canal que l'on couvre en dalles de pierre. Ce canal ou aqueduc sert à recueillir toutes les eaux d'infiltration qui, sans cela, pourraient s'insinuer entre les dés. Le fossé offre alors un libre écoulement aux eaux pluviales, et toute facilité pour enlever au fur et à mesure les dépôts qu'elles forment.

Il est des natures de terrains plus susceptibles que d'autres d'absorber et de conserver l'humidité, et qui, dans la saison des pluies, se délaient, se transforment en boue, et coulent au pied des talus. Lorsque ce cas se présente, il est nécessaire de disposer les voies d'écoulement des eaux, en leur ménageant des issues assez profondes pour que la pression qu'elles exercent suffise à les faire filtrer à travers le terrain. Voici un moyen que j'ai employé et qui m'a très-bien réussi.

J'ai fait creuser, dans la saison sèche, un fossé AB (pl. 3, fig. 22) de 3 mètres de profondeur au pied du remblai. J'ai fait remplir tout l'espace BC de pierres rangées à la main et recouvertes de C en A de terre argileuse, afin que l'eau du fossé, coulant sur ce lit, ne pût déposer les matières terreuses qu'elle charrie dans les interstices de l'amas de pierres, auquel on donne dans le pays le nom de *piérelle*. Cet expédient a suffi pour sécher complétement la tranchée d'amont et laisser aux arbres et à la végétation le temps de s'en emparer, ce qui a assaini et consolidé à jamais le terrain.

On peut encore, pour maintenir le pied des tranchées, placer de distance en distance, vers les points où l'on craint qu'il ne se manifeste quelque mouvement dans la roche, des quartiers de pierre AB (pl. 3, fig. 23), d'un fort échantillon, bien saines, qui buttent d'un côté le rocher et de l'autre la banquette, en formant une espèce de ponceau sur le fossé. Cette

disposition a même l'avantage de protéger la banquette AC, qui doit être toujours mieux protégée
que la voie CD, parce que les boudins des roues
tendent à maintenir cette dernière en s'appuyant
contre les rails, et opposent un obstacle insurmontable à leur rapprochement, tandis qu'une multitude
de causes tendent à les rejeter extérieurement à la
voie et à l'élargir.

III. Des remblais.

Les remblais doivent, autant que possible, être
calculés de manière à être formés par les déblais;
mais ce n'est pas toujours chose facile à combiner.
Il faudrait que l'on pût toujours prévoir et décider
à l'avance si tel point à traverser le sera par une tranchée ou par un percement; et l'on sait que la mise
à exécution fait souvent reconnaître la nécessité de
modifier les projets. Or la masse des déblais enlevés
variant considérablement, suivant que l'on emploie
l'un ou l'autre de ces deux moyens, il est clair qu'un
changement de décision entraîne un changement
analogue dans la quantité des terrains à déplacer,
et peut même forcer à modifier le tracé de la ligne.
Il est d'autres circonstances où le temps manque
pour utiliser des déblais; c'est, par exemple, lorsque leur transport exigerait l'emploi d'une certaine
portion de la ligne dont l'achèvement se trouve for-
tuitement retardé. On est alors obligé de les rejeter

hors de la voie, et de faire des emprunts pour suppléer à l'emploi auquel on les avait destinés.

Les chaussées dont le pied est exposé à être attaqué ou baigné par les crues d'un fleuve, doivent être soigneusement garnies d'enrochements de la dimension exigée par le régime du cours d'eau dont on a à craindre les attaques. Elles éprouvent, dès la première immersion, tout le tassement dont elles sont susceptibles, et l'on peut dès lors regarder leur position comme fixée invariablement pour l'avenir. Le fleuve lui-même pourvoit ordinairement à leur solidité en déposant une certaine quantité de limon qui favorise et active la végétation. Il est très-essentiel de garnir le pied des remblais de plantes et d'arbrisseaux qui le soutiennent et le garantissent contre les invasions du fleuve ; mais on doit éviter d'y laisser croître des arbres qui entretiennent de l'humidité sur la chaussée et en facilitent la dégradation.

Dans les contrées du midi sujettes à des pluies abondantes, il convient de prendre quelques précautions afin d'éviter que les eaux ne puissent se réunir en assez grande quantité pour raviner la chaussée dans le point où elles viennent déboucher sur la crête des talus. A cet effet, il est bon de pratiquer entre deux chairs, au milieu de chaque rail, une petite rigole qui jette l'eau sur le talus en même temps qu'elle l'éloigne du dé sur lequel se joignent les deux rails.

On emploie toujours des traverses en bois pour placer les rails provisoires sur lesquels s'exécutent les remblais. Lorsque la hauteur du remblai est régulière, et qu'elle ne dépasse pas 4 ou 5 mètres, il est quelquefois avantageux de placer à l'extrémité deux longuerines de 5 à 6 mètres qui dépassent le point où l'on est arrivé et s'appuient sur des chevalets. Le déchargement est plus facile, et la position des rails plus aisée à maintenir. Le cube de ces remblais s'élevant à 30 ou 40 mètres par mètre courant, il suffit de faire avancer chaque jour cette espèce d'échafaudage de 2 ou 3 mètres, pour qu'on puisse y déposer le produit journalier ordinaire d'une tranchée bien organisée.

Quand on peut choisir pour faire les remblais, entre des déblais de nature différente, il faut, tout en prenant en considération le prix d'extraction et de transport, ne pas perdre de vue que la chose la plus importante est d'obtenir les meilleures chaussées possibles. Les terrains sablonneux, mêlés de cailloux, sont préférables à tous les autres ; les terres arables qui contiennent des débris de végétaux, tassent longtemps d'une manière inégale, et doivent être absolument rejetées. Il y a d'ailleurs d'autant plus de raison à cela, qu'elles sont toujours recherchées par les propriétaires, qui les enlèvent le plus souvent à leurs frais pour bonifier leurs propriétés.

Les terrains schisteux et charbonneux qui sont sujets à s'exfolier, forment des remblais qui tassent pendant longtemps, s'opposent à l'écoulement des eaux, se mêlent aux engravements et se délaient en boue, toutes choses qui nuisent singulièrement au bon état et à l'entretien de la chaussée. Les terres argileuses présentent des inconvénients analogues; on doit donc s'abstenir de les employer pour la partie supérieure du remblai. Les dés font toujours un petit mouvement au moment du passage des convois; lorsque, pour une cause quelconque, le terrain est humide, la pression qu'ils exercent aspire et rejette alternativement la boue qui les entoure. Ce mouvement, favorisé par l'élasticité des rails, fait remplir aux dés le rôle d'une espèce de piston qui broie et délaie toutes les matières sur lesquelles il frappe et contre lesquelles il frotte. De cette manière, la liquéfaction s'étend, et la désorganisation de l'assemblage des rails ne tarde pas à en être la conséquence. Alors surviennent les accidents dont le plus fréquent est la déviation du convoi ; et lorsque la vitesse est considérable, surtout dans les plans inclinés, où la gravité, qui tient lieu de moteur, ne cesse jamais d'agir, il arrive quelquefois que les machines ou les wagons, après avoir brisé les chairs, sortent des rails et s'acheminent vers le talus du remblai, au bas duquel ils roulent en éprouvant de grandes avaries.

Pour prévenir ces événements, on élargit la chaussée dans les passages dangereux, et surtout lorsque la direction dans laquelle les courbes sont fréquentées porte au vide, de manière à pouvoir établir de chaque côté une espèce de bourrelet EFGH (pl. 3, fig. 23) de 1 mètre environ de hauteur, qui peut ainsi opposer un rempart à la chute du convoi. Cette disposition a été adoptée sur un grand nombre de points du chemin de Manchester.

Le prix auquel reviennent les déblais et les remblais ne peut être assujetti à aucune règle; il est trop de circonstances qui peuvent le faire varier, pour que l'on puisse établir des comparaisons d'après ce qui a eu lieu dans un cas différent de celui où l'on se trouve.

Lorsqu'on a de grands travaux à faire exécuter dans des localités pauvres en ressources et en population, le prix de la main d'œuvre augmente en proportion du dérangement que l'on cause dans les habitudes locales; et cette augmentation s'élève d'autant plus que l'on désire s'organiser plus promptement. Il est difficile de faire exécuter à la tâche des travaux qui ne sont pas connus, parce que les ouvriers sont généralement trop peu instruits et trop indolents pour découvrir eux-mêmes les moyens d'apporter dans leur nouvelle occupation l'économie dans laquelle il est essentiel de se restreindre. On ne peut en arriver là qu'à la longue. Il faut que la réforme s'opère graduellement; il faut qu'on laisse aux travailleurs le temps de perdre une à une ces habitudes grossières qui se conservent séculairement dans les pays où il ne s'est jamais présenté une occasion d'en faire ressortir tous les vices, et d'appeler vers le perfectionnement des moyens l'intelligence des classes ouvrières.

Les travaux doivent donc être commencés en régie ; c'est la véritable école de toute bonne entreprise. Le chef surveille, ordonne, enseigne d'abord ; il peut ensuite agir avec plus de certitude lorsqu'il concède des adjudications partielles, lorsqu'il traite à forfait ou qu'il impose des tâches aux entrepreneurs.

Il n'a été fait jusqu'ici, à ma connaissance, aucune tentative suivie d'un succès bien constaté, de substituer la vapeur à la force des hommes, pour déblayer les terres ou les roches en grande masse. Cependant lorsque l'on considère l'énorme différence que l'on trouve dans la main d'œuvre, en général, exécutée par l'un ou par l'autre de ces deux moyens, la facilité avec laquelle on pourrait disposer du mouvement des machines locomotives pour forer dans le rocher des trous de mine d'un grand diamètre et à une grande profondeur, pour enlever et transporter à de grandes distances des masses considérables de déblais, on reste convaincu que l'on parviendra un jour à faire ces immenses travaux avec plus d'économie et de célérité.

Voici le prix qu'il en a coûté pour exécuter divers travaux de déblais au chemin de fer de Saint-Étienne :

18

A Saint-Étienne : une tranchée taillée à deux parements, dans des schistes entremêlés de bancs horizontaux d'un grès houiller, qui a exigé peu de poudre;
22,000 mètres cubes, transportés à 500 mètres de distance réduite, en remontant une pente de 0,008, ont
coûté, par mètre cube. . . . . 2^f 30^c

La terre végétale, sur une épaisseur de 0^m,25 à
0^m,30, ou la terre forte en grande tranchée, pour extraction, charge et transport à 60 mètres. 0 60

Le grès houiller, pour extraction, charge et outils,
en y comprenant 0^{kil},25 de poudre par chaque mètre
cube. 2 50

Les poudingues durs, pour les mêmes frais, sans
poudre. 1 80

Sur les bords du Rhône : une tranchée de 6,200^m
dans le granit rouge, très-dur, et coupé cependant par
des veines de cristallisation bien tranchées, a coûté,
d'extraction et charge. 3 75

Près de Givors : une tranchée ayant 6 à 8 mètres
de hauteur, à laquelle on a travaillé jour et nuit pendant
trois ans, en faisant de 100 à 120 mètres en moyenne
par jour; les travaux étant exécutés en régie : 95,646
mètres creusés dans un sable mêlé de cailloux, et transportés à 860 mètres réduits :

Pour extraction, charge et transport. . 0^f 96^c ⎞
Fourniture de traverses et de chariots,   ⎬ 1 02
   détérioration et entretien de ces us-   ⎟
   tensiles. . . . . ·0   06 ⎠

Le transport des terres a coûté, par relai de 100
mètres, pour des distances de 600 à 1,000 mètres :

En montant sur une pente de 0,014. 0,048
En terrain horizontal. 0,040
En descendant une pente de 0,014. 0,023
Idem pour des distances de 1,500 à 2,000 mètres. 0,016

IV. Des percements .

Il existait, il y a peu d'années, un si petit nombre de souterrains percés à travers les montagnes, pour le passage de canaux, de routes, etc., qu'ils étaient cités alors comme une espèce de merveille ; mais depuis que l'on a reconnu la nécessité de tracer les chemins de fer, en se développant soit en longues lignes droites, soit sur des courbes d'un immense rayon, les ingénieurs ont dû s'accoutumer à regarder le percé d'une montagne comme un des cas les plus ordinaires qui pussent se présenter parmi les travaux qu'ils font exécuter.

Le chemin de fer de Saint-Étienne à Lyon, dans une étendue de 15 lieues, a exigé quatorze percements, bien qu'on n'y ait tracé les courbes que sur un rayon de 500 mètres ; on peut juger par cet exemple de ce qu'il en sera quand on aura à construire de grandes lignes, dont la direction genérale sera assujettie à des taux de pente très-faibles et à des rayons de courbure bien plus étendus.

Lorsque les percements ont une certaine longueur, il est indispensable d'ouvrir des puits dans leur direction pour accélérer l'ouverture des galeries. Il suffit au reste, de donner à ces puits assez de solidité pour résister pendant la durée présumée des travaux, et les dimensions strictement nécessaires pour permettre de descendre et de remonter les ouvriers, d'enlever les déblais, et d'introduire dans les percements les bois et tous les matériaux que l'on aura à employer.

Lorsque le terrain est solide, que la profondeur du puits doit être peu considérable, 20 à 30 mètres par exemple, et que la durée des travaux ne doit pas excéder un an ou deux, on peut ne les ouvrir que sur deux mètres de diamètre. La dépense pour creuser, ou, comme on dit en terme de métier, pour *foncer* un puits, est relative à la profondeur qu'il doit avoir et à la quantité d'eau que fournit le terrain. Lorsque cette quantité ne s'élève pas au delà de 2 hectolitres à l'heure, un puits de 30 mètres de profondeur, creusé dans les schistes, les grès, ou autres terrains qui recouvrent la formation houillère, revient, tout compris, à 60 f. le mètre courant. Mais ces sortes de terrains sont souvent sujets à s'exfolier à l'air, et ont besoin d'être soutenus, soit par des boiseries, soit par un revêtement en maçonnerie, dont le prix n'est pas compris dans l'estimation précédente. Cette dépense ne peut jamais être prévue avec assez de certitude pour qu'on la fasse entrer dans le prix de l'adjudication. La fourniture des bois et des moellons reste donc ordinairement aux frais de la compagnie.

A mesure que les mineurs descendent, ils placent de distance en distance, et suivant la nature du terrain, des cadres en bois de 15 à 20 centimètres d'équarrissage à 6 ou 8 pans, et dont les bouts por-

tent dans des trous faits dans les parements du
puits. On les entaille à moitié bois, de manière à
ce qu'ils présentent une surface égale, et soient alignés dans tout leur pourtour sur le sens horizontal.
On emploie, de préférence à tout autre, du bois de
pin ou de chêne provenant de jeunes plants équarris
à la hache. Ces cadres, en buttant le rocher de
toutes parts, contiennent le terrain et l'empêchent
de pousser au vide. Si le terrain est sujet à s'exfolier, on garnit entièrement l'intervalle des cadres
en écoins ou redos qui portent, de l'un à l'autre,
sur la face extérieure des cadres, et forment, contre le rocher, une enveloppe complète qui met à
l'abri des éboulements. Le placement de tous ces
bois entre ordinairement dans le prix fait de l'entrepreneur, parce qu'il s'établit une espèce de compensation entre les roches dures, qui exigent peu de
boisements mais dont le creusement est difficile, et
les roches tendres, qui se taillent sans beaucoup
d'efforts, mais qui demandent à être maintenues
par beaucoup de bois.

Lorsque le cuvelage a été fait avec soin, et que
le terrain ne laisse pas craindre d'éboulements, on
peut se servir des puits ainsi revêtus, et faire l'é-
conomie du cuvelage en pierre. Mais il ne faut pas
que la durée des travaux excède deux ou trois ans,
à cause des réparations continuelles qu'il y aurait à
faire au boisage, et qui dérangeraient trop le service.

Le cuvelage se fait avec des moellons grossière-

ment essemillés, et taillés suivant la coupe du puits.
Ils ont coûté à Saint-Étienne, rendus à pied-d'œuvre, 6 fr. par mètre carré, 2 fr. de pose et 50 c.
de mortier; en tout 8 fr. 50 c.

Quand les puits n'ont pas au delà de 20 à 30 mètres, on peut se dispenser de mettre un manége
pour remonter les matériaux; et comme il est toujours nécessaire d'avoir quelqu'un au jour, c'est-à-
dire sur le bord extérieur du puits, pour communiquer avec les mineurs de l'intérieur, on établit
un tourniquet à bras, au moyen duquel l'ouvrier
placé à l'extérieur, aidé d'un second, fait le service
des hommes, enlève les matériaux provenant de
l'extraction, et fait descendre dans le puits tout ce
dont on a besoin.

Si la profondeur des puits est considérable et s'ils
sont destinés à un service actif et de longue durée, il
convient de porter leur dimension à $2^m,30$. Le creusement d'un tel puits, sur une profondeur de 80 mètres, avec la poudre et les outils, et sans y comprendre aucune autre fourniture, coûte 75 fr. par
mètre courant.

Il est alors absolument nécessaire d'établir un
manége couvert en planches, avec une cahute pour
recevoir les ouvriers, qui, la plupart du temps, remontent tout mouillés, et ont besoin de trouver un
bon feu pour ne pas être saisis par le froid pendant
l'hiver.

Un manége de 15 à 20 mètres de diamètre revient

de 2 à 3,000 fr., suivant le prix des bois. Lorsque les travaux ont beaucoup d'activité et que le percement est éloigné des endroits habités, il convient d'y établir une écurie, une forge et un petit logement pour un surveillant. Pendant le creusement, la force d'un cheval attelé suffit amplement à tous les besoins; mais comme ordinairement on n'interrompt pas le travail, et que les mineurs se relèvent de 8 heures en 8 heures, il est nécessaire d'avoir deux chevaux qui font alternativement le service.

Les tambours sur lesquels s'enveloppent les cordes ont ordinairement 2 à 3 mètres de diamètre, et les bras du manége de 5 à 6 mètres, en sorte que l'effort du cheval multiplié par le rapport du bras de levier, équivaut toujours de 2 à 300 kil., quelque chétif que soit l'animal. C'est tout ce qu'il en faut pour enlever la petite quantité de matériaux que fournit le puits, quand l'eau n'y est pas en excès. Les cordes sont enroulées sur le tambour, et passent sur des poulies verticales placées au-dessus du puits, de manière à ce qu'il en reste toujours deux ou trois tours, dont le frottement est assez fort pour empêcher le glissement. Le cheval change alternativement de direction pour faire monter ou descendre la même benne. Ces animaux s'habituent très-vite, par instinct, à connaître toutes les nuances du service qu'on leur fait faire; et ils ne tardent pas à s'arrêter sans commandement, aussitôt que la benne est arrivée précisément à la hauteur nécessaire pour être

chargée ou déchargée. Ils obéissent même ordinairement au cri de l'ouvrier qui est au fond du puits;
et j'ai vu souvent, dans des cas pressés, des hommes
porter l'imprudence jusqu'à descendre et remonter
en laissant le cheval sans guide, et en lui donnant
eux-mêmes le signal du fond du puits.

La grande habitude que contractent les ouvriers
de descendre et de remonter sous le moindre prétexte, finit par les rendre d'une extrême imprudence
sur les précautions d'où peut dépendre leur vie, surtout en ce qui concerne l'attelage des chevaux. Il
est certain, en effet, que si le cheval, en tournant,
venait à se dételer, ou qu'un dérangement dans le
manége permît à la benne chargée de redescendre
par son propre poids, tous les hommes qui se trouveraient en ce moment dans le puits courraient les
plus grands dangers.

Pour prévenir cet accident, on accroche habituellement, au bras du manége, une chaîne en fer au
bout de laquelle est scellée une pierre du poids de
100 à 150 kil., dont le frottement sur un sol rabo-
teux pourrait servir de modérateur à la trop grande
accélération de la descente. Mais il est bien rare
que les ouvriers usent pour eux-mêmes de cette précaution, qui est ordonnée, et qui n'est guère usitée
que par les surveillants et par les chefs. Ces derniers,
tout comme les directeurs d'entreprises, doivent très-
scrupuleusement prendre tous les moyens de prudence les plus minutieux pour leur sûreté et la

conservation de leur vie, afin de donner le bon exemple aux ouvriers, qui ne périssent presque jamais que
par défaut de soins. Il ne faut pas d'ailleurs oublier
que l'ouvrier, qui affronte chaque jour le même danger, a un instinct tout particulier pour l'éviter et
mille moyens pour s'y soustraire ; tandis que celui
qui s'y expose rarement ou pour la première fois,
par manque de connaissances locales ou de présence
d'esprit, y succomberait.

Il arrive que les puits éprouvent, dans quelques-
unes de leurs parties, des inflexions qui les rejettent
hors de la ligne verticale, ce qui gêne, entrave le
service, et finit même quelquefois par le rendre
impossible. On est alors forcé de les abandonner.
Ces accidents sont causés principalement par les
mouvements qui se font si communément sentir
dans les terrains houillers, même jusqu'à une immense
distance des points où s'exécutent d'autres travaux.
Il n'est pas toujours aisé de restaurer un puits ainsi
tordu, à cause des difficultés qu'on éprouve pour
contenir les mouvements de si grandes masses ébranlées. Souvent, alors, ce qu'il y a de mieux à faire,
c'est de creuser un nouveau puits.

Le temps nécesaire au creusement d'un puits est
toujours très-incertain et très-variable. L'abondance
des eaux, la qualité du terrain, les accidents, quelquefois l'acide carbonique qui se produit au fond,
peuvent reculer son achèvement bien au delà de
l'époque prévue. Le travail devient d'autant plus

long, plus coûteux, plus difficile , plus dangereux ,
que le puits gagne davantage en profondeur ; et il
n'est pas rare de voir s'élever jusqu'à 1,000 fr. le
prix de chacun des derniers mètres d'un puits qui a
atteint 3 à 400 mètres.

On place les puits soit sur le cerveau de la voûte AB
(pl. 5. fig. 24), de manière à faire coïncider leur axe
avec celui du percement, soit à une petite distance
CD de l'axe, 3 ou 4 mètres environ, et alors on les
joint au percement par une petite galerie HBDF. On
emploie ce dernier moyen pour éviter de jeter sur
le cerveau de la voûte les eaux que l'on est exposé à
rencontrer en creusant les puits, et de mettre le
terrain en mouvement au-dessus du percement, et
pour soutenir plus facilement la maçonnerie. Il présente encore l'avantage de diminuer pendant les travaux la possibilité des accidents qui pourraient résulter de la chute, dans la galerie, d'une benne remplie
de matériaux, ou de tout autre objet qu'on laisserait
tomber du haut du puits. Mais, par contre, il rend
le service plus difficile, parce qu'il faut employer des
courbes très-roides pour faire tourner les chariots
dans la petite galerie, afin d'amener les bennes sous le
puits, en même temps qu'on se trouve très-gêné
pour introduire les bois d'une certaine longeur ;
enfin il apporte quelque complication dans les opérations graphiques ayant pour objet soit de tracer
soit de vérifier la direction du percement. On est bien
forcé cependant, lorsque les percements sont très-

larges et le terrain de mauvaise qualité, d'adopter les puits de côté, parce qu'il serait imprudent de faire reposer tout cet énorme poids sur des arceaux d'une trop grande portée, quelque solidité que l'on donnât d'ailleurs à leur construction. J'ai employé l'un et l'autre moyen pour creuser des percements qui exigeaient une excavation de 5 mètres de largeur, et n'ai jamais éprouvé d'accident assez grave pour me faire renoncer à l'usage d'aucun des puits que j'avais fait percer sur le sommet de la voûte. Toutefois, quand on est dans l'incertitude sur la nature du terrain que l'on rencontrera, surtout dans les pays houillers, il est plus prudent de percer les puits sur le côté; et à plus forte raison encore lorsque la largeur des galeries doit dépasser 6 mètres, ce qui exige que l'on porte l'excavation à 8 mètres, à cause de l'emplacement que nécessitent les maçonneries du revêtement.

Au percement de Terre-Noire, un puits, qui devait avoir 84 mètres de profondeur, dirigé sur le cerveau de la voûte, offrit, pendant l'espace de 60 mètres environ, des bancs de grès houiller alternant avec des schistes et des couches de charbon, qui nous faisaient concevoir la meilleure espérance sur sa solidité et sur la fermeté du terrain dans lequel devait être percée la galerie; mais à cette profondeur, c'est-à-dire à 20 mètres avant d'arriver au sol de la galerie, nous atteignîmes des schistes décomposés et tellement mous, que l'aiguille du mineur y pénétrait à la main à plus de 1 mètre de profondeur. Le travail devint dès lors difficile et dangereux; il fallut suspendre aux couches supérieures, par le moyen de longues pièces de bois, tous les cadres destinés à maintenir le puits, parce que le terrain inférieur, au lieu de pouvoir rien soutenir, avait besoin lui-même d'être soutenu, et que l'on était obligé de mettre tous les soins imaginables à ne pas laisser de vides derrière le cuvelage.

On atteignit, à travers toutes ces difficultés, le sol de la galerie, et l'on construisit deux arceaux en forme d'ellipse complète, en pierre de taille, en creusant successivement la place de chaque pierre, et garnissant immédiatement après les vides qui restaient tout autour des pierres avec des matériaux résistants.

Le travail achevé, on plaça quatre fortes poutres verticales s'appuyant sur le sol aussi bien consolidé que cela fût possible, et l'on fit porter le puits sur le sommet des arceaux et sur les piliers en bois. Les pierres furent d'abord écrasées par le mouvement insensible des masses qui avaient été ébranlées tout à l'entour, et l'on dut jusqu'à trois fois les remplacer les unes après les autres. Mais après ce mouvement, la montagne prit une autre position, relative à l'équilibre des masses qui avaient repris une nouvelle assiette, et pendant trois ans que servit le puits il ne survint plus d'autres accidents.

Lorsque les percements doivent être faits dans

des terrains granitiques compactes, coupés de veines quartzeuses, ou à travers des bancs calcaires
bien stratifiés, des bancs de grès ou tout autre roche
dure et présentant une grande cohésion, on peut
faire choix de tel moyen que l'on juge convenable,
parce qu'alors on n'a pas à craindre les accidents.

Au reste, lorsqu'il se manifeste quelque mouvement qui altère l'équilibre général des terrains, il
ne faut pas se laisser effrayer par la pensée que ce
mouvement sera continu et invincible. Le déplacement des grandes masses s'opère toujours avec
une extrême lenteur, et il suffit d'un peu d'habitude pour en prévoir le progrès, et pour calculer
avec une exactitude surprenante le temps dont on
peut disposer pour y porter remède. Alors, avec du
sang-froid et du courage, on trouvera presque toujours moyen de sauver des travaux dont on serait
tenté, au premier abord, de regarder la position
comme désespérée.

Les puits doivent être prolongés au-dessous du
niveau du percement, à une profondeur de 4 mètres au moins. Ils forment ainsi une espèce de réservoir où tombent et s'accumulent les eaux, que l'on
tire pendant l'interruption du travail. Cette partie
FG (pl. 5, fig. 24) du puits, que l'on nomme *puisard*,
doit être moellonnée avec soin ; quand on n'est pas
occupé à en extraire l'eau, on la recouvre d'un pail-
ler en planches, ce qui permet de faire le reste du
service comme si le puisard n'existait pas.

Il n'y a pas ordinairement convenance à employer les puits pour ouvrir les percements de peu d'étendue, surtout lorsqu'il s'agit de traverser la crête d'une colline dont les deux versants sont très-escarpés, et lorsque les puits devraient avoir une profondeur égale au tiers ou au quart de la longueur de la galerie; il vaut mieux se borner alors à entreprendre le travail par les deux extrémités, et y mettre toute l'activité possible, ce moyen offrant plus de promptitude, de facilité et d'économie pour le déblai et le transport au jour des matériaux. Cependant lorsqu'on est extrêmement pressé, et qu'il faut enlever en amont ou en aval de grandes masses de terre ou de rocher avant d'entrer en galerie, on se trouve bien forcé d'avoir recours aux puits, afin d'attaquer le déblai sur un plus grand nombre de points. Le tout devient un calcul de temps et d'argent, que l'ingénieur doit résoudre d'après les conditions où il se trouve.

Le moment où il convient d'entrer en percement, c'est-à-dire le point où le déblai deviendrait plus coûteux que la dépense d'une galerie, est relatif à la nature du terrain; c'est une estimation à faire pour chaque cas particulier. Si le point où doit se trouver l'entrée du souterrain est encombré de terres dont on ait eu soin de se ménager l'emploi pour des remblais, on prolonge quelquefois la tranchée jusqu'à ce que le front présente une hauteur de 20 ou 25 mètres, ce qui représente un cube de 5 à 600 mètres par mètre courant, et une dépense ordinairement plus considérable que celle que demanderait une galerie de même étendue.

Il est des terres fortes et argileuses qui, comprimées et durcies par le poids des couches qu'elles supportent, se prêtent très-bien à être percées; la plus grande difficulté est alors de tailler l'avancée assez à pic pour commencer à jeter les premiers arceaux de la voûte sans éprouver d'éboulements. A cet effet il convient, lorsqu'on a décidé l'entrée, de construire deux murs en aile qu'on prolonge le plus qu'on peut dans le terrain au moyen de deux petites galeries latérales. Dès qu'on est arrivé à une distance où la hauteur du terrain soit égale à celle de la voûte, on se hâte de faire une excavation de quelques mètres, et l'on jette rapidement quelques arceaux faits de pierres exactement taillées et jointées ensemble. Ce travail doit être expédié lestement. Immédiatement après, on butte de toutes parts le terrain contre la voûte avec de la maçonnerie de moellon. On peut ensuite, en mettant un peu de promptitude, continuer le travail avec l'espérance de ne pas avoir à redouter d'accidents.

Pour peu que le percement soit large, on fait avancer la maçonnerie des pieds droits au moyen de petites galeries, et l'on déblaie le terrain à mesure que l'on pose les clefs de chaque intervalle de 2, 3 et même 4 mètres, entrepris d'un seul coup.

Dans les terrains plus ingrats, quand les terres

sont humides, veinées, coulantes, les difficultés
augmentent beaucoup. Le boiseur ne peut pas alors
abandonner un seul instant le mineur, parce qu'à
chaque coup de pic il faut maintenir le travail par
des buttes de bois. Ces buttes doivent être bien de
fil, et avoir de $0^m,15$ à $0^m,20$ de diamètre. Aussitôt
que l'excavation est suffisamment étendue, on se
hâte d'élever les maçonneries définitives destinées
à contenir le terrain. Les terres, lorsqu'elles ne
sont pas coulantes, sont toujours quelque temps
avant de se mettre en mouvement; le moindre
effort suffit alors pour contenir des masses énormes.
On profite de ce moment pour se reconnaître, mais
il faut être assez leste pour ne pas leur laisser le
temps de commencer à fléchir. A cet effet, on entreprend le travail par petites parties, et l'on apporte une stricte surveillance à ce que, sur tous les
points, l'intervalle qui peut exister entre le terrain
et la maçonnerie soit exactement rempli. Il est
nécessaire encore de butter de toutes parts l'intérieur des galeries aussitôt qu'elles sont déblayées,
au moyen de pièces de bois en travers portant sur
des semelles dans toute la longueur du percement,
car le moindre mouvement détermine des fissures
qui permettent l'introduction de l'eau, et mettent
les travaux en péril.

Lorsque les percements doivent être ouverts dans
le sable, on y procède d'une manière différente.
J'ai rencontré cette nature de terrain sur le bord du

Rhône ; il y provient d'alluvions récentes du fleuve, dont le lit, après s'être successivement abaissé, a laissé, à diverses hauteurs, des amas de sable et de gallets entremêlés de bancs horizontaux de poudingue d'une grande dureté, qui empêchent l'infiltration de l'eau, et entretiennent les couches inférieures dans un état constant de sécheresse. La formation de ces bancs est due à la circonstance particulière où des grandes crues du Rhône et de la Saône coïncidant ensemble, les sables et les cailloux que charrie le premier ont été mêlés et recouverts par le limon de la seconde ; il s'est formé ainsi un véritable ciment ayant l'aspect, la dureté, et toutes les qualités du mortier le plus dur, à tel point que les riverains croient souvent y reconnaître des débris de constructions qui auraient jadis été élevées dans ces lieux. La fermeté et la solidité de ces bancs en fait d'excellents soutiens pour le gravier, et on les désire autant dans les percements, qu'on les redoute dans les tranchées.

Le sable sec et coulant ne se rencontre pas d'ordinaire dès l'entrée en percement ; il est rare même que, près de la surface du sol, la végétation et un peu d'humidité ne lui donnent pas assez de consistance pour qu'on puisse y ouvrir de petites tranchées et passer quelques arceaux en pierre, comme je l'ai indiqué plus haut. Mais lorsque l'on est parvenu dans les quartiers maintenus à l'abri de toute humidité par les bancs de poudingue, le moindre intervalle

19

entre les boiseries, suffit pour déterminer un écoulement de sable analogue à celui qui a lieu dans une clepsydre. Cette circonstance s'est présentée au percement de la Mulatière, à la sortie de Lyon, et en a mis deux fois les travaux en péril ; l'entrepreneur auquel il était adjugé, s'étant vu forcé d'y renoncer, fut remplacé par un habile mineur qui conduisit heureusement l'opération à terme, avec autant de courage que d'activité et d'intelligence.

Il employa à cet effet une espèce de bouclier en bois AA (pl. 5 fig. 26) analogue à celui qu'a imaginé M. Brunel pour creuser le tunnel sous la Tamise. Cet appareil était composé de cadres mobiles I, I, I de 1^m,50 de hauteur sur 0^m,60 de largeur, exactement dressés et joignant entre eux de tous côtés. Chacun d'eux était appliqué contre les diverses portions du terrain qui devait être enlevé. En avant de ce bouclier, il établit, dans le sens de la longueur du percement, deux longues et fortes pièces de bois B, B, soutenues par des traverses C,C, qui étaient engagées dans les parements de la maçonnerie D, D formant le revêtement de la partie du percement déjà terminée. Ces pièces de bois servaient de point d'appui pour recevoir des buttes E, E en bois, qui rayonnaient de toutes parts pour contenir les cadres. Lorsqu'on avait pu réussir à fermer une portion de voûte, on débarrassait les poutres longitudinales de tous les bois qu'elles étaient destinées à supporter, et on leur faisait faire un mouvement en avant égal à la

longeur de la portion du travail qui avait été exécutée : cette manière de procéder permit de faire avancer le bouclier par parties tant que dura la difficulté.
On avait soin de butter chacun des compartiments
contre le système de charpente qui occupait tout
l'intérieur du percement, en ne laissant que l'intervalle strictement nécessaire pour que les hommes
pussent se glisser à travers, enlever les déblais, et
apporter les bois et les matériaux nécessaires au
travail.

Des buttes, des pieds-droits, des traverses, des
étampes furent distribués à profusion et avec intelligence, et dirigés contre toutes les parties où l'on
craignait quelque mouvement de terrain. Nous
fûmes assez heureux pour percer de cette manière, et
en éprouvant plus ou moins de difficultés, une étendue de 200 mètres environ au bout de laquelle on
rencontra le granit, sans éprouver de mouvements
bien sensibles à la surface, et sans accidents assez
graves pour coûter la vie à aucun homme.

Il était d'autant plus essentiel de bien maintenir
le terrain, que le point le plus difficile à franchir se
trouvait précisément au-dessous de la grande route
de Saint-Étienne à Lyon, la route de France la plus
fréquentée par le gros roulage, et qu'un accident un
peu grave eût compromis la sûreté de toutes les
maisons et autres constructions qui en garnissent
les bords.

Les percements dans les schistes houillers qui

recèlent même à de grandes distances des ouvrages anciens, offrent aussi beaucoup de dangers. Ces travaux sont le plus souvent ébranlés par les mouvements qu'a faits le terrain, coupés de fissures et remplis d'eau dans toutes leurs excavations. Tel était le cas où se trouvait une partie de la montagne de Terre-Noire, qu'il a été nécessaire de percer sur une étendue de 1,500 mètres, pour le passage du chemin de fer de Saint-Étienne.

Les schistes, en général, présentent le grave inconvénient de s'exfolier à l'air, et il convient de faire le revêtement et d'élever les voûtes aussitôt qu'un emplacement de 3 ou 4 mètres au plus est terminé. Si le terrain a pu être contenu de manière à ne faire aucun mouvement pendant le temps de l'excavation, et que l'on puisse faire la maçonnerie avant qu'il se soit manifesté aucun accident, de manière à ce que les 2 ou 3 mètres que l'on a entrepris se trouvent terminés au bout de huit à dix jours, on peut présumer que la galerie sera peu exposée à se déformer ; mais pour cela il faut absolument qu'elle soit appuyée de toutes parts contre le rocher, condition que l'on n'obtient qu'à grand'peine s'il se manifeste le moindre éboulement au sommet de la voûte pendant l'excavation.

Les éboulements partant du sommet présentent les plus grands dangers, et l'on ne saurait apporter trop de soin à bien soutenir le terrain. Une fois que les roches se sont mises en mouvement par l'effet d'une secousse, les joints tendent à s'ouvrir, les bois sont écrasés; lorsqu'on parcourt silencieusement les galeries on les entend craquer à chaque instant, et l'on se trouve forcé de les remplacer en faisant de nouvelles excavations, qui favorisent et déterminent à leur tour de nouveaux accidents. Il est essentiel, dans ces circonstances périlleuses, d'employer des matériaux d'un fort échantillon, d'une grande dureté, et de restreindre le travail dans les plus étroites limites, en entreprenant peu à la fois et terminant promptement. Pour avoir négligé cette précaution et m'être livré imprudemment à un ouvrier qui passait pour avoir acquis, en Allemagne, une grande expérience des travaux souterrains, j'ai perdu à Terre-Noire une galerie de 15 mètres, dans laquelle était survenu un éboulement que l'on espérait pouvoir relever et boiser entièrement avant d'y introduire les maçons. On voulait éviter par là d'encombrer les travaux en accumulant un trop grand nombre d'ouvriers dans un espace fort resserré. L'accident arriva jusqu'au jour, et fut tellement grave que je dus renoncer à le réparer et porter l'axe du percement à 15 mètres de là, en adoptant un nouveau réseau de trois courbes de 500 mètres de rayon, qui me permit d'éviter ce passage. Malgré cette distance, le vide occasionné par l'excavation de la galerie ayant dû être comblé, et le mouvement qu'éprouvèrent les roches voisines s'étant communiqué de proche en proche, on s'aperçut, cinq à six ans après,

que les maçonneries du percement en face du point
où avait eu lieu l'accident, se rejetaient de ce côté.
Il fallut alors les reprendre toutes pour les remettre
dans l'alignement. Ces défectuosités cependant sont
plus désagréables à l'œil que sérieusement nuisibles
à la solidité des travaux.

Ainsi que je l'ai dit, il est difficile dans les terrains mouvants d'éviter les éboulements au sommet ;
il s'en opère souvent qui sont soutenus par les boiseries, mais laissent des vides qu'il n'est pas possible
d'aller garnir en maçonnerie. Lorsque plus tard
on croit la voûte consolidée et que l'on coupe et
enlève les buttes qui maintenaient les parois, le terrain portant sur les maçonneries, elles sont repous-
sées du côté où elles rencontrent une moindre résistance, et cèdent jusqu'à ce qu'elles aient rencontré
un appui qui leur permette de se rétablir dans un
nouvel état d'équilibre. J'ai vu dans de tels cas le
sommet de la voûte se relever de $0^m,50$, et les côtés
se déprimer en proportion. Mais si les accidents sont
à craindre pendant que les travaux ont mis de toutes parts le terrain en mouvement, les réparations
ne présentent absolument aucun danger; au bout de
quelques années, la cohésion des mortiers permet
d'enlever impunément de grands pans de maçonnerie, de couper, de tailler le roc et de reprendre le
revêtement. C'est ainsi qu'ont été réparées toutes les
déformations du percement de Terre-Noire, sans que
jamais on ait été obligé d'interrompre le service.

Les travaux de mines, lorsqu'ils sont à une grande profondeur au-dessous des percements, sont aussi sujets à occasionner des mouvements qui tendent à les déformer sans toutefois causer ni solutions de continuité, ni ruptures dans les maçonneries. La déflexion se fait avec lenteur et régularité. Le percement de Rive-de-Giers dont la longueur est de 1,000 mètres, qui avait fléchi par cette cause de $1^m,20$ sur un espace de 300 mètres, a été relevé sans que sa solidité ait été en rien compromise.

Les percements qui traversent des constructions, ou qui passent à une faible distance au-dessous des habitations, exigent des précautions autres que celles que je viens d'indiquer. Mais comme ceci rentre dans le domaine des travaux ordinaires, et qu'il s'agit simplement de reprendre des maçonneries en sous-œuvre, je ne m'arrêterai pas à décrire des procédés connus et communément usités, et sur lesquels d'ailleurs on peut trouver des conseils dans tous les livres spéciaux.

Il se rencontre des cas où il y a impossibilité de donner une certaine profondeur à la tranchée à l'entrée ou à la sortie du percement, soit parce que cela dérangerait de trop grands intérêts à la surface, soit par toute autre cause ; il y a alors nécessité d'entrer en galerie aussitôt que les tranchées ont atteint la hauteur qui répond au cerveau de la voûte. Lorsque ce cas se présente, on commence le percement à ciel ouvert. A cet effet, on creuse deux

petites tranchées correspondantes aux pieds-droits
de la voûte, et on les maintient avec de petites buttes
comme dans les fondations ordinaires ; arrivé à la
naissance de la voûte, on enlève promptement le
terrain du milieu, on remplace les petites buttes par
des bois de toute la largeur du percement, on
taille le terrain dans la forme de la voûte, afin qu'il
fasse l'office de ceintres, et aussitôt la maçonnerie
faite, on la recouvre avec le terrain que l'on a mis
provisoirement en dépôt sur les flancs ou en arrière
de la tranchée.

Ce procédé a l'inconvénient de ne pouvoir être
mis en usage que dans la belle saison, parce que
pendant les pluies et les gelées les tranchées risque-
raient trop de s'ébouler, et d'occasionner des accidents aux hommes et aux travaux ; on doit même être
très-soigneux lorsqu'approche le temps des pluies
ou des grandes gelées, de ne pas entreprendre en
tranchée plus d'espace que l'on ne peut en terminer
en percement.

J'ai employé avec beaucoup de succès ce moyen
d'exécution, sur une longueur de 120 mètres à l'entrée aval du percement de Terre-Noire, jusqu'à ce
que j'eusse rencontré une profondeur de 12 mètres
depuis le sol du percement jusqu'au niveau du terrain. Je pus ainsi faire les maçonneries tout à l'aise,
et garnir exactement l'extrados des voûtes en béton
de mortier hydraulique pour empêcher les infiltra-
tions, qu'il est presque toujours impossible d'é-

viter lorsqu'on marche d'accidents en accidents, et qu'on est forcé de placer les pierres les unes après les autres et aussitôt que l'emplacement qui doit les recevoir est prêt; car , ces pierres portant alors contre les Loiseries, les roches ou les déblais ne laissent aucun intervalle pour y faire couler les couches de béton.

Il est quelquefois bon de pousser en avant des travaux, une petite galerie de reconnaisance qui sert pour sécher le terrain, pour mettre les puits en communication, pour donner de l'air aux ouvriers et pour s'assurer des directions. Cette méthode a ses avantages et ses inconvénients. Si le terrain est trop mouvant, cette petite galerie contribue à l'ébranler, et augmente les probabilités d'accidents; le service qu'on est obligé d'y faire, gêne et complique le service général; enfin , si elle est située en aval , il est fort difficile de la débarrasser de l'eau qui y afflue de toutes les parties des travaux. Les eaux qui coulent des galeries que l'on perce en amont des puits tombent naturellement dans le puisard ; mais celles d'aval étant dirigées par la pente du terrain dans une direction opposée, tendent à inonder, du côté d'aval , le fond la galerie.

Lorque la pente du chemin de fer est très-faible, il suffit de creuser un canal qui ait, près du puisard, une profondeur qui permette l'écoulement de l'eau du point où l'on doit se mettre en communication avec la partie d'amont des travaux les plus voisins; mais si la pente est considérable, que les galeries soient destinées à avoir une grande longueur, on peut craindre que la trop grande profondeur qu'il faudrait donner à ce canal ne dispose le terrain à faire des mouvements, qui, se communiquant de toutes parts aux parties adjacentes et voisines, pourraient entraîner la déformation des pieds-droits de la maçonnerie et la perte des travaux. Il convient alors de placer, sur un des côtés de la galerie, une conduite en planches ayant une pente en sens contraire de celle du percement; ce conduit reçoit l'eau que les mineurs puisent avec des seaux et y jettent à son origine. Si la quantité d'eau que fournit la galerie l'exige, on place des ouvriers uniquement occupés à la jeter dans ce canal qui la dirige dans le puisard. L'eau des galeries du percement de Terre-Noire du côté d'aval a toujours été épuisée de cette manière, malgré la pente considérable du percement, qui exigeait que pour chaque 100 mètres de longueur, l'eau fût élevée à 1,50 de hauteur.

Dans les entrées en percement, à la suite des grandes tranchées en amont, on est ordinairement très-inquiété par les eaux, parce qu'elles sont d'autant plus abondantes que l'on est plus près de la surface; on est alors forcé de les épuiser par des pompes ou par des manéges.

On peut en deux ans, lorsqu'il ne survient pas d'accident grave, ouvrir par un puits deux galeries, l'une en amont, l'autre en aval, chacune de 200 mètres, en tout 400 mètres ; mais il vaut mieux mettre moins de distance entre les puits. La grande longueur des galeries rend le service difficile, et favorise la formation ou le développement des gaz délétères, qui vicient l'air ou produisent, en s'enflammant, des explosions qui compromettent la sûreté et même la vie des ouvriers.

Lorsque les travaux sont bien organisés, que le terrain est bien étudié, que l'on a des ouvriers bien intelligents et connaissant bien leur travail, on peut faire jusqu'à 10 mètres courants de galerie par mois; mais on ne peut pas compter avec quelque certitude sur plus 5 mètres, ce qui suppose en moyenne 120 mètres courants de percement par an et par chaque puits. Il survient toujours, en effet, une multitude de petites causes de retard, que l'on croit bien pouvoir appeler des accidents, et que l'on se flatte d'éviter à l'avenir, mais qui sont en réalité inhérentes à la nature du travail.

Les travaux de percement n'étant jamais interrompus, on ne peut espérer de réunir un assez grand nombre de surveillants ayant la capacité et la prudence convenables pour qu'il s'en trouve constamment un dans chaque puits. Les employés principaux ne pouvant visiter les chantiers qu'en descendant dans les puits et en pénétrant au milieu des décombres, des boiseries, etc., où leur vie court toujours un certain danger, restreignent au strict nécessaire la fréquence de leurs visites ;

quand ils arrivent, leurs yeux surpris par la tran-
sition subite du grand jour à l'obscurité, ne leur
permettent qu'après un certain temps de distinguer clairement les objets; les précautions qu'ils
doivent prendre pour leur sûreté personnelle, et
dont ils n'ont pas l'habitude, captivent une trop
grande part de leur attention; ils éprouvent enfin,
en général, trop promptement le besoin de se retirer,
pour qu'ils se livrent à un examen assez minutieux
de tous les détails. Les ouvriers se trouvent donc
fort souvent livrés à leur propre discrétion, et à
moins de changer leur nature, on ne doit pas compter qu'ils éviteront la seconde fois les fautes dans
lesquelles ils sont tombés la première.

Lorsqu'il arrive quelque accident extraordinaire
qui peut faire craindre du retard dans l'époque de
la livraison du percement, il ne faut pas hésiter à
ouvrir d'autres puits sur les points que l'on juge les
plus favorables, soit pour réparer l'accident, soit
pour multiplier les chantiers, pour aller au-devant
des galeries commencées, pour sécher les travaux, etc. Les ouvriers ont toujours une extrême
propension à pallier la gravité des accidents, en
faisant espérer qu'ils n'auront pas de suite, et ne
seront pas de longue durée; on est soi-même toujours trop disposé à partager ce sentiment, et il en
résulte souvent qu'on néglige de prendre, au moment opportun, des dispositions qui, plus tard,
seront impuissantes.

Il faut de trois à six mois, et une dépense de 6 à 12,000 fr. pour creuser et mettre en état un puits de 60 à 80 mètres. Comme les premiers mètres coûtent toujours moins cher que les autres, il n'y a pas égalité de chances entre s'exposer à un retard, ou hasarder d'aussi faibles sommes; il est donc sage, à la première manifestation sérieuse d'un danger, de commencer à ouvrir le nouveau puits, quitte à l'abandonner si l'on n'est pas obligé d'en faire usage.

Quand l'air vient à manquer dans les galeries et même en creusant les puits, on est obligé d'y pourvoir d'une manière artificielle. Le meilleur de tous les moyens consiste à mettre deux points en communication avec le jour; on est sûr alors qu'il s'établira, quelle que soit l'étendue des galeries, un courant que l'on est maître de diriger à son gré. Quand on ne peut faire ainsi, on place sur un des côtés du puits des espèces de gaînes IK (pl. 5, fig. 25) faites en planches, et qu'on dispose de façon à ce qu'elles n'empêchent pas le service des bennes. On les met en communication avec des caisses en bois de $0^m,25$ à $0^m,30$ de côté, faites de quatre planches qui s'emboîtent exactement les unes dans les autres et que l'on prolonge jusque sur les points où l'air se trouve vicié; on détermine ensuite une aspiration artificielle au moyen de grands soufflets ou d'un ventilateur à force centrifuge, mu, suivant le besoin, par des hommes ou par des chevaux; ou tout simplement on se sert de la gaîne pour alimenter un fourneau élevé qui détermine une forte aspiration. Ce dernier moyen est presque toujours usité dans les pays de mines, où l'on compte pour rien la valeur du combustible consommé.

Je pense que l'on pourrait aussi forer des trous de sonde, comme cela se pratique pour ouvrir les puits artésiens ; mais cette opération étant peu connue dans les pays où j'ai fait exécuter les travaux, et une première et seule tentative que j'avais faite n'ayant pas été suivie de succès, je renonçai à poursuivre cet essai ; ce n'était pas d'ailleurs pour moi d'un intérêt assez pressant pour que je me donnasse la tâche de dresser des employés et des ouvriers à une opération dont le succès était incertain.

Les puits doivent, en général, être d'autant plus rapprochés les uns des autres que l'on a moins de temps pour ouvrir le percement, que sa profondeur au-dessous du sol est plus grande, et que le terrain présente plus de difficultés. La dureté des roches croît, suivant M. Sganzin [1], comme le cube de leur pesanteur spécifique, et elles sont généralement d'autant plus solides et plus compactes qu'on pénètre plus avant dans le sein de la terre ; mais cette règle n'est pas sans exception, et les terrains houillers offrent fréquemment des exemples du contraire.

Les percements dans les roches dures ne présen-

---

[1] *Traité de construction*, de Sganzin.

tent aucune difficulté, et leur ouverture est une simple question de temps. On place toujours deux ateliers l'un au-dessus de l'autre, composés chacun de quatre ou six mineurs, et même davantage selon l'étendue du percement. Le premier atelier, qu'on appelle l'*avancée*, est toujours de 5 à 6 mètres en avant du second, auquel les ouvriers donnent le nom de *reprise* ou *strauss*. On peut ainsi faire, par galerie, de 10 à 15 mètres par mois, et le prix, lorsqu'il n'y a pas de puits, varie de 7 à 10 fr. par mètre cube dans les granits ordinaires.

Les accidents sont encore généralement peu à craindre, et n'ont presque jamais une grande gravité dans les schistes et dans les grès houillers. Ils n'y sont occasionnés que par les couches qui séparent les bancs les uns des autres, et que les ouvriers appellent des *veines au tranchant*. Quand la direction de ces divers plans fait présumer qu'ils doivent se réunir en un seul point situé dans l'intérieur du rocher, au-dessus du sommet du percement, on peut prévoir qu'il y aura éboulement de cette partie, et l'on doit enlever, ou, comme disent les mineurs, *purger* tout ce qui menace. On nomme *cloches* ou *bonnets*, ces parties de roc; les mineurs, en les frappant avec leur marteau, connaissent, au son qu'elles rendent, si elles sont susceptibles de se détacher; quand ils sont expérimentés, ils prédisent même avec une exactitude surprenante, et un grand nombre de jours à l'avance, l'époque où elles se déta-

cheront et où l'éboulement se fera. Si les craintes
sont légères , et si l'on veut éviter de trop grandes
excavations, on se borne à pratiquer des entailles
dans le roc le plus vif , et à y faire entrer de force
des buttes en chêne qui l'appuient et le contiennent,
en soutenant et consolidant les parties qui ne paraissaient pas suffisamment assurées.

En creusant les percements, comme dans les
travaux souterrains en général , les ouvriers peuvent tout à coup se trouver renfermés au fond des
galeries par des éboulements , et y demeurent exposés à périr, soit faute d'air ou de nourriture,
soit par l'accumulation des eaux , surtout si, comme
cela arrive souvent , ce sont elles qui ont causé l'é-
boulement. On ne saurait , dans ces malheureuses
circonstances , mettre trop de zèle , d'activité et de
persévérance à délivrer les infortunées victimes
d'une telle catastrophe. L'expérience a appris qu'il
ne faut jamais perdre courage , et que souvent on
parvient à les en retirer, après avoir regardé leur
délivrance comme impossible. La propriété qu'ont
les corps denses de transmettre facilement le son,
se prête merveilleusement à établir, à de grandes
distances, des communications qui deviennent bientôt une espèce de langage à l'aide duquel on peut
s'assurer au moins si les secours arriveront encore
en temps utile, et même reconnaître la direction et
le plus court chemin qu'il faut prendre pour aller les
chercher .

Au reste, ce sont des hommes qu'il s'agit de sauver, la voix de l'humanité parle assez, et toute recommandation serait ici superflue.

Les percements ont presque toujours besoin d'être revêtus en maçonnerie, que l'on peut indifféremment faire de briques, de moellons ou de pierres de taille. Quelque dure que soit la roche, quand on la laisse à nu il y a toujours probabilité qu'il s'en détachera quelques fragments qui pourraient atteindre les personnes qui fréquentent le chemin. On n'a pas plus, on a même moins de raison de redouter un tel accident, que de craindre qu'un quartier de roche s'échappant du talus d'une tranchée ne vienne à rouler sur la voie ; et pourtant on s'en préoccupe beaucoup plus. Comme il y a toujours, dans le fait, quelques parties qui menacent, que la dépense d'un revêtement n'est pas très-considérable quand le terrain est solide, et qu'il rend toujours les percements plus propres et plus agréables à l'œil, on a coutume de les en garnir en entier.

On comprend que, dans ce cas, la maçonnerie la plus légère peut suffire à remplir le but qu'on se propose. Aussi emploie-t-on souvent les briques, parce qu'il est plus facile de les placer, que le travail s'achève plus vite, et qu'elles occasionnent moins d'encombrement dans les galeries.

On fait venir ordinairement en France, pour faire les briques, des ouvriers belges, qui s'établissent au printemps pour faire ce qu'ils appellent leur

20

campagne sur le lieu le plus près du point où doivent être employées les briques, et où l'on trouve de la terre argileuse propre à leur fabrication. Ils prennent le travail à leurs pièces, et la façon ne leur est payée que sur les briques employées. Voici le détail des prix qu'il en a coûté aux environs de Saint-Étienne et de Rive-de-Giers pour 1,000 briques employées, ayant 0^m,25 de long, 0^m,125 de large, 0^m,083 d'épaisseur :

Trois mètres cubes de terre, indemnité, extraction et transport.	3^f	»^c
Façon de briques et cuisson.	11	40
Houille.	3	»
Transport moyen aux lieux où elles étaient employées.	8	»
	25	40

Le prix d'un mètre cube de maçonnerie en briques contenant 360 briques employés en revêtement de percement, est revenu, savoir :

360 briques à 25,40.	9^f	14^c
Mortier.	3	20
Façon, tout le service intérieur et extérieur compris.	7	50
Déchet et faux frais.	»	16
	20	»

Ce qui faisait revenir le mètre courant d'un percement ordinaire de 120 fr. à 150 fr., suivant sa dimension, la distance du lieu de la fabrication des briques, etc.

Le prix d'un mètre cube de maçonnerie de moellons grossièrement essémilés au marteau, a été de 13 f. lorsque le service se faisait par les galeries, de 18 fr. par les puits, et de 26 fr. lorsque le travail exigeait plus de soins.

A ces prix il faut ajouter celui des arceaux d'appareils en pierre de taille, que l'on jette toujours de distance en distance, et que l'on rapproche de plus en plus jusqu'à les faire joindre sans interruption de maçonnerie ordinaire, à mesure que le manque de solidité du terrain et les accidents les rendent nécessaires. On donne à ces arceanx de $0^m,50$ à 1 mètre d'appareil, et le prix en est relatif à celui de la pierre de taille.

Indépendamment de la pierre de taille employée pour les arceaux, il est bon d'en établir sur le sol une première assise, qui sert de base à la maçonnerie, et sur laquelle portent ces arceaux.

Il est certaines roches, surtout dans les terrains houillers, qui poussent constamment au vide. Si l'on n'avait pas soin de se prémunir contre cette disposition en voûtant le dessous du percement comme le dessus, les pieds-droits de la voûte se rapprocheraient par leur partie inférieure, le sol du percement se relèverait, et les maçonneries finiraient par se désunir et par s'écrouler. On est obligé, pour prévenir ces mouvements, de former une maçonnerie ceintrée qui puisse résister de tous les côtés à la poussée du rocher ou des terres, à peu près comme le ferait un tonneau vide à la poussée de l'eau dans laquelle il serait immergé ; c'est ce qui a fait donner par les Anglais à ces percements le nom de tunnel.

Il faut, pour le ceintrage de ces parties, étudier une forme qui se prête le mieux qu'il est possible à résister à la poussée du terrain , en même temps qu'elle permet d'établir commodément la voie. La voûte de Terre-Noire est formée de 3 portions d'arc de cercle TY (pl. 5, fig. 24) de 5 mètres de rayon, YZ de $1^m,50$ et de TU de 2 mètres ; les deux angles T, U sont formés par un rang de dés ou pierres taillées suivant la coupe qui répond à la réunion des deux courbes dont le rayon est respectivement XT, VT. L'écoulement de l'eau a lieu entre la courbe TU et la corde TU formée par les traverses sur lesquelles sont établis les rails, et qui est elle-même fortement buttée contre les dés T, U qui servent à maintenir l'écartement des parois du percement.

Comme on est presque toujours pressé de temps pour l'achèvement des percements, il y a avantage à donner les travaux à prix faits; mais seulement par petites parties, parce que les prévisions sont toujours trop incertaines pour qu'on puisse faire des adjudications en masse, et que l'on ne doit jamais s'exposer à laisser aux entrepreneurs de trop grandes chances de fortune où de ruine. On devrait d'ailleurs s'attendre à ce que, dans le cas où les accidents ou les difficultés dépasseraient beaucoup les prévisions , ils chercheraient à compenser leurs pertes, soit en négligeant le travail, soit en le faisant traîner, à dessein, en longeur, pour mettre la compagnie dans la nécessité de résilier les marchés, ou de leur allouer des indemnités qui annuleraient pour la compagnie les avantages du forfait, et laisseraient peser sur elle toutes les chances défavorables du marché. J'ai appris par expérience qu'en France les lois se refusent à consommer dans un temps donné la ruine d'un homme qui, par des transactions onéreuses dont l'accomplissement doit avoir une longue durée, a eu le malheur de prendre des engagements qui semblent la rendre inévitable. Aussi n'ai-je pas voulu, en 1827, adjuger pour 500,000 fr. à un entrepreneur très-solvable de Saint-Etienne, le percement de Terre-Noire, qui a coûté 1,058,900 fr. de premier établissement, et plus tard 138,900 fr. de travaux accessoires, de redressement ou réparations; le motif de mon refus était la crainte d'éprouver des retards, et d'être entraîné dans des procès qui auraient été plus nuisibles à la compagnie que ne pouvaient lui être avantageux les bénéfices incertains qu'elle aurait pu trouver dans l'exécution de ce marché.

Il y a aussi un grave inconvénient à faire exécuter les travaux à prix faits. La difficulté de la surveillance permet aux ouvriers auxquels ils sont confiés de tromper, sans beaucoup de peine, les surveillants et les agents. J'en ai même vu, lorsqu'ils ne pouvaient réussir à déjouer leur vigilance, em-

ployer contre eux la menace, ou bien pendant qu'ils
montaient ou descendaient pour faire leur visite,
laisser tomber du haut des puits des blocs de pierres,
afin de leur faire comprendre que, sous prétexte d'un
accident, rien n'était plus aisé que d'exercer impunément contre eux une terrible vengeance, s'ils ne
cessaient de s'acquitter consciencieusement de cette
périlleuse partie de leurs fonctions.

Voici le prix de quelques travaux exécutés en percement au chemin de fer de Saint-Étienne :

L'enlèvement d'un mètre cube de roches dans les
poudingues durs, se soutenant sans être voûtés, a coûté.   7ᶠ 50ᶜ

Dans les granits ou dans les schistes mêlés de bancs
de quartz.. . . . . 8 fr. 50 c. à   9   50

Le cerveau de la voûte, ayant 3 mètres de largeur
sur deux mètres de hauteur, adjugé séparément du
strauss ou de la reprise. 12   »

Le strauss. . . . . , ... 6   »

Le grès bouiller, très-dur et très-solide. . . . 13   50

La différence de prix entre le rocher dur, le
rocher tendre, et même les terrains mouvants,
comme les sables du percement de Lyon, n'est
pas très-considérable, parce que les accidents courants, et les boiseries qu'il faut mettre à profusion
pour soutenir les mauvais terrains, sont à peu près
compensés par la difficulté d'extraction des roches
dures et compactes, et par les dépenses qu'entraînent la détérioration et l'entretien des outils.

On emploie aussi, dans les percements, une
grande quantité de poudre, par la nécessité où l'on

se trouve de faire des coups de mine peu profonds et très-répétés. Dans les roches dures, cette quantité s'élève jusqu'à 0^{kil},80 par mètre cube.

Au reste, et tout compensé, on voit que, lorsqu'il n'y a pas d'accident grave, le mètre courant de percement ne revient pas fort cher. On peut estimer que, lorsqu'ils ne sont destinés à recevoir qu'une seule voie, ce qui exige des galeries de 3^m,30^c de largeur et de 5 mètres de hauteur, et en les exécutant au moyen de puits de 40 à 100 mètres de profondeur, il en coûterait à peu près :

Pour extraction des roches, y compris les emplacements des voûtes. 290
. Revêtement en maçonnerie. 120
Bois, selon la difficulté du travail, en moyenne, sans y comprendre les grands accidents. 40
Service intérieur, enlèvement et transport des déblais. 50
Puits. 60
Pierre de taille. 40
———
600

Il est impossible de rien statuer sur les grands accidents. A Rive-de-Giers, sur 1,000 mètres d'étendue, ils ne se sont élevés que de 30 à 40,000 fr. , et à Terre-Noire, sur 1,500 mètres, de 2 à 300,000 fr.

V. De la direction dans les percements.

Je n'ai pu indiquer, lorsque j'ai parlé du tracé de la ligne, les moyens qui me paraissent les plus simples et les plus propres à éviter les erreurs de direction, lorsque l'on ouvre des percements. Avant d'aborder cette question, il était nécessaire de faire connaître la disposition des puits et des galeries dans l'intérieur desquels on doit exécuter ces opérations.

Les personnes peu versées dans la connaissance des questions de géodésie, sont généralement disposées à regarder comme chose difficile de transporter des directions de la surface à une grande profondeur dans l'intérieur de la terre, et de commencer, sur un grand nombre de points à la fois, des travaux marchant à la rencontre les uns des autres, et dont la coïncidence doit être parfaite. Mais ceux qui ont l'habitude des travaux souterrains, ne voient de différence entre le tracé d'une ligne intérieure et celui d'une ligne au jour, que dans l'emploi d'un peu plus ou d'un peu moins de temps. Cependant, comme les fautes de direction sont bien plus difficiles et plus coûteuses à réparer dans les percements, et qu'il est impossible qu'elles échappent à l'œil le moins exercé, surtout quand ils sont en ligne droite, tandis qu'on peut très-bien faire disparaître, aussitôt qu'on les aperçoit, les légères erreurs qu'on pourrait commettre en traçant des lignes à l'extérieur, il est prudent et convenable de confier cette partie du tracé à des employés soigneux et expérimentés en tout ce qui concerne la conduite des travaux souterrains.

Le tracé des percements doit être établi sur la

surface, avec plus de soins même que celui du reste de la ligne. On place des repères de distance en distance, dans des positions bien fixes et à l'abri de toute variation. Si l'on craint que le terrain ne vienne à faire quelque mouvement par l'effet d'excavations souterraines dépendantes de travaux de mine, ou par toute autre cause, il faut faire et refaire souvent toutes les opérations par lesquelles on peut arriver à les reconnaître aussitôt.

Lorsque la direction est bien arrêtée à l'extérieur, on la transporte, par les puits, à l'intérieur, au moyen des fils à plomb, et l'on recommence dans la galerie une opération analogue à celle qui a été exécutée au jour. Il est bon pour cela de se servir de fils métalliques, parce qu'ils peuvent supporter, sous un plus petit diamètre, des poids plus considérables; on les choisit ordinairement en cuivre pour éviter l'oxydation et l'influence du magnétisme terrestre. On les enroule sur un petit tourniquet, arrêté sur une pièce de bois établie solidement au-dessus de l'aplomb du puits, dans un point d'où il soit facile de prendre un alignement éloigné. On accroche à l'extrémité de ces fils, des poids en plomb de 1 ou 2 kilogrammes, équivalant au tiers ou au quart de ce que peut supporter le fil; et après s'être assuré, à la vue, que les deux fils sont bien exactement dans la direction de la ligne ou de la tangente de la courbe sur laquelle doit être tracé le percement, on déroule les tourniquets, et on fait immerger les plombs dans des seaux en bois remplis d'eau.

Si le puits est percé sur le sommet de la voûte et dans l'axe du percement, on donne directement les directions à l'intérieur par le moyen de lampes dont la mèche est petite et bien ronde, et l'on place dans les parties du cerveau de la voûte les plus saines, des crochets en fer auxquels on suspend des aplombs qui guident les mineurs pour conserver leur direction.

Lorsque le puits est latéral au percement, l'opération se complique par la nécessité de changer deux fois la direction dans l'intérieur de la galerie. Pour éviter cette double opération, un de mes employés fort intelligent avait imaginé de former un cadre en bois ABCD (pl. 5, fig. 24), solidement établi et de manière à ce qu'il fût possible, au moyen de petites entailles pratiquées dans des pièces de cuivre, de repérer exactement les points A et C avec les fils à plomb. Ce cadre était en outre assez grand pour que l'on pût placer en D et B des pointes très-fines qui permissent de prendre la direction BX du percement à l'extérieur, avec toute la précision désirable. Après s'être bien assuré de la justesse de l'appareil, on le descend par le puits avec précaution, et, le plaçant dans la galerie EFGH, dans la même situation où il se trouvait au jour, eu égard à la position des fils, on retrouve immédiatement, au moyen des points BD, la direction DX.

On peut, dans des puits de $2^m,30$ de diamètre,

employer des cadres de 1m,50 de largeur, sur 6 à 8 mètres de longueur. Comme il y a certitude que l'erreur que l'on peut faire, en plaçant les points A,C contre les fils, ne s'élèvera pas à un demi-millimètre, elle répondra à trois millièmes de la longueur sur laquelle on opère, soit 0m,033 sur 100 mètres, quantité insensible et comprise dans la limite des erreurs auxquelles on est exposé dans toute opération où l'on n'emploie pas des instruments munis de lunettes.

On place les plombs dans de l'eau pour qu'ils parviennent plus vite à l'état de repos absolu, en transmettant à ce fluide tout le mouvement qu'on leur communique en les mettant en place, et pour les soustraire aux influences des courants d'air qui, sur d'aussi grandes longueurs, déterminent toujours un balancement très-prononcé. Il est bon, même pour rendre l'immobilité plus complète, d'intercepter momentanément les communications entre les galeries, lorsque les travaux sont assez avancés pour que l'on puisse faire le service par plusieurs puits à la fois.

J'insiste sur la nécessité de vérifier souvent ces opérations, quelques précautions que l'on ait prises pour en assurer la stabilité ; car j'ai remarqué qu'il se manifestait quelquefois dans le fil à plomb plongé dans l'eau, une variation sensible, due probablement à un effet d'électricité dont il ne nous a pas été possible de nous rendre compte. On peut, au reste, les vérifier, et même jusqu'à un certain point les faire entièrement, à l'aide de la boussole de mineur, en prenant la moyenne d'un grand nombre d'observations. Mais ce procédé ne m'a jamais paru susceptible de donner un résultat aussi exact qu'une opération graphique, et nous ne l'avons jamais employé que comme moyen de vérifications.

VI. Des maçonneries.

Les maçonneries que nécessite l'établissement d'un chemin de fer sont presque toujours, comme je l'ai déjà dit, exposées à être chargées de remblais, avant qu'elles aient pris assez de consistance pour résister à la poussée des terres. Il convient donc d'étudier avec soin les dispositions les plus favorables, pour éviter qu'elles ne soient dégradées avant que la consolidation des mortiers ne leur ait donné toute la puissance dont elles ont besoin.

Comme l'ouverture des chemins de fer entraîne ordinairement à de grands déblais en rocher, il est quelquefois avantageux, surtout si la chaux revient à un prix élevé, de construire à pierres sèches les maçonneries qui en sont susceptibles. Les constructions faites de cette manière ont l'avantage d'offrir immédiatement toute la résistance que réclame l'usage auquel on les destine. Mais aussi, elles ne gagnent rien avec le temps. Il faut donc les exécuter avec baucoup de soin, et y employer une grande profusion de matériaux, afin de les mettre en état de supporter les événements qui pourraient survenir plus tard. On ne devra, dès lors, les adopter que lorsqu'on pourra disposer d'une grande quantité de pierres d'un fort échantillon, et d'une cristallisation telle qu'elles soient peu exposées à glisser les unes sur les autres. Les pérés ou glacis inclinés à 45 degrés sur le bord des fleuves et même des rivières rapides, résistent très-bien aux crues et réussissent parfaitement à garantir les chaussées des atteintes de l'eau. Comme on peut, sur les points qui ne présentent pas un danger prochain, commencer par exécuter les remblais en laissant leur pied dégarni, et s'en servir pour établir des voies provisoires, on en profite pour transporter les matériaux destinés à protéger la chaussée qui a servi à les amener, ce qui présente dans le travail une grande économie. On donne à ces pérés de 0^m,50 à 0^m,70 d'épaisseur, suivant la dimention des pierres; le prix de la façon varie de 0^f,50 à 1^f,00 par mètre carré. Il est essentiel de bien veiller à ce que les ouvriers placent toujours les pierres dans le sens de leur longueur; il faut aussi que les joints soient toujours dirigés normalement à la face du péré, ou autrement inclinés de 45° à l'horizon. Cer_taines roches et, principalement les schistes, se trouvent souvent taillées naturellement en parallélipipèdes, dont une face présente un angle de 45° et la face alternante un angle de 135° ; les ouvriers sont d'autant plus disposés à profiter de cet accident de cristallisation, pour placer horizontalement la face principale de la pierre, que l'autre face se trouve alors naturellement dans le sens de l'inclinaison du péré. Les schistes se décomposent quelquefois à l'air, et sont presque toujours enduits d'une couche argileuse, qui, faisant l'office d'une espèce d'enduit savonneux, tend à les faire glisser les uns sur les autres, ce qui s'oppose à la solidité des pérés, et les rend généralement peu propres à faire de la bonne maçonnerie.

Les moellons de granit présentent des angles fréquents et des faces abruptes , qui leur permettent de bien se lier entre eux; ils offrent donc pour ces travaux plus de garantie de solidité. D'ailleurs cette roche étant ordinairement très-disposée à se laisser refendre et tailler suivant les angles de sa cristallisation, et à partir, sous le marteau, en éclats coupés à angles droits, on peut, en l'employant, donner aux maçonneries beaucoup de solidité et de régularité. Lorsque les pérés sont appuyés sur le roc, il convient de commencer à faire quelques assises avec du mortier; dans le cas contraire, on y supplée par des enrochements auxquels on donne la dimension indiquée par le régime de la rivière.

Quand les conditions du tracé conduisent la ligne sur des points éloignés des habitations et privés des communications qui seraient nécessaires pour y amener des matériaux, il en résulte de grandes variations dans le prix des maçonneries. Sur le chemin de fer de Saint-Étienne le prix a varié entre 6 fr. et 14 fr. le mètre cube, suivant la difficulté des abords et la possibilité d'employer les pierres pro-

venant du déblai des tranchées. Il est donc prudent, lorsque l'on n'est pas parfaitement fixé sur le
détail de toutes ces conditions, et que l'on veut faire
cependant un aperçu des dépenses dans lesquelles
on sera entraîné, de les évaluer à un prix supérieur
à ce qu'elles coûtent dans les mêmes lieux et dans
des circonstances ordinaires, parce que les différences de prix ne peuvent être qu'au désavantage de
l'estime, vu l'isolement des lieux où l'on est ordinairement obligé d'ouvrir des ateliers.

Lorsque les maçonneries doivent être chargées
fraîches, il est bon de leur donner plus d'épaisseur
que si l'on avait le temps de leur laisser prendre consistance. La chaux hydraulique est alors très-précieuse
à cause de la promptitude avec laquelle se durcis-
sent les mortiers dans la composition desquelles on
la fait entrer; aussi ne doit-on pas hésiter à la préférer aux chaux grasses, même avec une grande
différence de prix, surtout dans les maçonneries
destinées aux revêtements des percements; elle y
est même tout à fait indispensable pour peu que
l'on ait quelque crainte sur la solidité des roches.
Toutes ces précautions, ainsi que celle de ménager
aux eaux de nombreux et faciles écoulements par
des gouttières à travers les murs, doivent surtout
être observées à l'entrée de l'hiver, et dans la saison
où l'on attend l'arrivée prochaine des pluies.

On se trouve souvent forcé, soit pour soutenir
les terres qui chargent les murs en aile des ponts,

soit pour se tenir à une distance voulue de certains points, d'élever des murs à une certaine hauteur, et de les charger de remblai dont le pied vient se profiler avec leur arête supérieure. La pression exercée, dans ce cas, par les terres contre les murs pour les renverser, est toujours supérieure aux résultats donnés par le calcul ; toutes les fois que cette circonstance s'est présentée, j'ai éprouvé des poussées qui ont fait perdre le talus des murs, et ont fini même quelquefois par les renverser.

Ces accidents, que j'ai éprouvés un grand nombre de fois d'une manière plus ou moins grave, me forcèrent à la fin, quand ce·cas se présentait, de plac r des tirants en fer de 4 centimètres carrés, boulonnés à de fortes pièces de bois profondément engagées dans le remblai, et dont le bout dépassait le parement du mur de quelques décimètres. On faisait entrer de forts plateaux dans les bouts de barre, et l'on serrait le tout avec de bons écrous. Ce moyen m'a toujours très-bien réussi, et n'entraîne pas à une grande dépense. Il suffit qu'il puisse s'opposer au premier mouvement des maçonneries, parce que le temps permet au remblai de s'asseoir, et aux mortiers de se durcir, en sorte que les travaux conserveraient plus tard leur stabilité, lors même que le fer, venant à être détruit par l'oxydation, ne serait plus capable d'exercer aucun effort pour maintenir les murs en place.

Quand on craint que les maçonneries ne fassent

quelque mouvement qui pourrait leur faire perdre leur aplomb ou leur direction primitive, il est prudent de leur donner un talus un peu considérable. Ceux qui ont fait exécuter beaucoup de travaux d'art s'effraient peu de ces mouvements; ils savent que lorsqu'ils sont restreints dans certaines limites, ils n'influent pas ou presque pas sur la solidité et la stabilité de l'édifice. Ces déformations sont, la plupart du temps, faciles à faire disparaître; on les rétablit lorsque les maçonneries ont fini de s'asseoir et de faire leur effet, et ces reprises ont plutôt pour but d'effacer des irrégularités désagréables à l'œil, et de satisfaire l'ingénieur et l'entrepreneur, que de rendre aux travaux un degré de stabilité que ces légers mouvements ne leur avaient pas fait perdre.

L'économie est ordinairement un des buts principaux de toute entreprise particulière, et il est bien rare que l'on ne soit pas limité pour les dépenses. Si l'on excepte donc quelques cas très-rares où l'on a reconnu la nécessité de déployer un luxe bien entendu, l'ingénieur doit se faire une loi d'éviter de mettre dans ses travaux une recherche qui en augmenterait la dépense. Il doit prendre pour devise et pour règle, ces deux mots : solidité et économie; se faire remarquer par la hardiesse des conceptions, par la pureté des formes, par la grâce des dispositions, par l'élégance des masses, et non par la richesse des détails et par le luxe des ornements. Cet appareil prétentieux qui serait nécessaire pour faire

21

ressortir le talent d'un architecte , n'aboutirait ici qu'à faire, dans l'esprit des hommes qui raisonnent, la réputation des tailleurs de pierre ou des maçons.

La détermination du degré de solidité qu'il convient de donner aux constructions , et les précautions à prendre pour les mettre à l'abri des accidents , demandent une perspicacité d'esprit qui est aussi difficile à acquérir qu'elle est généralement peu susceptible d'être appréciée. Elle exige la prise en considération du calcul des probabilités, combiné avec celui des annuités , deux ordres d'idées encore trop peu répandues pour espérer que le public y aura beaucoup d'égard pour asseoir son jugement. Mais il est évident que s'il fallait , par exemple, dépenser une somme double sur l'étendue entière d'une ligne, pour donner à tous les ouvrages d'art une solidité qui dût les mettre à l'abri d'un événement susceptible, dans l'ordre des probabilités, de se reproduire tous les cinquante ans , et dont les conséquences, outre la destruction des travaux, pourraient entraîner à une perte égale à ce qu'ils avaient coûté primitivement, il vaudrait mieux courir l'éventualité des chances que d'enfouir un excédant de capital dont l'intérêt serait supérieur au rachat du sinistre probable.

Pour éclaircir ceci, supposons que la dépense primitive, calculée en suivant la marche ordinaire des choses , s'élève à un million, et que l'on présume que pour se soustraire à tout dommage il en faudrait dépenser deux. La reconstruction des travaux et la perte du dérangement occasionné par l'avarie s'élèveront alors à deux millions. S'il y a présomption que l'on sera entraîné à cette dépense tous les cinquante ans, il est évident qu'arrivé à ce terme on aura pour y faire face la somme de un million, dont on aura évité l'emploi, augmentée de l'intérêt cumulé pendant cinquante ans, ce qui représentera un total de 7,106,500 fr., comme on peut s'en assurer en faisant usage des logarithmes.

Je me bornerai pour les travaux d'art à ces considérations générales, et ne m'arrêterai pas ici à rappeler tous les détails qui rentrent dans le domaine des constructions ordinaires. Car je dois supposer que ceux à qui mon travail pourra être utile pour diriger comme ingénieurs ou comme grands entrepreneurs des travaux considérables, ne sont point étrangers à l'art des constructions, et qu'ils ont eu d'assez fréquentes occasions d'observer les divers moyens employés par les ingénieurs pour l'exécution des chemins de fer et le détail de leur mouvement, pour en faire l'application à leurs calculs de prévision.

VII. De la voie.

Tous les essais et toutes les recherches qui ont eu pour but d'établir la voie des chemins de fer d'une manière assez solide pour résister au grand mouvement auquel ils sont destinés, sont restés jusqu'ici sans beaucoup de succès, et la multitude des dispositions que ces divers essais ont fait éclore, n'ont guère appris autre chose, sinon que par leur peu de durée, elles ne sont pas de nature à satisfaire à ce qu'on en attendait.

On doit attribuer ce manque de stabilité et cette détérioration prompte de la voie et surtout des rails, au manque de cohésion du fer qu'on y emploie, au défaut d'élasticité du système sur lequel repose la voie, et à la difficulté de pouvoir procurer à tout son ensemble une stabilité que ne comporte point la nature des matériaux dont on a fait usage jusqu'ici.

Les hommes de l'art chargés de l'entretien des lignes de chemin de fer en activité, frappés des frais énormes qu'ils étaient obligés de faire pour les maintenir en état, se sont toujours imaginé que cette prompte détérioration était due à la dimension et à la manière dont étaient disposés les matériaux; ils ont cru qu'en changeant le système d'assemblage, le poids et la forme des rails, des dés, des chairs, on parviendrait à réduire les frais d'entretien de la ligne dans des limites qui ne chargeraient pas trop les frais de transport. Mais il est évident que tant que les compagnies n'auront pour garant de la bonté des nouveaux systèmes que la bonne opinion qu'en conçoivent leurs auteurs, elles devront regarder toutes les réformes et tous les changements dans lesquels elles se seront laissées entraîner, comme des pertes susceptibles de pouvoir se renouveler indéfiniment, et, à ce titre, de charger les frais de transport sans augmenter d'aucune manière le capital.

Lorsqu'en 1825 j'allai visiter le chemin de fer de Darlington à Stokton, tous les ingénieurs civils anglais étaient dans l'opinion que les rails en fer forgé, dont l'invention récente venait de recevoir sa première application sur ce railway, dureraient au moins 15 ans. A en juger par le peu d'altération qu'ils avaient subi depuis la mise en activité, on pouvait, en effet, conjecturer que si leur détérioration était pour l'avenir proportionelle à ce qu'elle avait été par le passé, leur durée devait même dépasser cette limite.

Cependant quelques années après la livraison du chemin de fer de Saint-Etienne, je commençai à m'apercevoir qu'outre la détérioration imperceptible qui se manifestait sur le plat et sur les rebords intérieurs des rails, ils éprouvaient une autre espèce d'altération qui attaquait leur organisation intérieure. Les parties du fer semblaient perdre la faculté d'adhérer les unes aux autres, et se séparaient en filets parallèles à la longueur du rail, ce qui lui donnait l'aspect d'une réunion de filaments de chanvre.

Ignorant quelles étaient les qualités que devait avoir le fer pour constituer des rails qui pusssent avoir la durée que l'on devait raisonnablement en espérer, je crus avec MM. Thénard et Arago, appelés l'un par la compagnie, l'autre par M. Wilson chargé de la fourniture de nos rails, qu'il suffirait que ces rails résistassent sans se briser à la chute d'un corps tombant d'une certaine hauteur. Nous regardions, en effet, comme la plus grande fatigue à laquelle ils fussent exposés, l'effort que produirait la chute d'un wagon ou d'une machine dont l'essieu se serait cassé; nous nous bornions donc à les soumettre à une épreuve qui les plaçât dans une circonstance pareille.

Il fut en conséquence arrêté que les rails seraient soumis à cette épreuve, engagés dans deux entailles de fonte distantes l'une de l'autre de 1 yard ($0^m,904$), c'est-à-dire assemblés et retenus exactement de la même manière qu'ils le sont par le moyen des chairs du chemin de fer, et que, sur la portion du rail ainsi soutenue, on laisserait tomber, de $0^m,60$ de hauteur, uu poids de 2,253 kil.

Les rails résistèrent parfaitement à ce choc; il en résulta seulement une flexion permanente de $0^m,11$, et quelques légères gerçures à leur partie inférieure. Il fut alors convenu que la compagnie aurait droit de répéter cet essai aussi souvent qu'elle le jugerait convenable, ce qui fut exécuté. Le nombre de rails qui se brisèrent fut dans le principe peu considérable. On employait alors au Creuzot beaucoup de fonte de Bourgogne; le fer était corroyé et passé deux fois au laminoir avant de recevoir la dernière façon, et M. E. Biot, notre associé, chargé du soin de surveiller la confection des rails, le regardait alors comme ayant toutes les qualités désirables pour les constituer bons. Quand les rails avaient fléchi, on pouvait les redresser au marteau dans tous les sens, sans qu'il s'ensuivît jamais aucune rupture. Je regardais même cette opération comme avantageuse, en ce qu'elle devenait pour le rail une espèce d'écrouissage qui lui donnait plus de rigidité.

Cependant, sur la fin de la livraison, quelques indices commencèrent à me faire craindre que le fer ne fût trop doux et trop pailleux. M. Philippe Taylor, que je consultai à ce sujet, me confirma dans cette opinion, et la compagnie du Creuzot fut autorisée par nous, sous une légère réduction de prix, à supprimer un des corroyages, et à faire entrer les fontes du Creuzot dans une plus forte proportion dans le mélange destiné à la fabrication des rails.

Ces nouveaux rails étaient plus cassants que les autres; ils résistaient rarement aux essais; plusieurs se brisèrent lorsqu'on les dressa à l'enclume; mais nous crûmes remarquer que leur détérioration était un peu moins prompte. Leur poids ne s'élevait qu'à 13$^{\text{kil.}}$,50 par mètre courant, et ils avaient exactement la même dimension que ceux employés au chemin de fer de Darlington. En 1834, lorsque je retournai en Angleterre visiter de nouveau ce railway, sur lequel il existait alors, depuis huit ans, un fort mouvement analogue à celui du chemin de fer de Saint-Étienne, je trouvai que le plus grand nombre des rails qui étaient hors de service avaient péri par suite d'une détérioration absolument semblable à celle qui avait entraîné la destruction de ceux du chemin de fer de Saint-Étienne.

Une si grande coïncidence me fit juger que l'usance des rails était indépendante de la manière dont le fer était travaillé, mais bien inhérente à d'autres causes qu'il fallait se hâter de découvrir. L'idée la plus simple, et qui se présentait la première à l'esprit, pour remédier au mal, était d'augmenter la dimension des barres ou d'en changer la forme; mais ces expériences, qui ont été faites aux chemins de Manchester et de Saint-Étienne, n'ont pas produit les résultats auxquels on s'attendait. Depuis lors, M. Stephenson a pensé que ce n'était pas la force, mais bien l'élasticité qui manquait au système des rails, et que loin de guérir le mal, on ne faisait que l'aggraver en augmentant la dimension des dés et le poids des rails. La question était donc d'obtenir que le système opposât moins de rigidité aux secousses répétées qu'il éprouve au passage des convois; or, en augmentant la masse du système, on arrivait à un résultat diamétralement opposé et qui se rapprochait de celui que l'on obtient en augmentant le poids d'une enclume pour y forger plus facilement. La justesse de ce raisonnement paraît avoir été confirmée par l'essai que l'on a fait au chemin de fer d'Anvers à Bruxelles, et qui consistait à établir entièrement la voie sur des traverses en bois. Les rails, dont la section est à peu près la même que celle

adoptée dans le principe de l'établissement du chemin de Manchester, et qui pèsent 18 kil. le mètre
courant, ou un tiers seulement de plus que ceux des
chemins de Darlington et de Saint-Étienne, ont
aussi bien résisté que les rails pesant 22 kil. que
l'on a employés sur plusieurs chemins de fer [1].

Si, comme tout porte à le croire, l'expérience
confirme que le grand principe de mécanique d'é-
viter la perte des forces vives doit être, plus que
partout ailleurs, étendu au système de la voie des
chemins de fer, on possédera une des données les
plus précieuses pour y rattacher avec sécurité les
innovations et les perfectionnements futurs. On a
reconnu depuis longtemps que pour économiser la
force et éviter les secousses, il y a de grands avantages à employer des corps élastiques, et l'on a fait
déjà aux machines locomotives et aux wagons d'heureuses applications de ce moyen de ménager la voie
en les suspendant sur des ressorts. Il semble donc
naturel qu'avant de tenter d'autres méthodes, on
épuise d'abord les combinaisons de celles qui, dans
l'état actuel de l'art, offrent les plus grandes chances de réussite.

Je m'aperçus, presque dès l'origine de la mise en
activité du chemin de fer de Saint-Étienne, que
le roulage sur les traverses en bois était bien plus

---

[1] Voyez l'*Exposé général pour le tracé des chemins de fer*, par
M. Vallée, ingénieur en chef, directeur des ponts et chaussées.
Paris, 1837, p. 167.

doux, moins bruyant, moins fatiguant pour les voyageurs que sur les dés en pierre ; et que les rails paraissaient s'y déteriorer moins vite. Je remarquai aussi que dans les percements où les dés en pierre portaient sur le roc, la déformation de la voie fut si prompte, et les rails sitôt hors de service, que l'on fut obligé de relever les dés afin de pratiquer au-dessous une excavation assez profonde pour y placer une couche de quelques centimètres d'éclats de pierre.

A Selby, on a tenté un autre moyen ; c'était de placer des morceaux de feutre entre les chairs et les dés [1].

On peut espérer qu'il résultera de tous ces efforts de notables améliorations dans le système de la voie ; mais on ne devra pas perdre de vue qu'il ne faut pas donner aux rails des dimensions plus considérables que celles qui leur sont nécessaires pour résister au mouvement auquel ils seront habituellement expo-sés. Ce serait un mauvais calcul de vouloir mettre leur force en rapport avec des accidents, possibles il est vrai, mais dont la probabilité ne peut être assez grande pour qu'on la rachète par un tel sur-croît de dépense.

On sait que le fer et les corps en général, lors-qu'ils sont chargés dans le sens de leur longueur et soutenus à leur extrémité, résistent en raison de

---

[1] Voyez *Leçons sur les chemins de fer,* par Minard. Paris, 1834, page 15.

leur largeur multipliée par le carré de leur hauteur et divisée par leur longueur. Ceci s'explique facilement en faisant attention qu'un poids P, placé sur une barre de fer, exerce sur elle un effort qui tend à la faire rompre en Ry au point où elle est soutenue par un support Ry. Or, on peut substituer par la pensée, à la barre de fer, un levier coudé inflexible Ryx, attaché à la section de la barre Ry par une rangée de clous $a,b,c,d,e,$ espacés les uns des autres de 1 millimètre par exemple, et transporter aussi par la pensée le poids P en x.

On voit alors, en effet, que l'effort du poids x pour arracher les clous a,b,c,d sera proportionnel aux distances $\dfrac{ya + yb + \text{etc.}}{xy}$; et comme les quantités ya, yb, etc., croissent en progression arithmétique, leur somme sera exprimée par la surface d'un triangle. En nommant y ses côtés, x la longueur Xy, c la cohésion du fer par millimètre carré, on aura pour l'expression de la résistance d'une tranche verticale de fer d'un millimètre de largeur, de y de hauteur et x de longueur, $\dfrac{cy^2}{2x}$, c étant une constante relative à la nature du corps, qui devra être déterminée par l'expérience.

Quelques physiciens [1] calculent que pour le fer forgé, la quantité c est égale aux $\frac{4}{3}$ de la résistance de ce métal, lorsqu'il est tiré de long ou perpen-

[1] *Résumé des Leçons de mécanique* de **M. Navier**, p. **70, 71.**

diculairement à la direction de ses fibres ; en multipliant l'expression ci-dessus par ce nombre et
par la largeur de la poutre que nous nommerons z,
l'expression de sa résistance deviendra

$$\frac{2}{3} c \; \frac{zy^2}{x}.$$

L'expérience m'a amené à charger le fer de 4 à
6 kil. par millimètre carré toutes les fois qu'il était
employé à soutenir un effort continu sans être exposé
à des chocs ou à d'autres circonstances, qui dans des
limites plus ou moins étendues, missent souvent sa
résistance à l'épreuve.

En partant de cette donnée et en calculant sur
des rails établis sur des chairs espacés de 0,90,
ayant les dimensions de ceux du chemin de fer
de Saint-Étienne, c'est-à-dire une hauteur moyenne
de $0^m,072$, et une épaisseur moyenne de $0^m,025$, la
valeur de R étant égale à 5 kil., F, ou la force de ces
rails, serait exprimée par :

$$F = \frac{2}{3} \times 5 \times \frac{25 \times 72^2}{450} = 690^{kil.}$$

C'est à peu près le poids qui charge chacune des
roues d'un wagon.

Pour résoudre le problème d'obtenir une voie
solide, peu susceptible de détérioration, et dont le
prix serait restreint dans des limites qui ne fussent
pas trop élevées, il faudrait trouver le moyen de
combiner une nature de rails forts, élastiques, légers, et dont les soutiens seraient très-rapprochés

les uns des autres, et établis sur des corps pourvus au plus haut degré possible de toutes les conditions d'élasticité. Sans vouloir attacher trop de valeur à une idée que je n'ai pu corroborer encore d'aucune expérience, je crois qu'il ne serait pas sans utilité de faire un essai de quelques années, pour constater les résultats que l'on pourrait obtenir en substituant l'acier fondu au fer forgé pour la confection des rails. Je n'ignore pas que le prix élevé de cette matière [1] est une barrière insurmontable à son application actuelle aux chemins de fer ; mais qui peut prévoir les miracles que réalisera un jour l'industrie? Les emplois de l'acier fondu ne sont pas assez étendus pour espérer que l'industrie, par des tentatives hardies et de grandes dépenses, cherchera les moyens de pouvoir le livrer au commerce à un prix de beaucoup inférieur à ce qu'il coûte aujourd'hui. Mais s'il était constaté qu'il satisfait pleinement à toutes les conditions, celle du prix exceptée, désirables pour le service des chemins de fer, ne serait-il pas possible que cet immense débouché qui lui serait offert, et les chances de bénéfices qui en seraient la conséquence, appelant sur ce point l'attention des hommes entreprenants, amenassent bientôt quelque découverte qui ajouterait un élément nouveau à ceux dont dispose l'industrie?

Si l'on se décidait à faire cet essai , on pourrait

---

[1] L'acier fondu se vend de 1,200 à 1,500 fr. le tonneau.

établir un rang de traverses, sur lesquelles on poserait des longuerines, en mettant dans l'intervalle un morceau de cuir, un feutre goudronné ou enduit d'une dissolution élastique incorruptible, ayant pour base le caoutchouc, ou tout autre substance analogue ; on placerait sur ces longuerines, des chairs en fonte de fer, encastrés dans le bois, sur lequel ils porteraient par l'intermédiaire du même moyen, et assez élevés pour permettre à tout le système de boiserie d'être toujours et continuellement recouvert par le terrain.

La distance de ces chairs serait calculée de manière à ce que le poids que les rails auraient à soutenir ne dépassât pas ce que peut supporter l'acier fondu ; ils seraient par conséquent d'autant plus rapprochés, que les rails seraient plus faibles. Je ne doute pas que si un pareil essai réussissait, l'industrie ne trouvât les moyens de produire de l'acier fondu à des prix abordables pour une si énorme consommation.

VIII. Des supports des chairs.

Les dés en pierre ont l'inconvénient de former une masse qui exclut toute élasticité, inconvénient qui s'aggrave à mesure qu'on augmente davantage leurs dimensions. Le moindre défaut de position tend à déterminer un éloignement ou un rapprochement des rails entre eux, à resserrer ou à élargir la voie, et à donner aux rails une inclinaison très-funeste à leur durée ; car les roues des machines et des wagons portant alors sur leurs angles, les détériorent et les détruisent plus promptement. Pour prévenir autant que possible ces effets, il convient d'employer des dés dont l'assiette, eu égard à la hauteur, offre une grande surface, de placer la partie la plus longue du dé dans le sens de la largeur de la voie, et de poser le chair dans une partie encastrée et bien unie, afin qu'il porte exactement par tous ses points.

Il arrive souvent que les chairs ne sont pas bien attachés aux dés, parce que les trous n'ont pas été percés dans la direction ou les dimensions convenables. Il serait à souhaiter que l'on pût faire usage, pour creuser sur le dé la place du chair, et pour forer les deux trous de la pierre, d'une machine dont la construction permît d'en effectuer le transport dans les divers lieux d'où on extrait et où l'on façonne les dés. J'avais imaginé à Lyon, en 1827, une machine extrêmement simple au moyen de laquelle j'avais fait faire quelques essais qui m'avaient parfaitement réussi, elle consistait en deux mèches d'acier fondu placées parallèlement l'une à l'autre dans un cadre, et pouvant avancer ou reculer dans le sens de leur longueur, au moyen d'un mécanisme particulier qui permettait d'exercer sur elles une pression soutenue et graduée. Ces mèches étaient mues circulairement au moyen d'un petit manége, et il suffisait de présenter le dé quelques instants pour le percer avec autant d'exactitude que d'économie.

Mais un grand nombre de dés étaient livrés tout le long de la ligne ; on fut donc forcé de les recevoir percés à la main, parce qu'on ne pouvait pas obliger les fournisseurs à faire cette opération mécaniquement, et qu'il n'était pas possible, à cause de la dépense où l'on aurait été entraîné, de venir les faire percer dans l'atelier.

Les chevilles qui attachent les chairs aux dés doivent être en bois très-sec, bien de fil, et d'une dimension telle qu'elles éprouvent une assez grande compression lorsqu'on les enfonce dans les trous des chairs.

Lorsqu'on perce ces trous à la main, il existe toujours de grandes différences dans leurs diamètres, et les chevilles manquant aussi de régularité, les ouvriers, par négligence ou par ignorance, auraient pu très-souvent arrêter les chairs avec des chevilles trop faibles ; j'avais donc fait faire un emporte-pièce en acier fondu, sur l'ouverture duquel on plaçait par bout un morceau de bois de chêne refendu et bien de fil. Frappant alors dessus un grand coup de maillet, on obtenait des chevilles parfaitement cylindriques, au plus bas prix possible ; car l'instrument permettait de les faire avec une extrême promptitude, et d'en obtenir un grand nombre avant qu'il fût hors de service ; ce qui réduisait la façon presque

à rien, le prix du millier, toute fourniture comprise, ne s'élevant qu'à 8 fr.

On doit donner une attention toute particulière
à ce que les dés reposent sur un terrain partout également résistant. Il est bien rare que sur une longueur de 5 mètres il n'existe pas quelque différence dans la fermeté du terrain sur lequel ils ont
été établis, et les secousses occasionnées alors par
le passage des convois faisant fléchir les parties moins
résistantes, le rail, sur ce point, éprouve une fatigue quatre fois plus grande que dans les endroits où
il est soutenu par deux supports consécutifs, puisque
sur une longueur double il reçoit aussi deux fois
plus de roues à la fois.

Cette considération m'a toujours fait regarder
l'emploi des rails ondulés comme désavantageux et
sans but; parce qu'il est visible qu'en affaiblissant
le point où ils portent sur les dés, lorsqu'un de ces dés
fléchit, la partie du rail qu'il supportait devient
incapable de résister à aucune espèce d'effort. Et
cependant le préjugé de l'avantage qu'il y avait à
employer des rails ondulés était tel en 1827, en Angleterre, qu'on les préférait, bien que la différence
de prix avec les rails droits fût justement équiva-
lente à toute l'économie de poids qui résultait de la
nouvelle forme; en sorte que, longueur pour longueur, des rails égaux en section dans toute leur
étendue, à la plus grande section des rails ondulés,
ne revenaient pas plus cher que ces derniers. C'est

22

ce qu'il est facile de vérifier en faisant le calcul des sections, et comparant ensuite les prix qui me furent établis à cette époque par des maisons de Londres : 13 liv. st. par tonneau pour les rails ondulés, et 11 liv. st. seulement pour les rails droits.

Les rails égaux dans toute leur longueur, outre l'avantage de mieux résister lorsqu'un dé vient à fléchir, offrent encore celui de pouvoir être soutenus, dans les endroits où la fatigue est la plus grande, par autant de dés ou de traverses que l'on veut.

Il a été proposé quelquefois d'établir la voie sur de petits pilots enfoncés en terre, et destinés, soit à supporter les traverses sur lesquelles étaient fixés les chairs, soit à y établir directement les chairs. Ce moyen aurait l'inconvénient de presenter moins d'élasticité que les pièces de bois en travers. Je ne connais, au reste, à ce sujet, aucune expérience dont le résultat soit digne d'attention.

Il est essentiel de donner à tous les rails exactement la même longueur, afin qu'en cas d'accident on puisse les remplacer par le premier venu. Cependant lorsque l'on emploie des traverses en bois, comme tous les joints doivent se trouver en face les uns des autres, ou en face d'un des supports du rail opposé, il convient d'avoir deux longueurs de rails, dont l'un dépasse l'autre dans le rapport de la différence de développement des deux branches de la courbe tracée sur le plus petit rayon dont la compagnie est autorisée à faire usage. Si ce rayon

est de 500 mètres et la voie de 1ᵐ,50, cette différence sera de 0,003, soit 0,015 sur des rails de
5 mètres de long ; lorsque les courbes ont un plus
grand rayon, on intercale un nombre de rails longs
proportionnels à la différence des développements,
ce qui ne présente aucun inconvénient, tandis qu'il
y en aurait beaucoup à avoir trop de modèles de
rails.

Il est essentiel aussi de laisser entre les extrémités des rails un petit intervalle, qui leur permette de
ne jamais venir butter les uns contre les autres,
dans les variations de longueur auxquelles ils peuvent se trouver exposés par suite des différences
dan la température. Lorsque ce cas arrive, la ligne
se deforme horriblement. S'il y a de suite deux ou
trois rails trop rapprochés, le frottement qu'ils exercent contre les chevilles qui les serrent dans les
chairs est suffisant pour empêcher les intervalles
de s'égaliser, bien qu'il semble que ce mouvement
dût être favorisé par les vibrations et le frémissement
que le mouvement occasionne dans le système de la
voie.

Le fer étant sujet à absorber beaucoup de chaleur
lorsqu'il est exposé aux rayons du soleil, il faut calculer qu'en été sa température peut atteindre près
de 50 degrés ; et comme ce métal se dilate de
0,0000126 par chaque degré du thermomètre centi-
grade, il s'ensuit que si l'on construit le chemin de
fer par 10ᵒ il faudra laisser entre chaque rail de

5 mètres un intervalle de $40 \times 5 \times 0,0000126 =$ 0,00252.

Les rails sont sujets, quand ils ne sont pas bien assujettis aux chairs, à faire un mouvement et à marcher dans tel ou tel sens, suivant que les causes, assez nombreuses, qui influent pour produire cet effet, sont prépondérantes les unes sur les autres. Cette tendance devient surtout apparente lorsqu'à une basse température qui détermine de grands intervalles entre les bouts des rails, il se joint une grande sécheresse qui diminue le volume des chevilles en bois qui assemblent les rails aux chairs. On pare à cet inconvénient de plusieurs manières : sur les chemins anglais, on ménage à l'extrémité du rail, un bouton qui s'engage dans une cavité du chair qui lui correspond ; au chemin de Saint-Étienne, j'ai essayé de percer les rails, en avant du chair, d'un trou de 3 millimètres de diamètre, dans lequel on plaçait une cheville en fer, et aussi de former au milieu du chair un petit bourrelet ou boudin contre lequel vient s'engager une entaille correspondante qu'on a faite au rail.

Tous ces moyens ont du plus au moins rempli leur but. Bien qu'il ne résulte pas de bien graves inconvénients de cette marche des rails, vu que les effets en sont toujours bornés, il faut cependant y donner une certaine attention ; car s'il était porté trop loin, le bout du rail finirait par abandonner l'entaille du chair destinée à le recevoir, et les wagons ainsi que les machines pourraient sur ces points sortir de la voie.

La cause la plus fréquente de ce mouvement est due à la gravité, lorsque les rails sont placés sur des parties ayant une inclinaison un peu considérable ; surtout si l'on fait souvent usage des freins pour modérer la vitesse des wagons. Lorsque le mouvement d'un chemin de fer est bien plus considérable dans un sens que dans l'autre, les rails marchent sur les courbes dans le sens opposé à celui du petit glissement des roues, produit par la différence de développement des rails intérieurs et extérieurs; c'est-à-dire que ce glissement fait avancer le rail de la courbe extérieure dans le sens du plus grand mouvement, et reculer celui de la courbe intérieure.

Les machines locomotives tendent aussi à rejeter les rails en arrière, en contractant avec eux, par le frottement, une adhérence qui tend à compenser inégalement les effets d'allée et de retour, suivant la fatigue qu'éprouve la voie dans les deux cas.

Une autre cause, enfin, réside dans les petits chocs qui ont lieu au bout des rails lorsque leur flexion, au passage des convois, est trop grande, ou qu'un vice de fabrication, ou un accident quelconque a déterminé la formation de bourrelets contre lesquels viennent heurter les roues des machines ou des wagons.

Comme rien ne doit être négligé, il est prudent encore de veiller sur la forme, la position et la

matière des coins qui servent à assembler les rails
aux chairs. Il m'a toujours semblé que, pour plusieurs motifs, on devait les placer extérieurement
à la voie. On voit en effet que d'après la forme que
l'on a jusqu'ici donnée aux rails, il est moins à
craindre, si le coin vient à manquer, que le convoi
pousse le rail dans la direction BA (pl. 5, fig. 28),
que dans la direction A B, parce que, dans le premier cas, le rail, venant appuyer en C, est encore retenu par son talon dans l'entaille D, tandis
que dans le cas contraire, et si le mouvement
avait lieu de A en B, rien n'empêcherait le rail
de se dégager du chair, en venant occuper l'intervalle laissé libre par l'absence du coin. Une autre
considération, c'est qu'il convient d'interposer un
corps élastique entre le chair et le rail, et de soutenir ce dernier le plus près possible de la partie
supérieure du rail. La voie devant être remblayée
plus haut du côté de la banquette que dans l'intervalle des rails, les chevilles seront moins exposées
à changer de dimension par suite des alternatives
d'humidité et de dessication.

Les coins en bois bien sec, surtout si on les enduit de goudron, me paraissent préférables aux coins
en fer dont on fait quelquefois usage ; ces derniers
ne serrent jamais contre les chairs et les rails que par
quelques points, et pour peu que les cantonniers
les frappent trop fort pour les enfoncer, ils en cas-
sent un grand nombre.

On a remarqué que les rails établis bout à bout se constituent dans un état permanent d'électricité qui les garantit de l'oxidation ; en sorte que l'on n'a point à craindre cette cause d'altération. On peut s'assurer de la justesse de cette observation en plaçant au joint de chaque rail un peu de limaille de fer sur une feuille de papier, et en considérant l'arrangement des brins, qui se placent dans la direction de chacun des pôles de cette grande pile. Peut-être cet effet est-il rendu plus actif par le mouvement considérable qui a lieu sur les grandes lignes. C'est une question qui pourra être éclaircie avec le temps.

Il existe, pour la durée des rails, de grandes différences, relatives en général, aux conditions particulières dans lesquelles ils se trouvent placés, sans qu'il soit toutefois possible de stipuler quelle sera cette durée, même dans des conditions données. J'avais calculé, lors de l'établissement du chemin de fer de Saint-Étienne, que le service des rails devait être de quinze ans ; mais ils se sont détériorés bien plus rapidement, et ont été mis beaucoup plus tôt hors de service, en sorte que cette partie de l'entretien a beaucoup dépassé mes prévisions. Le mouvement, il est vrai, a été presque double de ce que j'avais supposé [1]. Mais la plupart des rails ont été usés bien avant la moitié de ce laps de temps.

[1] Voir le Compte rendu du chemin de fer, publié en 1826, page 42.

Il faut calculer que la différence de prix entre les vieux rails et les neufs est de 150 fr. par tonneau. Or, j'ai employé pour le chemin de fer de Saint-Étienne, sur une étendue de 56 kilomètres 3,000 tonneaux de rails du poids de 13^{kil}50 par mètre courant. En supposant qu'il faille, tous les ans, en renouveler un sixième, et qu'ils aient, en cet état, perdu un quart de leur poids, leur prix étant supposé de 350 fr. le tonneau, le montant de la dépense annuelle pour le renouvellement, serait

$$\frac{3000}{6} \times 150 + \frac{3000}{6} \times \frac{1}{4} \times 200 = 100,000,$$

soit 1^f,75 environ par mètre courant, ou à peu près la moitié de ce qu'il en coûte sur le chemin de Manchester.

Ainsi que je l'ai déjà fait remarquer, les turnhouts, changements ou bifurcations de voie, etc., exigent une attention plus spéciale et des précautions qui ne peuvent être le sujet d'aucune recommandation particulière. Tout ce que j'ai dit de la voie, en général, s'applique naturellement aussi à ces cas exceptionnels, et comme ils sont rares on peut toujours les étudier avec soin et y exercer une surveillance plus minutieuse.

CHAPITRE VI.

DES WAGONS.

—

I. De la forme des wagons.

La forme et la manière dont sont construits les wagons que l'on emploie actuellement pour transporter la houille, les minerais, les castines, sables, etc., et autres objets analogues qui doivent pouvoir être chargés et déchargés facilement et à peu de frais, ne me paraît pas avoir atteint encore ni même approché le but que l'on s'était proposé.

Ces marchandises sont chargées sur les wagons, soit à la pelle, soit à la main ; le wagon , construit en forme de pyramide tronquée et renversée, s'ouvre par le fond , au moyen d'une trape mobile, pour les laisser couler dans les magasins ou entrepôts.

Mais comme cette trappe, pour qu'elle puisse s'ouvrir entièrement doit avoir une largeur qui ne dépasse pas la distance du fond du wagon aux rails, et une longueur moindre que l'intervalle entre les deux essieux, les houilles, les castines, etc., s'engorgent souvent en passant par cette ouverture. Il faut alors, avec des pics et des pelles, briser et faire couler le charbon, ou frapper le wagon avec des massues pour y exciter des vibrations qui déterminent la chute de ce qu'il contient.

Les trappes ont en outre le grave inconvénient d'être maltraitées par le choc des matériaux auxquels elles livrent passage, et de laisser toujours des intervalles par où se perd dans le trajet, une partie des objets transportés, lorsque ces objets ne sont pas en blocs d'une certaine grosseur.

Il conviendrait donc d'étudier une forme de wagon plus conforme à l'usage auquel ils sont destinés, mais comme l'essai d'un wagon de nouvelle forme demande ordinairement pour sa manœuvre des machines appropriées à son mode de construction, la chose n'est pas toujours aussi facile qu'on pourrait l'imaginer d'abord.

Il est très-désavantageux d'avoir sur un chemin de fer un grand nombre de modèles d'ustensiles employés au même service, parce que cela complique les opérations d'entretien et de réparations. On comprend, en effet, que lorsque l'on a un matériel considérable dispersé le long d'une grande ligne, il faut que sur les points principaux il y ait des ateliers contenant tout ce qui est nécessaire pour remplacer une pièce cassée, faussée ou brisée, et presque partout des dépôts de pièces les plus essentielles, telles que des rails, des chairs, des dés et même des roues de wagons prêtes à être mises en place. Tous ces objets doivent être calibrés de manière à pouvoir être substitués respectivement les uns aux autres. S'il y a plusieurs modèles, on est tenu d'avoir des provisions beaucoup plus considérables, et les ouvriers sont exposés à commettre des erreurs. En outre, on fait fabriquer les pièces à un prix bien inférieur, lorsqu'on peut les faire établir en grandes masses. On ne doit donc se décider qu'après mûre réflexion, à changer un modèle depuis longtemps en usage dans un atelier, parce que la perte entière de tout le matériel dont l'essai n'a pas réussi en est ordinairement la conséquence.

Le prix d'un wagon garni en bois établi, dans les ateliers de la compagnie du chemin de fer de Saint-Etienne, sur le modèle de ceux du chemin de fer de Darlington, s'élève à 500 fr.

Voici le détail du poids et du prix des diverses pièces payées aux ouvriers ; à ces dépenses il faut ajouter le charbon de forge, l'entretien des outils et la location des ateliers :

FER.

	Poids.	Prix de la façon.
2 Barres pour soutenir le fond de la trape..	30$^{kil.}$ »$^{c.}$ —	2$^{fr.}$ 50
4 Pièces pour accoupler les wagons entre eux, avec les boulons, écrous, chaînes et crochets. .	28 50 —	5 »
2 Boulons et leurs écrous pour support.	5 » —	1 20
2 Boulons à embase pour morail-		

lons, et les écrous forgés et taraudés.	1	50	— 0	55
4 Équerres et 4 frètes pour le haut et le bout des wagons. . .	9	»	— 0	64
16 Boulons et 16 écrous, têtes biaises pour les équerres. . . .	7	75	— 0	72
8 Fretes pour les roues, 12 Clavettes pour les moyeux, 4 *Idem* pour les roues,	19	25	— 2	»
2 Essieux de 30 lignes, tournés. .	94	»	— 3	50
Montage des roues sur les essieux, perçage des trous pour les clavettes, le tout établi et mis en place.			— 6	50
8 Boulons de support et leurs écrous.	8	»	— 0	48
Une équerre pour moraillon, en tôle.	0	50	— 0	:6
4 Boîtes en tôle pour contenir l'huile du graissage.			— 14	»

FONTE DE FER.

4 Roues en fonte alésées. . . .	480	»	— 5	»
4 Boîtes alésées.	44	»	— 3	20
4 Supports.	42	»	— »	»

BOIS.

Façon de la caisse du wagon. .	— 36	»

Les avantages que l'on a reconnus à opérer le mouvement des chemins de fer par l'intermédiaire de corps élastiques, ont déterminé plusieurs entreprises à suspendre les wagons destinés au transport des marchandises, ce qui augmente leur prix de 300 fr. Des expériences faites par M. Wood et répétées par

M. de Pambourg [1], indiquent qu'il n'en résulte pas comme on aurait dû s'y attendre, une diminution bien sensible dans la résistance ; le seul avantage sur lequel on puisse compter réside donc principalement dans la moindre detérioration de la voie et du matériel.

La construction des wagons doit être un peu subordonnée aux habitudes de ceux qui doivent en faire usage ; car ce n'est qu'avec le temps que l'on peut accoutumer les ouvriers aux soins minutieux qu'exige l'usage d'un tel matériel ; on doit un peu proportionner la force et la disposition des diverses parties qui le composent, au défaut de précautions dont on prévoit qu'ils seront certainement l'objet. Ainsi, je n'ai jamais pu réussir à empêcher de lancer des barres en bois à travers les rayons des roues des wagons en mouvement, pour les arrêter, lorsque par accident ou à dessein on leur avait laissé prendre une vitesse dont on ne pouvait se rendre maître par aucun autre moyen. L'excédant de force qu'il a été nécessaire de donner aux wagons par suite de ces considérations, a contraint à en augmenter successivement le poids. Il n'était dans le principe, au chemin de Saint-Étienne, que de 1,050^{kil} et il s'élève actuellement à 1,350^{kil}.

Lorsque l'on doit faire l'essai d'un nouveau matériel ou apporter quelque modification à celui qui

---

[1] *Traité des Machines locomotives*, p. 131.

existe, il faut mettre une attention toute particulière
à bien se rendre compte de l'emploi et des fonctions
auxquels sera appelée chacune des pièces qui le
composent , des secousses et des accidents auxquels
elle sera exposée, et calculer sa force en conséquence.
Pour n'avoir pas donné assez d'attention à cet examen, je pensai que les essieux des wagons que j'avais
reçus d'Angleterre pour modèle, et qui avaient trois
pouces de diamètre , avaient une force exagerée ,
et je crus pouvoir les réduire à 30 lignes. Mais je me
suis aperçu plus tard, par le grand nombre de ceux
qui pliaient ou se cassaient dans les accidents , que
j'aurais mieux fait de m'en tenir à ce que l'expérience
avait enseigné aux Anglais.

De gros essieux, lorsque les roues ne sont pas intérieures, augmentent le frottement et les frais de
traction ; c'est pour cela que les Anglais ont fait
tourner les essieux dans des collets ou coussinets
placés extérieurement aux roues, ce qui leur a permis d'en réduire le diamètre à $0^m.03$; ils ont aussi
amélioré la voie, conditions qui concourent, avec
les soins qu'ils apportent à l'entretien de leur ligne, à diminuer comme nous l'avons vu , la résistance des convois dans le rapport de 36 à 50. Cette
différence est loin d'être proportionnelle à celle qui
paraîtrait devoir résulter d'une aussi grande différence dans le rapport de l'essieu à la jante de la roue;
ce qui semblerait indiquer que le frottement résultant des essieux sur les boîtes ou coussinets, ne con-

stitue pas , comme on est généralement porté à le croire, la plus grande partie de leur résistance, ou que le mode de graissage anglais, composé de 45 kil. de suif, 4^{kil},5 goudron et 9 litres d'huile de poisson, est inférieur à l'emploi de l'huile d'olive dont je fai - sais usage sur le chemin de Saint-Etienne lorsque j'ai établi ces comparaisons.

II. Du graissage et des essieux.

J'avais imaginé, pour obtenir avec beaucoup d'é- conomie un excellent graissage , des boites qui avaient réussi, dans les essais, au de là de toutes mes espérances ; et ce n'est qu'à cette grossièreté d'habi- tudes dont j'ai eu tant à souffrir, aux embarras de tout espèce que m'avait donnés la mise en activité du service du chemin de fer de Saint-Étienne , qu'il faut attribuer les mécomptes que j'ai trouvés dans leur application en grand.

Ce mécanisme consiste en une boîte en tôle ABCD (pl. 5, fig. 29 et 30), qui emboîte le coussinet et y est arrêté en AB par de petites vis. Un rouleau en bois ET, placé dans son intérieur se trouve pressé par deux petits ressorts en acier GH contre l'essieu AB. On met de l'huile dans le fond de la boîte, et l'essieu en tournant entraîne avec lui le petit rouleau EF qui doit seulement toucher la surface de l'huile par sa partie inférieure, et la porter à l'essieu ; celui-

ci de cette manière se trouve toujours convenable-
ment humecté.

Des essais faits et suivis avec soin m'avaient amené
à ce résultat : que des boîtes bien établies et entrete-
nues par des ouvriers soigneux, recevant la quantité
d'huile nécessaire pour immerger le rouleau de 2 ou
3 millimètres, pouvaient suffire pendant trois semaines et même un mois pour tenir le wagon parfaitement engraissé, ce qui réduisait cette dépense à
moins du dixième de ce qu'elle était auparavant.
Mais lorsque ce mode de graissage fut livré à des
ouvriers qui ne pouvaient pas le pratiquer avec l'intelligence nécessaire pour le faire réussir, tous les
avantages qu'il offrait se changèrent en inconvénients ; et dans la crainte de laisser manquer l'huile
dans les boîtes, on leur en distribua avec une telle
profusion que la dépense finit par s'élever au double
de ce qu'elle était par les anciens moyens.

Le graissage forme une des parties les plus importantes des frais de transport ; il s'est élevé au chemin de fer de Saint-Etienne jusqu'à la somme de
60,000 fr. par an, pour 1,200 wagons, soit 50 fr.
par wagon. C'est une des parties les plus délicates du
service, elle doit être l'objet d'une grande surveillance.

Les substances que l'on emploie pour graisser,
ont toutes l'inconvénient de se durcir en hiver et de
rester alors presque sans effet. On a souvent nié que
ce fût là un inconvénient, en répondant que lorsque

le graissage cesse d'avoir lieu, l'essieu s'échauffe, et que la chaleur qu'il développe rend aussitôt à la substance sa liquidité. Mais à cette grossière explication il suffit de répliquer que quand l'essieu et la boîte sont assez chauds pour produire cet effet, l'un et l'autre sont déjà altérés et bien près d'être hors de service.

Il existe un grave inconvénient à employer pour le graissage une substance qui se durcit trop par le froid : c'est qu'il n'est pas possible, lorsqu'on a adopté un appareil qui opère un graissage continu, comme l'étaient les boîtes à mèches de Liverpool et celles que j'employais au chemin de Saint-Étienne, de dégarnir toutes les boîtes pour y substituer momentanément, quand le froid se fait sentir, une matière plus coulante. Le bon graissage est une opération qui demande des ouvriers exercés, et il est d'autant plus difficile de les rencontrer et de les former, que cette profession semble emporter avec elle quelque chose de déshonorant, par la malpropreté qu'elle entraîne nécessairement. Il faudrait donc, si l'on était assujetti à faire varier, avec le changement des saisons, la nature des substances que l'on emploie à graisser, avoir pour les moments où devraient s'exécuter les transitions, une foule d'ouvriers toujours disponibles. Mais comme cette disponibilité serait aussi incertaine que l'époque de l'arrivée du froid ou de la chaleur, il est préférable d'adopter un mode de graissage auquel on s'en

tient en toute saison. Le mieux serait d'obtenir
une substance dont la consistance pût être assez
indépendante des variations de température pour
opérer le graissage à peu près également dans tous
les temps, et cela peut faire le but de recherche
utiles pour ceux qui voudront s'en occuper.

Lorsque le graissage est trop liquide, il s'insinue
entre l'essieu et la roue, et tend à faire sortir les
cales ou les chevilles qui les retiennent l'un à l'autre;
les roues, alors, glissent dans les essieux, perdent
le rapport de largeur qu'elles doivent avoir avec la
voie pour bien fonctionner, et déterminent la chute
des wagons hors des rails. Le graissage à l'huile
d'olive, lorsqu'il n'est pas exécuté avec précaution,
est plus sujet que tout autre à amener ce résultat.

Les coussinets, les boites à graisser et les autres
parties du système d'assemblage des roues et des
essieux aux wagons, doivent avoir une certaine quantité de jeu qui permet au système de se prêter aux
changements de forme, nécessaires pour pratiquer
les courbes, les turnhouts et les entrées ou sorties
d'embranchements, sans quitter les rails. Ce jeu
devant être restreint entre les limites les plus
resserrées, ces diverses parties éprouvent, les
unes contre le autres, un frottement latéral qui
devient la cause de leur prompte détérioration, et
influe puissamment pour mettre bientôt les wagons
hors de service.

Lorsque, par une cause quelconque, le graissage

vient à manquer, la boîte, ordinairement d'un métal plus tendre que l'essieu, est la première attaquée; et lorsque cet effet est arrivé à un certain point, et qu'une portion de limaille de fonte ou de cuivre se glisse dans l'intervalle entre la boîte et l'essieu, tous les deux ne tardent pas à être détruits. Il n'est malheureusement pas possible d'arrêter le mal pendant la marche, parce que, quand les surfaces sont à cet état, le corps gras est absolument sans action sur elles; et il faut attendre l'arrivée à la station pour remplacer l'essieu, qui alors est ordinairement hors de service.

Dans le semestre du 1er novembre 1832 au 30 août 1833, pendant lequel le mouvement des marchandises s'est élevé, sur le chemin de Saint-Étienne, à 130,000 t.^{x}, représentant, avec les voyageurs, une recette de 900,000 fr., le nombre des wagons étant de 800, 350 essieux environ ont été mis hors de service, savoir :

140 dont les deux collets ont été usés de manière à les rendre absolument impropres à être remployés. On a dû les refouler des deux côtés et les replacer sur le tour, ou les couper par le milieu pour les souder à une autre partie de fer qui permît de les remettre à neuf, opération qui, dans l'un comme dans l'autre cas, a coûté 10 fr. par essieu.

140 usés d'un côté seulement, dont la réparation a coûté 7 fr.

10 brisés.

60 pliés, faussés ou tordus.

L'étendue sur laquelle le collet des essieux porte sur les coussinets n'est pas une chose indifférente à leur conservation ; lorsque cette surface est un peu considérable , on a la chance que si une partie du collet, vient à manquer d'huile et se dépolit, celle qui reste en état empêche le mal de s'aggraver, et le collet seul alors est ordinairement endommagé. M. Wood pense que le frottement est le moindre, eu égard aux surfaces en contact, lorsque leur étendue est telle qu'elle répond à 7 kil. par chaque centimètre carré.

III. Des roues.

Les roues de wagon, par leur fragilité , sont encore plus exposées à être mises hors de service que les essieux , et il reste encore à trouver un bon système de roues qui n'exige pas un trop grand entretien. On a fait un grand pas pour éviter la détérioration des jantes, en coulant les roues dans une coquille en fonte qui refroidit subitement le métal, lui communique son poli, et lui procure par cette espèce de trempé une excessive dureté, jusqu'à 2 ou 3 millimètres de profondeur. Mais cette opération favorise la fracture des roues déjà si fragiles par la matière même dont elles sont formées.

J'ai pu constater, lors de la mise en activité des travaux du chemin de Saint-Etienne, la grande supériorité , eu égard à la durée , des roues trempées sur celles qui ne le sont pas. Pressé alors de faire fondre des roues avant d'avoir pu faire préparer des coquilles, j'en fis couler un assez grand nombre dans le sable, mais elles s'usèrent avec une telle rapidité que la durée de quelques-unes n'excéda pas six semaines; tandis que je n'ai jamais vu de roues trempées mises hors de service, par suite d'usance. Le seul cas où elles périssent de cette manière, c'est lorsque, dans les pentes qui excèdent de beaucoup la limite où les wagons descendent en vertu de la gravité, les conducteurs enraient un certain nombre de roues de façon à les empêcher entièrement de tourner; la jante, au point en contact, ne tarde pas à s'échauffer et il s'y forme une partie plate. Les roues ainsi altérées sont appelées par les ouvriers *poligonées*; elles occasionnent dans la marche des secousses périodiques, et l'on est toujours forcé de les mettre à la réforme.

Lorsqu'on fond les roues, le retrait ne se fait pas, dans le refroidissement, d'une manière proportionnelle à la distribution des masses de leurs diverses parties; il en résulte de nombreuses fractures, qui se manifestent soit pendant qu'elles se refroidissent, soit lorsqu'on les enlève des moules, soit au plus faible choc dans les ateliers d'ajustage. Il est évident que l'état forcé dans lequel sont les parties, relativement les unes aux autres, et qui en entraîne quelquefois la fracture lorsqu'elles sont soumises à l'effort le plus léger, influe puissamment pour hâter leur destruction, lorsqu'elles supportent des épreuves bien autrement considérables pendant le service. On a tenté sans beaucoup de succès de couper l'axe en trois portions que l'on cercle avec des frêtes en fer, et en remplissant les intervalles avec des coins également en fer.

On a essayé aussi de couler la jante parfaitement cylindrique et de la recouvrir d'un cercle en fer, que l'on y place chaud de manière qu'en se resserrant il contracte adhérence avec la fonte et tende à lui donner une grande solidité. On place ensuite ces roues sur le tour pour les amener au diamètre convenable. Cette opération augmente le prix de chaque wagon de 200 fr. environ.

Aucun de ces moyens, soit pour l'efficacité, soit pour le prix, n'a produit les résultats désirables. Il reste donc à chercher quelles sont les qualités de fonte, le degré de chaleur au moment du coulage, et les formes les plus propres pour faire acquérir aux roues plus de solidité.

J'avais entrepris quelques essais pour faire des roues avec jantes et rayons en bois et cercles en fer, mais je n'ai pu les mener à fin. Je pense, toutefois, que pour un grand roulage, très-exposé aux accidents, on retrouverait sur la durée et sur la diminution des avaries, l'excès de dépense où l'on serait entraîné par suite de l'adoption et de la mise à exécution d'un système dans lequel le bois serait la base de la construction des roues; et que l'on aurait l'avantage d'employer une substance plus élastique que la fonte, et par conséquent plus propre à ménager les systèmes de la voie et des wagons.

La qualité de la fonte exerce la plus grande influence sur la solidité et sur la durée des roues : on
sait combien la nature de cette substance est variable. J'ai remarqué qu'il est avantageux d'allier à la
fonte neuve, surtout lorsqu'elle est très-douce, un
peu de vieille fonte ; ce mélange est plus nerveux et
rend le matériel moins sujet aux chances de fractures.

Lorsque l'essieu des roues est rond ainsi que leur
moycu, on les assemble en tournant l'un et alésant
l'autre de manière à ce que le contact ait lieu
aussi parfaitement qu'il est possible. On enfonce l'essieu dans le moyeu de la roue avec un petit mouton
qui frappe perpendiculairement à l'essieu , et l'on
fore un trou de $0^m,014$ de diamètre dans toute la
la longueur du joint, au moyen d'une mèche fixée
à un tour en l'air, et qui prend une moitié de son
passage dans le fer et l'autre dans la fonte. On
chasse ensuite une cheville en fer doux dans le trou,
et l'on remplit les plus petits joints qui peuvent
rester avec du mastic composé de limaille de fer
ou de fonte , avec un ou deux centièmes de sel
ammoniac et autant de soufre, pour empêcher l'huile
de s'y introduire.

Les roues se brisent fréquemment lorsque, par une
disposition vicieuse de la voie, leur boudin est exposé à toucher les chairs, les oreilles ou le fond du
turnhout. Les moindres contacts dans les grandes
vitesses suffisent pour casser ou briser tout ce qui est

exposé aux chocs, ou peuvent déterminer des félures
qui entraînent promptement la perte des pièces qui
les ont éprouvées.

IV. De la charpente.

Les meilleurs bois de charpente pour la construction des wagons sont ceux qui proviennent de jeunes
plants ; la condition la plus essentielle à leur bon
emploi c'est d'être bien de fil ; les charpentiers qui
ont l'habitude de les travailler s'inquiètent d'ailleurs
fort peu s'ils ne sont pas parfaitement droits, et leur
travail , quoique moins propre et moins apparent ,
n'en est pas moins exact.

J'ai remarqué que les planches qui garnissent l'intérieur du wagon, lorsqu'elles sont placées en travers,
entravent plus le déchargement que lorsqu'elles
sont verticales, et que les fibres du bois sont parallèles
au mouvement des marchandises qui doivent couler et se décharger par la trape du fond.

On doit, dans la construction ou dans les améliorations qu'on se propose d'apporter au système des
wagons, s'attacher avec la plus grande attention à
ne pas trop augmenter leur poids. Lorsque les chemins de fer sont horizontaux, on peut, ainsi que je
l'ai déjà fait remarquer, espérer de réduire les frais
de traction en améliorant le système de la voie et le
matériel ; mais si la plus grande masse des transports
à effectuer a principalement lieu en descendant des

pentes rapides, comme cela arrive sur le chemin de
fer du Rhône, entre Saint-Etienne et Rive-de-Giers,
une augmentation dans le poids du matériel en dé-
términe nécessairement une proportionnelle dans
les frais de transport des marchandises , puisque le
seul déboursé que l'on ait à faire consiste à remonter
les wagons vides.

N'ayant jamais fait une étude spéciale sur la construction des voitures destinées au transport des
voyageurs, je m'abstiendrai de toute réflexion à ce
sujet. C'est, au reste, une des parties qui ont été le
mieux étudiées, et le plus perfectionnées, et la commodité de ces voitures me paraît laisser peu à désirer.

V. Des machines à charger et décharger les marchandises.

Les moyens de charger et de décharger avec facilité et économie les divers objets et marchandises
que l'on transporte par les chemins de fer, constituent une branche très-importante de leur exploitation, à cause des frais considérables qu'exige le
déplacement d'aussi énormes masses. Les houilles se
chargent ordinairement en disposant des plates-for-
mes qui s'élèvent au niveau des sablières ou parties
supérieures du wagon ; on se sert alors de petits
chariots manœuvrés à bras d'hommes, ou de paniers
que les ouvriers transportent sur leurs dos. Lorsque
les houillères sont à la proximité du chemin de fer

ou qu'un de ses embranchements dessert la carrière, on vide directement les bennes dans le wagon, ce qui procure une grande économie.

Dans quelques parties de l'Angleterre où l'on extrait la houille sans choix et telle qu'elle provient de la taille intérieure, on la jette sur des claies inclinées et garnies de claires-voies de plusieurs dimensions qui séparent d'abord la houille menue, ensuite les morceaux de moyenne grosseur, appelés *grèle*; les *peras* ou gros quartiers, roulent jusqu'en bas, et viennent, par une disposition particulière, se placer dans les wagons, ou se former en tas dans les magasins. Cette disposition n'a pu être appliquée dans le bassin houiller du département de la Loire, parce qu'une ancienne habitude, que l'on n'a pu encore faire disparaître, veut que le prix d'extraction payé aux mineurs soit en rapport avec la qualité de la houille; le choix s'en fait dès lors au fond de la mine dans les ateliers, et chaque qualité est montée séparément à l'orifice du puits.

Ce mode de chargement n'est cependant pas exempt d'inconvénients, et, entre autres, il présente ceux de briser la houille, d'augmenter les déchets et de détériorer les wagons par suite des chocs qu'ils éprouvent à la chute de la houille. Aussi convient-il pour les objets lourds d'avoir des cadres bas dans lesquels on charge et décharge à bras d'hommes les masses d'un gros volume et d'un poids considérable.

Lorsque l'on charge la houille sortant des puits, à l'époque de l'année où il règne un froid rigoureux, et qu'elle provient de tailles humides ou qu'elle a été mouillée dans les puits, l'eau qu'elle contient se gèle pendant le trajet; le contenu du wagon se prend en masse et adhère aux parois; il devient impossible alors de le décharger. Cet accident m'a fait éprouver parfois de si grandes contrariétés, que, malgré la rareté du cas, j'avais fait construire, sur quelques points de la ligne, au-dessous de la voie, des fourneaux destinés à échauffer les wagons pour fondre la glace, afin de détacher la houille et d'en permettre l'enlèvement.

Le déchargement des marchandises, suivant leur nature, s'opère de plusieurs manières; on laisse couler la houille, le sable, la castine, le minerai, etc., dans les magasins et entrepôts placés au-dessous de la voie et destinés à les recevoir, en ouvrant la trappe qui forme le fond du wagon. Mais il arrive souvent, surtout lorsque les objets sont en gros blocs ou seulement entremêlés de morceaux plus gros les uns que les autres, qu'ils engorgent l'ouverture des trappes. Il faut alors les briser sur place, ou les enlever à la main, ce qui occasionne des frais et des retards, et détériore les wagons.

Lorsque la houille ou les autres marchandises doivent être embarquées, on emploie des bascules appropriées à cet usage, et dont il existe un grand nombre de modèles. Elles doivent être calculées de manière à ce que l'excès de poids que le wagon chargé détermine dans le plateau, soit égal à celui qui leur manque pour demeurer en équilibre lorsque le wagon est déchargé.

Le moyen qui se présente le plus naturellement à l'esprit serait de faire basculer les wagons comme les tombereaux ordinaires, moyen qui m'avait parfaitement réussi pour les wagons de déblai, qui marchent toujours lentement et souvent isolés. J'ai fait plusieurs essais pour étendre cette application au service général des transports, mais j'ai toujours trouvé une difficulté insurmontable à combiner une disposition de sablières qui pussent permettre le renversement de la caisse, et qui fussent en même temps assez solides pour résister aux chocs auxquels sont exposés les wagons lorsqu'ils sont accouplés entre eux et réunis en convois.

Il s'agirait donc de trouver un moyen de pouvoir renverser le chariot entier avec sa charge, de manière à ce que cette dernière pût se détacher et abandonner le wagon par l'effet de sa gravité.

Pour obtenir ce résultat, j'avais imaginé de placer aux lieux de déchargement des plateaux HI (pl. 5, fig. 30), garnis de rails en continuation de la voie, soutenus par des supports CM, CN, CO, CP, suspendus eux-mêmes à deux tourillons mobiles C, dont le centre de gravité eût coïncidé avec celui du wagon chargé; ces axes auraient été liés à une portion d'arc de cercle KL muni d'un engrenage, et

commandé par un pignon G armé de manivelles ;
les tourillons auraient tourné sur des grenouilles
placées sur un système solide en charpente ou en
fer, établi sur la voie d'une manière invariable. On
aurait commencé à fixer solidement le wagon au
plateau par la partie supérieure, et placé des arrêts ·
contre les roues pour les empêcher de faire aucun
mouvement ; les ouvriers, en faisant tourner le
pignon G, auraient incliné le wagon jusqu'à ce que
son contenu eût pu couler dans l'intervalle de la
trappe ou être enlevé commodément à bras d'hommes. Comme je n'ai pas fait exécuter cette machine, elle aurait besoin de la sanction du temps et
de l'expérience avant que l'on pût prononcer sur
son mérite.

CHAPITRE VII.

DES MOTEURS.

—

I. Des chevaux.

On emploie pour exécuter les transports sur les chemins de fer, soit la force animale, soit la force mécanique des machines à vapeur. Le premier moyen, exclusivement en usage il y a peu d'années, est aujourd'hui généralement remplacé, sur les chemins de fer dont la pente ne dépasse pas certaines limites, par des machines locomotives. L'emploi des chevaux est borné actuellement, soit aux chemins de fer d'un intérêt particulier, soit accidentellement à ceux dont le transport des marchandises forme le principal aliment.

Les développements de la civilisation ont été si rapides de nos jours que peu d'années ont suffi pour faire regarder comme insuffisantes les plus grandes vitesses que l'on peut obtenir des chevaux, et l'on a dû, sur les chemins de fer, leur substituer des machines locomotives, toutes les fois qu'il y avait une assez grande affluence de voyageurs pour permettre sans perte l'emploi de ce moyen. On sait, en effet, que les animaux ne se prêtent pas à dépenser, avec des vitesses différentes comme le font les machines, la force qu'ils sont succeptibles de développer. Il est, chez eux, une limite de vitesse relative à leur organisation, et qui répond au plus grand effet dynamique que l'on peut espérer d'obtenir de leur action.

La vitesse qui répond au maximum d'effet utile que peut fournir un cheval dans sa journée, a fait l'objet des recherches d'un grand nombre de savants et .de praticiens ; elle ne s'éloigne guère d'un mètre par seconde, qui exprime aussi très-approximativement l'étendue et la durée des pas de l'homme.

Cette vitesse a été regardée pendant très-longtemps et par induction, sans doute, comme la plus avantageuse et même presque comme la seule qu'il convînt de donner aux pistons des machines à vapeur. Cependant comme ce régime ne se prêtait pas à procurer à la marche des machines locomotives toute la rapidité qu'on en exigeait, on a été forcé de porter cette vitesse jusqu'à $2^m,50$ et même davantage, sans que l'on se soit aperçu qu'une aussi grande différence en ait apporté de bien sensibles dans l'effet utile des machines.

La force que l'on peut obtenir d'un cheval varie donc suivant la vitesse avec laquelle on utilise la quantité de mouvement qu'il est suceptible de développer, suivant la constitution physique de l'animal, son âge, l'habitude qu'il a du travail auquel il est destiné, la manière dont il est nourri et l'espace de temps que l'on emploie à user sa vie, en l'assujettissant à un travail qui détermine sa perte dans un laps plus ou moins long.

On mesure l'effet des moteurs, en général, en le rapportant au nombre de tonneaux qu'ils peuvent élever à un mètre dans un temps donné, ce que l'on nomme des dynamies.

Le maximum d'effet dynamique que peut développer un cheval dans sa journée, lorsqu'on le considère indépendamment de la vitesse, paraît, d'après un grand nombre d'observations, répondre à une vitesse de $0^m,88$ par seconde. Au-dessus ou au-dessous de ce terme, l'effet est toujours moindre, parce que, dans le premier cas l'allure de l'animal se trouve gênée par la lenteur de sa marche, et que, dans le second, une partie de sa force est employée à se transporter lui-même aux dépens de l'effet utile.

La quantité de puissance mécanique que l'on obtient par un moyen quelconque se mesurant par la masse mise en mouvement, multipliée par la vitesse avec laquelle elle est mue, il suit de là que le poids qu'un cheval pourra déplacer sera toujours en raison inverse de la vitesse avec laquelle il l'entraînera, et la pratique a généralement amené à donner aux chevaux une charge qui diminue proportionnellement à l'augmentation de vitesse. Mais l'excédant de fatigue qu'éprouve l'animal par suite de cette accélération dans sa marche, ne lui permet de soutenir ce mouvement que pendant un laps de temps qui décroît d'autant plus rapidement que la vitesse augmente.

Lorsque le cheval est issu de races naturellement taillées pour la course et qu'il y a été lui-même dressé dès son plus bas âge, il soutient bien plus longtemps l'excès de fatigue qui est la suite de l'accélération de ses mouvements; mais l'effort nécessaire pour se transporter lui-même avec une si grande vitesse, employant une partie de ses forces, on ne peut jamais espérer d'atteindre ni même d'approcher les mêmes résultats dynamiques que dans les vitesses modérées.

Voici les résultats auxquels les Anglais ont été amenés par suite d'un grand nombre d'expériences pour diverses vitesses, rapportées par M. Walker :

A la vitesse de 4,000 mètres à l'heure, un bon cheval pourra faire sur une bonne route 32 kilomètres, en transportant 1,600 kil. y compris le poids de la voiture.

A la vitesse de 10,000 mètres à l'heure et en faisant des relais de 6,000 mètres, il transportera 900 kil. à 25 kilomètres.

A la vitesse de 16,000 mètres, il transportera 500 kil. à 16 kilomètres seulement.

Comme la constitution physique des chevaux est très-variable, et qu'il est en outre une foule d'autres

24

causes qui influent sur la quantité de puissance mécanique qu'ils sont susceptibles de produire dans
un temps donné, il est difficile de fixer aucune limite que l'on puisse regarder comme une unité
propre à représenter leur force; aussi ne doit-on
regarder les appréciations données par divers auteurs que comme des moyennes dont les extrêmes
sont susceptibles d'assez grandes variations.

Les expériences entreprises dans le but d'évaluer la
force des chevaux ne peuvent avoir d'utilité et présenter quelque intérêt, qu'autant qu'elles ont été faites
en grand nombre, et qu'elles sont le résultat d'un service régulier et soutenu pendant un long espace de
temps. Les expériences partielles sont toujours exposées à porter le caractère des circonstances particulières qui ont pu compliquer les résultats et les
faire varier en raison de la force individuelle, de l'état
de santé, et d'autres considérations qui disparaissent
dans un service en grand.

On estime ordinairement que la force d'un cheval équivaut à un poids de 75 kil. élevé à un mètre
de hauteur dans chaque seconde de temps, pendant
8 heures, ce qui équivaut à un travail représenté en
kilogrammes élevés à un mètre, qui est exprimé par

$$75 \times 8 \times 60 \times 60 = 2,160,000^{kil}$$

soit, 2,160 dynamies.

Mais cette donnée, que je crois beaucoup trop
élevée, me paraît être plutôt le résultat d'une con-
vention propre à servir de point de comparaison,

que le résultat moyen d'expériences faites sur un grand nombre d'individus.

Sur le chemin de fer de Saint-Etienne le travail des chevaux est loin d'atteindre cette quantité.

Voici la moyenne des résultats que j'ai obtenus à diverses époques et dans différentes conditions.

Je ferai remarquer que lorsque j'ai fait ces observations, le poids moyen des wagons vides, qui depuis a été porté à 1,350 kil., n'était que de 1,200 kil. environ; le prix de transport payé aux entrepreneurs pour chaque wagon vide était le même que celui d'un tonneau de marchandises, en sorte que je ferai entrer concurremment ces deux éléments dans l'évaluation de la force des chevaux, en me basant sur le nombre de wagons vides et de tonneaux dont la remonte s'effectuait simultanément à cette époque sur la partie du chemin de fer entre Givors et Saint-Étienne.

1°. Sur la première division, depuis le point de chargement à Givors jusqu'à l'entrée dn percement de Lyon, sur une étendue de 17,000 mètres, les chevaux transportaient dans leur journée deux wagons, chargés chacun moyennement de 3,300 kil., et les ramenaient vides à Givors.

La puissance mécanique qu'ils developpaient était par conséquent représentée, savoir :

Pour la résistance due au frottement,

$$(3300 + 1200) \times 2 \times 0,005 \times 17000 \ . \ . \quad 765,000$$

Pour la résistance due à la gravité, la masse

ayant été élevée de 10 mètres, distance verticale
qui sépare Givors de Lyon,

$$4500^{kil.} \times 2 \times 10 \ldots \ldots \ldots \qquad 90,000$$

Pour le retour de Givors à Lyon,

$$1200 \times 2 \times 0{,}005 \times 17000 \ldots 204000$$

A déduire pour la gravité, $\qquad\qquad\qquad 180,000$

$$2400^{kil,} \times 10 \ldots \ldots \qquad 24000$$

$$\overline{\qquad\qquad 1035,000}$$

Ce qui fait ressortir la journée du cheval à
1,035 dynamies, équivalant à un travail utile de
$50^{kil},3$ pendant $5^h44'$ avec une vitesse de $0^m,88$
par seconde.

Ce résultat est, comme on le voit, bien au-
dessous de ce que l'on calcule ordinairement. Le
prix du foin, à cette époque, étant de 150 fr. le
tonneau, et celui de l'avoine 300 fr., on était obligé
de payer la journée du cheval à raison de 6 fr., c'est-
à-dire 1 fr. au-dessus du prix ordinaire. Peu de chevaux pouvaient traîner deux wagons, et les entrepreneurs étaient obligés de proportionner la charge à
leur force, en formant des convois plus considérables,
et augmentant le nombre des chevaux, ce qui
permettait de réduire la charge de chaque cheval
au-dessous de deux wagons.

Les transports revenaient donc alors à la compagnie, par chaque tonne de marchandises transportée à un kilomètre, à

$$\frac{6}{2 \times 3{,}300 \times 17} = 0^f,0534 ;$$

Plus tard, le prix du foin étant tombé à 70 fr. ou 80 fr. la tonne, et celui de l'avoine à 175 f. ou 200 f., on put réduire le prix de transport à 2^f,50 par wagon, ce qui le faisait revenir à 0^f,0427 par tonne et kilomètre.

2°. Sur la seconde division du chemin de fer, de Givors à Rive-de-Giers, où le travail était plus régulier et mieux ordonné, le prix moyen de la journée du cheval était de 5 fr. Pendant une période de six mois, depuis novembre 1834 jusqu'en mars 1835, le prix du foin s'éleva à 150 fr. la tonne, et celui de l'avoine à 300 fr.; à cette époque les transports, depuis Givors jusqu'à l'entrée du percement de Rive-de-Giers, sur une étendue de 13,500 mètres divisée en deux relais, étaient payés à raison de 2^f,50 par relai, composé, pour chaque cheval, de wagons vides ou de tonneaux de marchandises, dans la proportion de cinq wagons pour un tonneau.

L'effort total exercé par le cheval devenait alors :

Pour la résistance due au frottement,

$(1200 \times 4 + 1000) \times 0,005 \times 13500.$. 391,500

Pour la résistance due à la gravitation,

5800$^{kil.}$ $\times$ 70^m, hauteur verticale de l'aval du percement au-dessus de Givors. 406,000

$\overline{ 797,500}$

Les chevaux parcourant ordinairement deux relais et demi, leur travail journalier était représenté par

$$797,500 + \frac{797,500}{4} = 991,875 \text{ kil.}$$

992 dynamies, pour le prix de $6^f,25$; plus le retour sans charge pour parcourir 13,500 mètres, en descendant une pente de 5 à 6 millimètres par mètre, ce qui représente un travail utile de $61^{kil},30$ pendant 5 heures 20 minutes, avec une vitesse de $0^m,88$ par seconde.

Le haut prix des foins et des avoines ne laissait pas alors assez de latitude de bénéfice à l'entrepreneur, puisque chaque cheval dépensait par jour pour sa nourriture seulement

$10^{kil.}$ foin à 150..	$1^f,50$
10　　avoine à 500.. . . .	3
	4,50

l'entrepreneur jugea donc qu'il était de son intérêt bien entendu de sacrifier la durée des chevaux pour en exiger un travail plus considérable.

Il employait à son service environ 75 chevaux du prix de 5 à 600 fr. ; il porta le travail à trois et même quelquefois quatre voyages par jour, ce qui représentait environ 1,200 dynamies. La perte des chevaux dépassa alors la limite ordinaire; il en périt moyennement deux par mois, ce qui réduisit leur vie moyenne à trois années, et fit entrer pour une somme de $0^f,50$ la déperdition de l'animal dans les frais de transport ; résultat qui fit voir que, dans ces circonstances, le maximum de travail journalier du cheval ne pouvait guère dépasser 1,200 dynamies.

Pendant la période suivante, de mars à septembre 1835, le prix du foin fut de 80 fr. le tonneau , et celui de l'avoine de 200 fr. Les prix furent réduits à 2ᶠ,00, et le nombre de relais à deux et demi par jour et par cheval ; ce qui fit rentrer le travail des chevaux, leur durée et les bénéfices de l'entrepreneur dans les limites ordinaires.

3º. Sur la troisième division du chemin de fer, de Saint-Chamond au pont de l'Ane, sur une étendue de 9,000 mètres, le travail des chevaux a été de 2 wagons vides ou tonneaux, au prix de 1 fr., dans une proportion qui représentait une charge moyenne de 3,000 kil.

La journée du cheval étant de deux voyages, est représentée par un effort de

Pour la résistance due au frottement ,

$3000 \times 0,005 \times 9000$. 135,000

Pour la résistance due à l'élévation de la masse, depuis Saint-Chamond jusqu'à Terre-Noire, 123 mètres plus haut que cette première ville, 3000×123. 369,000
_____
504,000

et pour les deux voyages,

$504 \times 2 = 1008$ dynamies;

ce qui répond à un effort de 56 kil. pendant 5ʰ,40′, avec une vitesse de 0ᵐ,88 par seconde. Il suit de là que l'effort moyen du cheval était égal à

$$\frac{50,50 + 61,50 + 56}{3} = 53^{\text{kil}},50 ,$$

et le résultat de la journée représenté par

$$\frac{1035 + 991 + 1200 + 1008}{4} = 1058 \text{ dynamies};$$

ce qui faisait revenir le prix moyen de la dynamie à

$$\frac{5}{1058} = 0^f,00472$$

environ un demi-centime.

J'avais souvent ouï dire à M. Montgolfier qu'il regardait le travail que l'on attribuait généralement au cheval comme exagéré. Il l'évaluait, d'après un grand nombre d'observations qu'il avait faites, à 70,000 pieds cubes d'eau élevés à un pied; ce qui répond à

70,000 $\times$ 0,03428 $\times$ 0,32484 $=$ 777 dynamies.

Ces différences en moins avec les appréciations ordinaires du travail des chevaux tiennent sans doute à des circonstances particulières d'habitude ou de localité, qui pourront servir de point de comparaison dans des cas analogues, lorsque l'on aura à employer ces animaux pour le service des chemins de fer.

Les chevaux ont l'avantage de se prêter avec bien plus de facilité que les machines aux variations de pente. Car la quantité de force qu'ils développent étant relative à leur vitesse, on peut, en diminuant celle-ci, augmenter l'autre; la fatigue qu'ils éprouvent reste, dans certaines limites, toujours à peu près la même. Mais il n'en est pas ainsi des machines, parce que la quantité de vapeur qu'elles produisent est toujours la même, et que celle qu'elles emploient, qui représente la quantité de force mécanique qu'elles développent, est relative à leur vitesse ; en sorte que si la résistance augmente, il n'y a aucun moyen d'établir de compensation.

On peut conclure de tout ceci que, pour les chemins de fer d'une faible étendue qui ont été exécutés avec économie, dans un intérêt particulier, et en suivant, dans des limites déterminées, les inflexions du terrain, il vaut mieux employer des chevaux que des machines locomotives.

Mais il faut toujours choisir entre l'un et l'autre de ces moyens, parce qu'outre la difficulté de maintenir la voie propre, qui est la suite de l'emploi des chevaux, le service simultané des machines et des chevaux offre encore ce désavantage que la vitesse de ces derniers étant très-inférieure à celle des premières, il faut toujours laisser écouler un long intervalle après le départ des chevaux, avant de les faire suivre par les machines. Aussi, pour éviter les retards sur le chemin de fer de Saint-Étienne, à une époque où je ne pouvais disposer d'un nombre suffisant de machines, j'avais organisé le service des chevaux pendant la nuit et celui des machines pendant le jour.

II. De l'emploi de la vapeur dans les machines.

§ I. *Considération sur le mode d'action de la vapeur dans les machines en général.*

Avant d'entrer dans les détails qui se rapportent exclusivement aux locomotives, je crois devoir discuter le mode d'action de la vapeur dans les machines en général, ainsi que la manière d'en apprécier les effets relativement à la quantité de puissance mécanique que l'on en obtient. Ces considérations pourront faciliter l'explication des phénomènes relatifs à l'emploi de la vapeur à différents états de pression et de température, question sur laquelle il règne une si grande obscurité.

La manière dont le calorique sert d'agent intermédiaire au principe inconnu d'où émane la force que nous appliquons à tant d'usages divers, reste entièrement cachée à nos yeux ; sur ce point comme en beaucoup d'autres nous en sommes réduits à observer les faits et les phénomènes qui en sont les conséquences, sans qu'il soit en notre pouvoir de pénétrer plus avant dans les causes..

On peut regarder la force comme un acte dont la conséquence est d'imprimer un mouvement à un corps qui auparavant était en repos, ou de modifier positivement ou négativement celui dont il était déjà pourvu.

Deux choses mesurent la quantité de force qui est

développée par une cause quelconque : la quantité
des molécules matérielles .qui sont déplacées, et la
vitesse avec laquelle ce déplacement s'effectue.

Comme la gravité exerce sur tous les corps qui
sont à la surface de la terre une action tendant à les
ramener à son centre, et analogue en tout aux autres
moyens que l'on peut employer pour mettre les corps
en mouvement, on est convenu, pour mesurer l'intensité des forces, de comparer l'effet qu'elles produisent ou sont capables de produire, au déplacement
d'une masse prise pour unité , et que l'on suppose
élevée un certain nombre de fois à une hauteur donnée ; en sorte que ces trois éléments multipliés entre eux représentent le travail ou la quantité d'action
développée par le moteur.

On prend ordinairement pour point de comparaison la dynamie ou poids d'un mètre cube
élevé à un mètre. Il suffit, dès lors , pour désigner
l'intensité des effets d'une cause quelconque susceptible de produire du mouvement , d'indiquer le
nombre de dynamies qui les représente dans un
temps donné.

Par une ancienne habitude à laquelle on commence à renoncer , on compare aussi la puissance
des machines au nombre de chevaux auquel on
suppose que leur force peut équivaloir ; mais alors
il faut désigner quelle est la puissance qu'on attribue
au cheval, en l'exprimant par le poids qu'on le croit
capable d'élever à un mètre dans une seconde.

Or, on a vu, d'après ce que j'ai dit, page 376, combien l'on est peu d'accord sur la manière d'exprimer la force du cheval.

L'unité le plus en usage aujourd'hui est la dynamie; il est donc plus rationnel, pour exprimer la puissance des machines, d'accorder la préférence au
mode de comparaison qui ne peut donner lieu à aucune discussion, plutôt que de la comparer, comme
on le fait quelquefois, à des nombres arbitraires qui
sont censés représenter la force du cheval et sur lesquels on n'est pas même d'accord.

La première idée qui frappe, lorsque l'on considère la liaison des phénomènes de la génération du
mouvement avec la production de la chaleur, c'est
que la quantité de puissance mécanique que peut
développer une masse donnée de vapeur, est relative à sa différence de densité et de température,
en la considérant dans les deux états consécutifs
où elle se trouve avant et après la production
du mouvement; je crois aussi avoir remarqué qu'il
existe une sorte de rapport entre la quantité de chaleur nécessaire pour la faire passer de l'un à l'autre
de ces deux états, et la quantité de force produite.
Ceci reviendrait à dire que la vapeur n'est que l'intermédiaire du calorique pour produire la force, et
qu'il doit exister entre le mouvement et le calorique
un rapport direct, indépendant de l'intermédiaire
dela vapeur ou de tout autre agent que l'on pourrait
y substituer.

Les expériences qui ont été faites pour s'assurer de la quantité de vapeur à diverses tensions que l'on pouvait obtenir d'une quantité déterminée de calorique, ont paru démontrer qu'à circonstances égales, le poids de l'eau évaporée est proportionnel à la quantité du combustible employé, et indépendant de l'état de la vapeur produite ; et que s'il existe quelques différences, résultant des différences de température, elles se trouvent en dehors des limites de l'observation. Il est certain cependant que l'on doit obtenir, et l'on obtient en effet, de la même quantité de vapeur, une plus grande quantité de force, à mesure qu'on l'emploie à un état de tension et de température plus élevé. Il semble donc qu'il devrait exister une loi quelconque qui pût lier entre eux deux phénomènes qui paraissent, l'un, résulter d'une expérience à la vérité très-difficile à constater, l'autre, être en contradiction avec tout ce qu'il est raisonnablement possible de supposer sur la génération de la force.

Pour mettre cette dernière objection dans tout son jour, examinons ce qui se passe dans la machine à condensation ordinaire. La vapeur soulève le piston, produit la quantité de force déterminée par sa tension et sa température, et cède immédiatement après, à l'eau de condensation, tout le calorique dont elle était pourvue. Supposons que sa masse soit de 1 mètre cube, sa tension de $0^m,76$ égale à celle de l'air, son poids sera de

$$\frac{1000}{1700} = 0^{kil},588.$$

Si l'on injecte dans le cylindre $8^{kil},82$ d'eau à 0, ou une quantité quinze fois plus considérable que celle qui a servi à produire la vapeur, la température de cette eau s'élèvera à 40°, et contiendra alors précisément la même quantité de calorique qui aurait été nécessaire pour réduire $0^{kil},588$ eau, en vapeur à 100°; elle pourra, par conséquent, suffire à produire un effet égal à celui qui avait déjà été obtenu, pourvu toutefois que l'on parvienne à concentrer le calorique disséminé dans l'eau de condensation, de manière à élever et réduire en vapeur à 100° un quinzième de sa masse, ce qui est tout à fait conforme à la théorie.

On pourrait alors, au moyen d'une masse finie de calorique, obtenir une quantité indéfinie de mouvement, ce qui ne peut être admis ni par le bon sens, ni par une saine logique.

Comme la théorie actuellement adoptée conduirait cependant à ce résultat, il me paraît plus naturel de supposer qu'une certaine quantité de calorique disparaît dans l'acte même de la production de la force ou puissance mécanique, et réciproquement; et que les deux phénomènes sont liés entre eux par des conditions qui leur assignent des relations invariables.

Il résulterait, comme conséquence de cette manière d'envisager les faits, que si l'on fait passer directement de la vapeur d'eau, de la chaudière qui la produit à travers une masse d'eau dans laquelle elle se condense, cette vapeur élèvera plus la température de l'eau que si on la faisait servir préalablement à mettre en jeu une machine à vapeur, dans laquelle elle perdrait une partie de son ressort, et que les machines à vapeur, en général, ne doivent pas produire tout l'effet qui est indiqué par le calcul basé sur la théorie actuelle.

Ce dernier point est mis hors de doute par tous les hommes qui construisent des machines ou qui en font usage. Quant au premier, j'ai fait, pour le constater, de nombreuses expériences, sans jamais avoir pu obtenir de résultats assez décisifs pour être cités autrement que comme la présomption d'un fait qui demande un plus ample examen.

L'abaissement de température qui accompagne l'expansion de tout fluide aériforme dans un espace plus grand que celui qui répond au degré de tension où il était d'abord, et le phénomène opposé, ou la production de chaleur qui est toujours la suite de sa compression, me paraissent deux circonstances qui viennent à l'appui de cette assertion.

La nature du calorique nous étant entièrement inconnue, il est aussi difficile d'admettre qu'il est une quantité de calorique inhérente à la nature même des corps en fonction de l'espace qu'ils occupent, que de supposer, comme je l'ai fait, que la force mécanique qui apparaît pendant l'abaissement

de température d'un gaz comme de tout autre corps
qui se dilate, est la mesure et la représentation de
cette diminution de chaleur.

Ces deux faits, toujours sumultanés, forment
une coïncidence bien remarquable ; peut-être, en
les comparant, pourrons-nous parvenir à jeter quelques lumières sur cette question. Je vais donc
raisonner dans l'hypothèse que l'abaissement de
température de la vapeur, lorsqu'elle se dilate, représente exactement la quantité de puissance qui
apparaît alors.

Il suivra de là que lorsque la vapeur n'est pas
en contact avec de l'eau, et que l'on fait varier
son volume, sa température est exactement celle
qui répond au degré de tension sous lequel elle a
été formée. Or, ce fait que j'avais regardé, *à priori*,
comme une des conséquences immédiates de cette
manière d'envisager le phénomène, vient d'être mis
en évidence et constaté de la manière la plus au-
thentique par une suite d'expériences qu'a faites
M. de Pambourg [1], et qui seront publiées incessam-
ment dans une seconde édition de son ouvrage sur
les machines locomotives.

La question étant ainsi envisagée, il devient
beaucoup plus facile de calculer la quantité d'action
ou de travail mécanique que l'on peut obtenir d'une
quantité de vapeur qui passe par différents états de

---

[1] *Théorie de la machine à vapeur*, page 105.

pression; puisque l'on peut considérer son ressort comme croissant ou décroissant sensiblement en progression géométrique, à mesure que l'espace qui la contient diminue ou augmente.

Et comme les nombreuses expériences que l'on a faites, ont permis de former des tables, et même d'assigner des lois représentées par des formules, qui indiquent la pression de la vapeur à mesure que sa température varie, on peut, en considérant son volume et sa pression dans deux états consécutifs connus, déterminer l'effort total qu'elle exercerait sur le piston d'une machine à vapeur pour produire un effet quelconque exprimé en dynamies.

Supposons donc que l'on ait renfermé dans un cylindre ABCD, ayant un mètre de section, un mètre cube de vapeur à 100°, et que cette vapeur soit contenue par un piston CD, dont le poids équivaut à un kilogramme par centimètre carré, et derrière lequel on a fait le vide ; ce qui représente, à peu de chose près, une pression égale à celle que l'atmosphère exerce sur tous les corps au niveau de la mer. L'appareil, d'ailleurs, étant disposé de telle sorte qu'il ne puisse ni céder ni recevoir du dehors aucune portion de calorique.

Si l'on augmente la charge du piston CD, en y ajoutant successivement des poids pour comprimer la vapeur, jusqu'à ce que sa température se soit élevée de 20°, son ressort fera alors équilibre à une pression de 2 kil. par centimètre carré ; et, consi-

25

dérant que son volume augmente de 0,00375 de ce qu'il était à 100° par chaque degré de température, l'espace ABFE qu'elle occupera sera exprimé par

$$\frac{1 + 1 \times 20 \times 0,00375}{2} = 0,5375.$$

On pourra donc considérer l'effet comme sensiblement représenté par la moyenne de toutes les pressions exercées par la vapeur depuis DC jusqu'en EF multipliée par l'espace parcouru DE.

La pression étant de 1 kil. en DC et de 2 kil. en EF, et croissant en progression géométrique, en désignant par S la somme des termes, par n le nombre des termes, l le dernier, a le premier, et q la raison, P la pression moyenne; faisant $n=100$, ce qui suffit pour obtenir une valeur de P assez approchée, et observant que la valeur de l ou la pression de la vapeur en EF, est égale à 2 kil. par centimètre carré, et celle de a qui se rapporte à CD, égale à 1 kil., nous aurons pour déterminer q

$$l = aq^{n-1}, \quad q = \sqrt[99]{2} = 1,007$$

$$P = \frac{a(q^n - 1)}{n(q-1)} = \frac{1(1,007^{100} 1)}{100(1,007-1)} = 1,43;$$

Multipliant cette valeur par l'espace DE parcouru par le piston, égal à AD—AE=1—0.5375=0,4625 et par 10,000 qui représente le nombre de centimètres carrés contenus dans un mètre carré, on obtient

$$1,43 \times 0,4625 \times 10,000 = 6613 \text{ kil.};$$

ce qui nous indique que l'effet théorique obtenu par la détente d'un mètre cube de vapeur comprimée par un poids de 2 kil. par centimètre carré, qu'on laisse répandre dans un espace qui répond à une pression de 1 kil. et à un abaissement de température de 20°, est représenté par un poids de 6,613 kil. élevé à un mètre, ou par $6^{dyn},613$.

En faisant un calcul analogue pour connaître les espaces qu'occupe la vapeur, lorsqu'on augmente sa pression de manière à faire élever sa température de 20 en 20 degrés, on trouvera

1° Que pour 140° la pression en G H $= 3^{kil},61$.

$$\text{ABHG} = \frac{1 + 1 \times 40 \times 0,00375}{3,61} = 0^m,319.$$

$$\text{GE} = 0,537 - 0,319 = 0^m,218, \quad \text{P} = 2^{kil},83;$$

et pour l'effet total,

$$2,83 \times 0,218 \times 10,000 = 6170 \text{ kil.}$$

2° Pour 160° la pression en I K $6^{kil},15$;

$$\text{ABKI} = \frac{1 + 1 \times 60 \times 0,00375}{6,15} = 0^m,199,$$

$$\text{I G} = 0,319 - 0,199 = 0^m,120, \quad \text{P} = 4^{kil},82;$$

et pour l'effet total,

$$4,82 \times 0,128 \times 10,000 = 5780 \text{ kil.}$$

3° Enfin, pour 180° la pression L M $= 9^{kil},93$,

$$\text{A B L M} = \frac{1 + 1 \times 80 \times 0,00375}{9,93} = 0^m,131,$$

$$\text{L I} = 0,199 - 0,131 = 0^m,068, \quad \text{P} = 8^{kil},00;$$

et pour l'effet total,

$$8,00 \times 0.068 \times 10,000 = 5440 \text{ kil.}$$

Si nous supposons ensuite que lorsque la vapeur pousse le piston devant elle, et que la chaudière est en communication avec le cylindre, sa température s'abaisse d'une quantité proportionnelle à l'effet dynamique produit, nous trouverons que la vapeur s'introduisant dans le cylindre à 100°, et perdant 20° pendant le mouvement du piston, la température, à la fin de la course, sera de 80°, et la pression de $0^{kil},485$. La pression moyenne $0^{kil},727$. Soit pour l'effet total :

$$0,727 \times 1 \times 10,000 = 7270 \text{ kil.},$$

valeur qui se trouve à peu près classée suivant la même loi que les autres quantités auxquelles nous sommes parvenus, en considérant l'effet produit par la vapeur à des températures et à des pressions plus élevées.

En réunissant tous ces résultats, et en les comparant à l'élévation de température qui leur correspond, nous formerons le tableau suivant:

PRESSIONS en kilogrammes.	TEMPÉRATURES réelles.	EFFET produit en kilogrammes élevés à 1 mètre.	DIFFÉRENCES.	TEMPÉRATURES correspondantes à l'effet produit.	DIFFÉRENCES.
0,48	80°	7270		20°	
			657		1,80
1	100	6613		18,20	
			443		1,23
2	120	6170		16,97	
			390		1,07
3,61	140	5780		15,90	
			340		0,66
6,13	160	5540		15,24	
9,93	180				

Parmi les grandes irrégularités que présentent ces comparaisons, on voit cependant s'établir une espèce de rapport qui paraîtrait indiquer que la quantité de force produite reste au-dessous de celle qui serait représentée par l'abaissement de température, et cela aussi suivant une loi décroissante.

D'où il semblerait résulter que la dilatation du mercure ne représente pas l'effet dynamique que l'on peut obtenir de l'expension des vapeurs, tel que je le considère ici. Mais on peut dire à cela que le calorique qui élève la température d'un corps est employé non-seulement à faire varier son volume, mais encore à lui restituer celui qu'il a perdu par l'effet même de sa dilatation.

Supposons, en effet, que l'on élève une masse d'air de 20° par exemple, son volume sera augmenté de $20 \times 0,00375$; mais l'effet de cette augmentation de volume fera abaisser sa température d'un certain nombre de degrés; et, comme la source où l'on puise le calorique pour subvenir à ces deux effets est ordinairement indéfinie, il s'ensuit que cette perte est aussitôt réparée. En sorte que la quantité de calorique absorbée par un corps pour élever sa température est assujettie à deux lois distinctes, mais qui ne sont point assez connues pour permettre d'établir des comparaisons, entre l'échelle fictive des températures correspondantes à l'effet produit que j'ai indiqué dans le tableau, et la portion de calorique absorbée par un corps, seulement pour faire varier son volume.

On sait que le dégagement de calorique qui est produit par la compression d'un corps peut être très-grand, puisque la température de l'air comprimé fortement dans le briquet physique s'élève assez pour allumer de l'amadou, et que du fer que l'on écrouit fortement sur l'enclume arrive à l'incandescence; d'autre part, l'abaissement de température qui est la suite de la dilatation des gaz, peut aussi produire un degré de froid assez intense pour déterminer la congélation de l'eau.

Je bornerai là ces considérations, elles pourront peut-être concourir par la suite à former une théorie qui expliquera un peu mieux que ne le fait celle que l'on admet aujourd'hui, les rapports qui existent entre la génération de la force et l'emploi du calorique; toutefois, je me servirai jusque-là des diverses suppositions que je viens d'établir pour calculer le mode d'action de la vapeur.

Considérons donc une masse de vapeur produite dans une chaudière sous une pression équivalant à 3^{kil},61 par centimètre carré, à peu près égale à celle sous laquelle on l'emploie dans les locomotives et dans les machines à expansion, et représentée par un mètre cube de vapeur saturée d'eau à 100°.

Nous avons vu, page 387, que sa température serait alors de 140°, et le volume ABHG qu'elle occupe de 0,319. Si l'on suppose que le cylindre ABCD, toujours d'un mètre carré de section, soit en communication avec la chaudière pendant tout le mouvement du piston derrière lequel on aura fait le vide, la température de la vapeur, pendant que le piston parcourra AG, s'abaissera de 20°, et l'effet dynamique produit sera représenté par la pression moyenne qui répond entre les termes de 140° et 120°, multipliée par AG, soit

$$2,83 \times 0,319 \times 10,000 = 9027^{kil}.$$

Pour les machines à détente, il faudra ajouter à

cette quantité l'effet dû à la dilatation d'un mètre cube de vapeur passant de 120° à 100°, diminué du volume que lui a fait perdre l'abaissement de température, soit

$$1,44 \times (0,4625 - 0,4625 \times 20 \times 0,00375) = 6100^{kil.}$$
$$9027 + 6100 = 15,127^{kil.}$$

En retranchant de cette quantité la pression atmosphérique, on aura pour les machines sans détente

$$9,027 - (0,319 \times 10,000) = 5,837^{kil},$$

et pour les machines à détente

$$15,127 - (0,319 + 0,462) \, 10,000 = 7,312^{kil}.$$

En calculant par la méthode ordinaire l'effet des machines pour le comparer avec ces résultats, nous aurons, pour le cas où l'on n'emploie ni la détente ni la condensation,

$$0,319 \times (36,100 - 10,000) = 8,326^{kil};$$

et pour le cas où l'on condense la vapeur,

$$0,319 \times 36,100 = 11,516^{kil}.$$

Si on laissait détendre la vapeur jusqu'à ce que sa température s'abaissât à 100°, nous aurions pour le cas où l'on ne condenserait pas :

1° Comme dessus, pendant le temps que le piston parcourt AG, et que le cylindre est en communication avec la chaudière. . . . .   8,326^{kil.}

2° Pour la détente de la vapeur dans l'espace GE,
    $6,170 - (0,218 \times 10,000)$. . . . .   3,990^{kil}

3° Pour la détente dans l'espace ED,
    $6,613 - (0,4625 \times 10,000)$. . . . .   1,988^{kil.}

soit ,

$$8,226 + 3,990 + 1988 = 14,304^{kil.},$$

et dans le cas où l'on condenserait la vapeur,

$$14,303 + (0,319 + 0,218 + 0,463) \times 10,000 = 24,304^{kil.}$$

Si la machine était à basse pression, on aurait simplement

$$1 \times 10,000 = 10,000^{kil.}.$$

Il suit de là qu'en faisant abstraction des considérations particulières qui changent le régime des machines et en font varier les résultats, telles qu'une co densation plus ou moins complète, des appareils plus ou moins parfaits, eu égard au frottement de la machine et aux pertes de calorique, etc., le produit des machines calculé par les moyens ordinaires tels que nous venons de les employer, et comparé aux résultats que l'on obtient en adoptant le nouveau point de vue sous lequel j'ai envisagé les faits, donnerait les rapports suivants :

Effet produit par un mètre cube de vapeur à 140° et sous une pression de $3^{kil},61$ par centimètre carré, calculé suivant :

	La méthode proposée.	La méthode en usage.	Rapports.
1° Machines à haute pression, avec détente et condensation.	$15,127^{kil.}$	$24,304^{kil.}$	0,622
2° *Idem* sans condensation.	7,512	14,304	0,511
3° Machines à haute pression, sans détente avec condensation.	9,027	11,516	0,786
4° *Idem* sans condensation.	5,837	8,326	0,710
5° A basse pression pour 1 mètre cube de vapeur à 100°.	7,270	10,000	0,727

Ces comparaisons montrent combien les résultats auxquels je parviens s'éloignent de ceux qui seraient indiqués par la théorie actuellement reçue pour calculer la puissance et l'effet des machines ; mais par contre ils se rapprochent beaucoup de ceux obtenus par la pratique. Il est à remarquer que l'abaissement de température de la vapeur, pendant qu'elle produit de la force en se dilatant graduellement en vase clos, ou en s'échappant par un orifice du réservoir dans lequel elle était comprimée, est un fait reconnu non-seulement par la science, mais encore par tous les constructeurs et les praticiens de machines. On sait que tous s'accordent à dire qu'il est nécessaire de maintenir la chaleur du cylindre dans les machines à détente, pour en obtenir l'effet sur lequel on a droit de compter. Les ouvriers savent par expérience que pour introduire de l'huile dans le cylindre, afin de l'entretenir en état, il suffit d'ouvrir le robinet qui établit une communication entre le réservoir qui la contient et l'intérieur du cylindre, lorsque le piston des machines à basse pression ou à détente est près d'arriver à la fin de sa course.

Enfin l'abaissement subit de température de la vapeur lorsqu'elle s'échappe dans l'air, circonstance mise à profit de nos jours pour utiliser son ressort et sa puissance, montre que, dans ce cas, l'effort qu'elle exerce en recul contre les appareils qui la laissent échapper, ou la vitesse qu'elle communique à l'air ambiant, forment un équivalent de la perte de chaleur qu'elle éprouve.

Pendant le mouvement du piston de la machine et lorsque le cylindre continue à recevoir la vapeur, sa pression et sa température baissent tout comme lorsque, la communication étant interceptée, elle se détend en vertu de son ressort. Il est probable alors qu'elle emprunte du calorique à celle qui est contenue dans la chaudière, et que celle-ci s'empare à son tour du calorique que contiennent l'eau et tous les appareils métalliques avec lesquels elle se trouve en contact ; c'est pour cela qu'un thermomètre que l'on place entouré de mercure dans l'épaisseur même du métal de la chaudière d'une machine à haute pression [1], baisse sensiblement à l'instant même où la vapeur s'en échappe pour remplir le cylindre.

On sait d'ailleurs que le refroidissement qui accompagne l'expansion d'un gaz qui s'échappe d'un réservoir dans lequel il est comprimé, affecte aussi bien la portion de gaz encore contenue dans le réservoir, que le jet lui-même, qui, étant déjà hors de l'orifice, y a subi tous les effets de la dilatation.

Lorsque la vapeur s'échappe dans l'air par les soupapes de sûreté, sa température, très-élevée d'abord, s'abaisse tellement et si promptement que l'on éprouve une sensation de froid en approchant la main

[1] Cette expérience a été faite en 1822 sur la machine à haute pression de M. Perkins, par M. Babbage, de Londres, qui, à cette époque, voulut bien me la communiquer.

du courant violent qu'elle produit alors ; mais il est à remarquer que si sa tension et par conséquent sa vitesse sont nulles, on éprouve tous les effets de chaleur relatifs à sa température, et l'on ne peut en approcher sans être brulé, ce qui semblerait indiquer que, ne produisant alors aucun effet mécanique et pouvant d'ailleurs immédiatement réparer les pertes qu'elle fait par son contact avec les couches voisines, elle peut conserver la température qui répond à la pression atmosphérique sous laquelle elle est formée.

Si l'on observe que l'effet qu'on obtient de la vapeur dans les machines, en l'employant comme on le fait ordinairement, est représenté par un abaissement de température d'environ 20° qui équivaut au trentième environ du calorique employé pour réduire en vapeur l'eau nécessaire à sa formation, on ne sera pas étonné que la faible quantité de combustible nécessaire pour amener la vapeur à un plus grand degré de tension ait pu échapper aux observations. Plusieurs causes peuvent influer sur les résultats de la combustion ; on sait qu'elle est d'autant plus parfaite que la température du foyer est plus élevée, et que l'excès de chaleur de la vapeur tendue contribue à maintenir celle des parois du fourneau et du foyer lui-même.

Il me paraît donc évident que dès l'instant où une chaudière produit de la vapeur qui est consommée par une machine au fur et à mesure de sa forma-

tion, une partie du calorique est employée à maintenir sa température dans le piston aux dépens de la
formation d'une nouvelle quantité de vapeur, et que
c'est à cette cause que sont dus les mécomptes que
l'on éprouve généralement dans le calcul de la force
des machines. Aussi M. de Pambourg, dans l'ouvrage qu'il vient de publier sur la *Théorie des machines à vapeur*[1], insiste-t-il d'une manière toute
particulière sur ce fait, que la pression de la vapeur
sur le piston des cylindres est indépendante de la
pression qui est mesurée par la soupape de sûreté
de la chaudière, et ne dépend que de la quantité de
vapeur consommée dans un temps donné.

La grande vitesse que l'on donne aux pistons des
machines locomotives exige une consommation de
vapeur considérable à un degré de tension et de
température très-élevé. Les chaudières à tubes générateurs permettent heureusement de produire une
quantité de vapeur ordinairement bien supérieure
à tous les besoins, en sorte que l'excès de production pendant la marche répare aussitôt les pertes
dues à l'abaissement de température de la vapeur.
Aussi ai-je remarqué que les machines ne développent toute l'intensité de leur puissance que lorsque la vapeur, pendant leur marche, soulève vio-
lemment la soupape de sûreté.

[1] Paris, 1839.

§ II. *Comparaison de la vapeur d'eau avec les gaz permanents et les autres corps qui peuvent être employés
comme intermédiaires pour servir à la génération du
mouvement.*

Les gaz permanents diffèrent essentiellement des
vapeurs en ce que ces dernières tendent à transmettre immédiatement à tous les corps qui les environnent et avec lesquels elles sont en contact,
tout le calorique, et par conséquent toute la force
mécanique dont elles sont dépositaires; tandis que
les gaz permanents en conservent la plus grande
partie, et n'abandonnent, dans ces mêmes circonstances, qu'une certaine portion de leur calorique. Un mètre cube d'air et un mètre cube de
vapeur, qui ne pourraient ni perdre ni acquérir
aucune partie de calorique par le contact des corps
dont ils seraient entourés, et que l'on comprime-
rait par le moyen de pistons, en les chargeant l'un
et l'autre d'un même poids, pourraient, en se dilatant, soulever ces poids, de manière à ramener les
pistons exactement à leur première position, quel
que fût d'ailleurs l'espace qu'ils auraient parcouru
dans l'un et l'autre cas. Mais si cet air et cette vapeur peuvent transmettre leur calorique aux corps
environnants, de manière à ne conserver que leur
première température, les rôles deviendront bien
différents : la température de la vapeur baissera
rapidement, il y aura de l'eau réduite, et la va-

peur restée dans le piston reviendra au même degré de tension et de température qu'elle avait
d'abord ; les gaz permanents conserveront, au contraire, une existence indépendante de leur température, et pourront reproduire, après un laps de
temps indéterminé, une certaine quantité de la
force qui a servi à les comprimer, et dont on les
avait rendus dépositaires par l'acte même de la compression.

Pour éclaircir ceci par un exemple, supposons
deux cylindres munis de pistons, ayant chacun un
mètre cube de capacité, et que, dans l'un, on ait
renfermé de la vapeur, et dans l'autre de l'air, tous
deux à la pression ordinaire de l'atmosphère.

Si l'on charge les deux pistons de manière à exercer sur l'air et sur la vapeur une pression double
de celle qu'exerçait l'atmosphère, la température de
la vapeur s'élèvera instantanément à 121°,5, son volume deviendra

$$\frac{1 + 1 \times 21,5 \times 0,00375}{2} = 0,54$$

de ce qu'il était d'abord, et les 21°,50 excédant la
température dont elle était pourvue ne tarderont
pas à se communiquer aux corps environnants. Le
piston aura parcouru un espace de

$$1 - 0,54 = 0^m,46$$

le volume de la vapeur sera réduit à $0^m,54$, sa
température aura baissé de 21°,5, et sera revenue
ainsi que son ressort au point où ils étaient avant la

compression. Aucune partie de la quantité de force qui a été nécessaire pour comprimer la vapeur ne pourra être reproduite, et, suivant l'opinion que j'ai émise, elle sera représentée en entier par le calorique développé dans l'acte de la compression, c'est-à-dire par un mètre cube de vapeur à 100° élevé de 21°,5.

La température de l'air renfermé dans le second cylindre s'élèvera aussi d'une certaine quantité, dont partie représentera la force qui a servi à le comprimer, et qui ne tardera à se transmettre aux corps environnants. Mais une autre portion de ce calorique aura été employée à modifier l'existence de l'air, et à le rendre propre à restituer une partie de la force dont on l'avait rendu dépositaire; cette portion de la force sera représentée par la somme de tous les poids élevés par le piston lorsqu'on laissera la liberté à l'air de reprendre son premier volume, jusqu'à ce que son ressort revienne à faire équilibre à celui de l'atmosphère.

La facilité avec laquelle se transmet le calorique rend très-difficile l'appréciation de la quantité qui se dégage dans la compression de l'air. Cette quantité connue, on pourrait en conclure le rapport entre l'effet utile que l'on peut obtenir d'une masse d'air qui a été comprimée, et l'effet qui est perdu par suite de son abaissement de température.

On n'a pas eu jusqu'ici un bien grand intérêt à constater ce phénomène, qui était resté sans rapport avec les moyens employés pour appliquer la chaleur à la production de la force; mais on peut espérer que le nouvel usage auquel l'industrie semble vouloir appliquer l'air dilaté par la chaleur, pour s'en servir comme de la vapeur, mettra sur une voie qui pourra éclairer cette question.

Les gaz ne sont pas les seuls corps qui puissent être employés comme intermédiaires entre le calorique et la puissance mécanique. Tous les corps de la nature paraissent susceptibles de jouer ce rôle, puisqu'il n'en est aucun qui soit étranger à l'influence de la chaleur. Prenons l'eau, par exemple, qui est regardée comme le moins compressible des corps, et examinons si cette propriété ne dérive pas de sa grande capacité pour le calorique, eu égard à sa dilatation.

Un mètre cube d'eau dont la température sera élevée d'un degré, se dilatera de 0,000433 de son volume primitif. Cette quantité de calorique suffirait pour réduire en vapeur à 100°

$$\frac{1000}{6,50 \times 100} = 1^{\text{kil}}, 54$$

qui produiraient un volume de
1,54 × 1700 = 2618 mètres cubes de vapeur à 100°.

Nous avons vu, page 388, que l'effet obtenu d'un mètre cube de vapeur élevé à une température de 20° répond environ à 7,000 kil. d'eau élevés à un mètre; d'où il suit que les 2,618 mètres cubes de vapeur à 100° pourraient suffire à élever

26

2,618 $\times$ 7 $\times$ 5 $=$ 91,630 mètres cubes d'eau mètre.

Mais un degré de température faisant dilater l'eau de 0,000433 de son volume primitif, fera élever le piston derrière lequel elle est contenue de 0^m,000433, d'où il suit que pour obtenir, par le moyen de la compression de l'eau, le même effet que si on eût employé le calorique à produire de la vapeur, il eût fallu charger le piston d'un poids progressivement décroissant, dont le moyen terme eût été de

$$\frac{91650}{0,00043} = 21,300,000 \text{ mètres cubes d'eau,}$$

pression qui dépasse de beaucoup tous les moyens d'observation qui sont en notre pouvoir.

Un calcul analogue montrerait comment tous les autres corps, le fer, par exemple, peuvent devenir les intermédiaires du calorique pour produire des effets analogues ; on a même essayé quelquefois de faire usage de ce métal lorsqu'il était question d'obtenir des efforts auxquels on n'aurait pu arriver par aucun autre moyen. Et c'est de cette manière que des murailles latérales d'une galerie du Conservatoire des arts et métiers, qui s'écartaient l'une de l'autre, ont été rapprochées et mises dans leur première position.

A cet effet, M. Molard, qui était alors conservateur de cet établissement, et qui est l'auteur de cette ingénieuse invention, fit percer les murs de la galerie en regard l'un de l'autre; on introduisit dans les ouvertures également espacées de fortes barres de fer terminées par des écrous; on échauffa avec des lampes la moitié de ces barres, en laissant toujours une barre froide entre deux barres échauffées, et en ayant soin de serrer les écrous de celle-ci à mesure qu'elles s'allongeaient. Cette première opération commença à 'déterminer un léger mouvement dans les murs de l'édifice ; on en fit alors autant sur la deuxième série de barres, et ainsi de suite jusqu'à parfait rétablissement de l'aplomb des murs.

L'action du fer ne fut point ici la même que dans le cas précédent, sa cohésion dut être mise en jeu aussi bien que sa dilatation, et c'eût été la première de ces propriétés qui aurait fait défaut contre un obstacle beaucoup moindre que celui qui eût été nécessaire pour s'opposer au mouvement de retrait, suite de son refroidissement.

Je bornerai là mes réflexions sur un sujet dont chacun saura apprécier l'importance. Du calorique qui est employé par l'industrie à produire de la force, et aux usages domestiques, une faible partie seulement est utilisée ; une autre quantité bien plus considérable, et qui pourrait suffire à créer d'immenses valeurs et à augmenter d'autant la richesse nationale, se trouve absolument perdue; c'est là un des vices que l'état d'avancement auquel sont arrivées les sciences me paraît susceptible de parvenir à corriger, si les hommes spéciaux dirigeaient leurs études vers ce but.

§ III. *De l'emploi de la vapeur dans les diverses machines en usage dans l'industrie.*

De quelque manière que l'on considère le mode d'action que la vapeur exerce sur les machines pour les mettre en mouvement, il faut toujours en revenir à considérer la quantité d'action que ces machines développent comme étant mesurée par la quantité de vapeur qu'elles consomment.

Ainsi que nous l'avons vu, la différence d'état et de température de la vapeur, du moment où elle est admise dans le cylindre au moment où elle en sort, joue aussi un grand rôle dans la production du mouvement. Ce n'est donc que par la combinaison de ces deux conditions simultanées : la masse de vapeur, sa tension et sa température considérées pendant qu'elle agit sur les pistons, qu'il est possible d'apprécier exactement quelle quantité de travail on peut obtenir des machines.

La meilleure manière d'utiliser la vapeur est évidemment de l'employer au plus haut degré de tension et de température possible ; mais comme la difficulté de la renfermer dans des vases clos et de l'empêcher de fuir, augmente avec sa tension, il est nécessaire d'apporter d'autant plus de précision dans la construction des machines, que l'on emploie de la vapeur plus chaude et plus tendue. Cette précision d'exécution, de laquelle dépend la force de la machine, est donc l'objet le plus important de l'art du constructeur.

On peut calculer que les moyens d'exécution que l'on possède aujourd'hui ne permettent pas de faire des machines capables d'employer utilement la vapeur à une tension supérieure à 5 et tout au plus à 6 atmosphères. On parviendra sans nul doute à étendre beaucoup cette limite ; mais on l'a vainement tenté jusqu'ici.

Indépendamment des obstacles que l'imperfection des machines apporte au bon emploi de la vapeur à des pressions très-élevées, il en est d'autres encore, relatifs à l'excès de perte de chaleur que l'on éprouve en raison de l'élévation de température, qui est la suite d'une grande tension.

Un grand nombre d'expériences qui ont été faites pour évaluer cette perte ont amené à ce résultat : que de la vapeur à 100 degrés enfermée dans des enveloppes de tôle ou de fonte de fer exposées à l'air, éprouve un refroidissement qui est exprimé par la condensation de $1^{\text{kil.}},80$ de cette même vapeur par heure et par chaque mètre carré de surface exposée à l'air.

La perte de calorique est d'autant plus grande que la vapeur est plus tendue ; comme elle a pour résultat de déterminer la condensation d'une certaine quantité d'eau dans les cylindres, cette eau embarrasse la marche des pistons, en rend le jeu plus difficile, et nuit, par conséquent, au bon effet de la machine.

Les machines à basse pression sont au contraire dans des conditions d'autant plus avantageuses que l'on emploie la vapeur moins tendue. La pression de l'atmosphère se trouvant alors égale et même supérieure à celle de la vapeur qui est renfermée dans les appareils, il n'y a plus de perte possible. Les pertes résultant de l'abaissement de température de la vapeur sont aussi considérablement atténuées par la facilité que l'on a d'échauffer les réduits dans lesquels sont enfermées les machines. Les ouvriers s'accoutument d'ailleurs facilement à supporter un grand degré de chaleur sans en être incommodés.

Quel que soit le système des machines et le mode d'action que la vapeur exerce pour les mettre en jeu, la quantité de travail qu'elles produisent est toujours relative au dégré de tension auquel la vapeur a été admise dans les cylindres et à celui qui lui reste au moment où l'on cesse de l'utiliser en la laissant échapper ou en la condensant.

L'industrie fait usage de trois genres de machines qui demandent à être étudiés séparément, savoir : les machines à haute pression, les machines à basse pression, et celles à haute pression et à détente avec ou sans condensation.

D'après ce que j'ai dit, page 397, l'abaissement de température de la vapeur pendant la marche du piston, aurait pour résultat de diminuer l'effet de la machine, s'il n'y était pas pourvu par un grand

excès de vapeur que doit fournir la chaudière; c'est
à un le cas ordinaire des machines locomotives.

En supposant donc que la puissance de la machine est représentée par une pression constante
égale au ressort de la vapeur pendant la marche
du piston , diminuée de la pression de l'atmosphère,
il sera aisé de calculer la quantité de travail qu'elle
peut fournir dans un temps donné.

Le travail des machines est assimilé ordinairement à celui du nombre de chevaux auquel on
suppose qu'il peut équivaloir. Dans les machines
de Watt, à basse pression et à condensation, qui
sont les plus anciennement connues, les ingénieurs
anglais calculent la force d'un cheval comme étant
représentée par une aire ou surface circulaire de
30 pouces anglais, soit un cercle de 5^{pouc},47 de diamètres avec une vitesse de 3 pieds anglais par seconde.

Une machine de 30 pouces anglais de diamètre
représente donc une force de 30 chevaux.

Pour apprécier la consommation de vapeur et
l'effet d'une pareille machine , nous remarquerons
que le pied anglais étant égal à 0^{m},3048, la surface
d'un cercle de 30 pouces de diamètre équivaudra à
$$\left(\frac{0,3048 \times 2,50}{2}\right)^{2} \times 3,14 = 0,4553 \text{ mètres carrés,}$$
et la capacité du piston qui répond à l'unité de
vitesse, à

$0,4553 \times 0,3048 \times 3 = 0,4164$ de mètre cube.

La pression de la vapeur à 100°, telle qu'on l'emploie ordinairement dans les machines de Watt,
ayant une tension représentée par un poids de 1 kil.
par chaque centimètre carré, exerce un effort égal
sur la face du piston lorsqu'on a fait le vide derrière.

En supposant que la vapeur fût entièrement con-
densée et le vide parfait, la pression sur le piston
serait égale à 4,553 kil., et la force du cheval serait
représentée par

$$\frac{4553 \times 0{,}3048 \times 3}{50} = 138^{kil}{,}60 \text{ élevés à 1 mètre.}$$

Mais la condensation de la vapeur ne produit
jamais un vide parfait; le frottement des diverses
parties de la machine consomme toujours une partie de sa force; sa température baisse nécessairement dans l'acte de sa dilatation en passant par les
orifices pour venir remplir le piston; enfin, il y
a toujours de la chaleur perdue par toutes les
surfaces exposées à l'air dont la température est
nécessairement moins élevée que celle de la vapeur; l'effet utile que l'on peut en obtenir en
réalité, reste donc toujours beaucoup au-dessous
de cette appréciation.

Les mécaniciens, qui, au reste, ne sont pas
d'accord sur ce point, estiment la force du cheval
de vapeur, les uns à 75, les autres à 80, à 90,
et jusqu'à 100 kil., élevés à un mètre par seconde[1];

1 Je crois à propos d'insérer ici, en entier, une lettre que j'ai
reçue de M. A. Schlumberger, de la maison Schlumberger,

il est évident que ces évaluations sont plus ou moins vraies, suivant que les machines ont été plus ou

Kœchlin et compagnie, relative à quelques questions que je lui avais adressées sur l'emploi et l'usage de la vapeur à Mulhouse. Secrétaire de la Société industrielle d'une ville qui, par sa position, a le plus grand intérêt à bien utiliser le combustible dont elle fait une énorme consommation, M. Schlumberger, par son expérience, son instruction et ses lumières, pouvait, mieux que personne, me donner un avis en connaissance de cause sur les diverses questions que j'ai cru devoir soumettre à son bon jugement.

« Vous m'adressez sept questions :

» 1° Ce que l'on entend à Mulhouse par la force d'un cheval de machine à vapeur ?

» Déjà depuis longtemps on a renoncé ici à prendre comme
» élément pour calculer cette force, le diamètre des pistons et
» leur vitesse ; cela entraînait à des calculs qui n'étaient pas
» toujours clairs pour tout le monde : nous avons du reste un in-
» strument simple et bien exact pour mesurer les forts moteurs,
» aussi bien que les petits (le frein de M. Prony, modifié,
» V. *Bulletin* n° 7, pages 14 à 48, de la Société industrielle de
» Mulhouse, n° 8, page 250). On a généralement adopté ici,
» pour force d'un cheval, 100 kil. élevés à un mètre par se-
» conde. Cependant MM. les constructeurs de machines, depuis
» quelque temps, se bornent à admettre 75 kil. au lieu de 100
» (V. *Aide mémoire de mécanique pratique,* par Arthur Morin,
» 1837, page 163). Et, à moins qu'on n'en soit spécialement con-
» venu avec eux, ils ne fournissent à présent que des chevaux
» de 75 kil.; bien entendu toujours à une pression donnée, qui,
» pour les machines de Woolf dites à moyenne pression, et
» généralement usitées chez nous, est de 2 $\frac{1}{2}$ à 3 $\frac{1}{2}$ atmosphè-
» res en sus de la pression atmosphérique. Beaucoup d'expé-
» riences ont été faites au frein dans les dernières années,
» tant sur des moteurs hydrauliques que sur des moteurs à
» la vapeur (V. *Expériences sur les roues hydrauliques,* par

moins bien établies, et suivant la manière dont elles
fonctionnent. Il est une foule de causes qui influent

» Arthur Morin, 1838, et derniers numéros des Bulletins de la
» Société industrielle de Mulhouse); et il est très-rare mainte-
» nant qu'il s'élève la moindre contestation depuis qu'on a un
» moyen si simple de mesurer la force des moteurs.

   » 2° Quelle est la consommation de houille par heure et par
force de cheval?

   » Cela dépend beaucoup de la qualité de la houille. Nous en
» avons ici depuis les plus mauvaises. à 2 fr. les 100 kilog., jus-
» qu'aux meilleures de Rive-de-Giers, Saint Étienne et Sarre-
» brück, de 3 fr. 50 c. à 5 fr. les 100 kilog On admet assez gé-
» néralement qu'il faut pour une machine à vapeur de moyenne
» pression, depuis la force de 10 chevaux et au-dessus jusqu'à
» 50 et 60 chevaux, munie de bonnes chaudières, le tout en
» bon état, au moins 5 kil. de houille, qualité moyenne, par
» heure et par force de cheval (de 100 kil. à 1 mètre en une se-
» conde). Aucune des promesses des constructeurs, annonçant
» que leurs machines à vapeur n'employaient que 2 $\frac{1}{2}$ ou 3 kil.
» par heure et par force d'un cheval, ne s'est réalisée jusqu'à
» présent.

   » 3° Combien, dans les bonnes chaudières, 1 kil. de houille
» peut-il évaporer de kil. d'eau?

   » Cela dépend encore de la qualité de la houille; mais dans
» de grandes chaudières disposées sur un fourneau d'une con -
» struction pyrotechnique bien entendue, nous n'avons obtenu,
» dans des expériences répétées plusieurs fois et plusieurs
» jours de suite, que 5 $\frac{1}{4}$, tout au plus 5 $\frac{3}{4}$ kil. d'eau évaporée
» par kil. de houille, qualité de Rive-de-Giers, de Saint-Étienne
» ou de Sarrebrück. (V. *Bulletin* n° 1, de la Société industrielle
» de Mulhouse, p. 18.) Vous trouverez. *Bulletin* n° 2, page 61
» et suivantes, qu'on a obtenu plus de 7 kil., mais il a été prouvé
» depuis qu'il sortait de l'eau par le bouillonnement à travers
» les tuyaux de vapeur. Plusieurs autres essais, consignés dans
» des numéros suivants, n'ont donné que 4, 5, et au plus 5 $\frac{3}{4}$ kil.

sur la marche et la quantité de travail que fournissent les machines, et qui sont indépendantes du

» 4° Quelle est la différence de faculté évaporante des houil-
» les de diverses qualités comparées avec leur prix ?
» La valeur calorifique des combustibles en général, du
» moins à Mulhouse, est, à très-peu de chose près, en rapport
» avec les prix.
» 5° Quelle économie trouve-t-on à employer les machines à
» deux cylindres, dites de Woolf?
» C'est l'économie de 15, 20, même jusqu'à 30 p. $^o|_o$ dans le
» combustible, qui fait préférer ces machines, quoique leur
» construction soit plus compliquée et leur entretien plus coû-
» teux que dans les machines à basse pression, dites de Watt.
» Celles de ce système, que nous avions dans notre pays, ont
» toutes été changées ou remplacées. Depuis quelque temps on
» commence à faire des machines à haute pression, de 5, 6,
» et même de 8 atmosphères en sus de la pression extérieure, avec
» un seul cylindre et avec détente de la vapeur; mais leur ré-
» sultat, quant à l'emploi du combustible, n'a pas encore donné
» d'économie sur les machines du système de Woolf, à deux
» cylindres et à moyenne pression, 3 à 5 atmosphères, quoique
» la théorie indique que cette détente doit donner de meilleurs
» résultats.
» 6° A quelle pression la vapeur est-elle employée ?
» Dans les machines du système de Woolf, à deux cylindres
» et à condensateur, la pression varie de 2 jusqu'à 5 et 6 at-
» mosphères en sus la pression extérieure. Le vide dans le
» condensateur, de 0m,35 à 0m,70, suivant qu'on laisse entrer
» plus ou moins d'eau froide et que la condensation se fait plus
» ou moins bien. A l'une de nos machines à vapeur, le baro-
» mètre en communication avec le condensateur indique pres-
» que constamment 0m,62 à 0,65 de vide.
» 7° On n'a pas remarqué que la quantité d'eau évaporée,
» lorsqu'on produit de la vapeur tendue, soit plus ou moins
» considérable que lorsque la production a lieu à la pression

fait et de la volonté du constructeur ; c'est pourquoi on a pris l'habitude de désigner dans les marchés la force des machines à basse pression , système de Watt , en déterminant le diamètre du cylindre, sans faire mention de sa vitesse ; car une des conditions qui jusqu'ici ont été regardées comme essentielles à leur construction et à leur emploi, était que cette vitesse ne s'éloignât guère de trois pieds anglais, un peu moins d'un mètre par seconde.

Il serait plus naturel , aujourd'hui que l'on ne peut plus s'en tenir à ces approximations , et qu'il devient nécessaire d'employer une unité plus exacte, d'indiquer la force de la machine en désignant le nombre de mètres cubes de vapeur qu'elle peut produire et consommer dans un temps donné , ainsi

» ordinaire ; mais lorsqu'on veut obtenir de la vapeur à une
» forte tension, par exemple : à 8, à 10 atmosphères et au-
» dessus, on trouve dans la pratique en grand une foule d'in-
» convénients qui obligent à y renoncer, parce que les moyens
» qu'on a de les éviter ne sont pas encore assez parfaits.

» Les Bulletins n°s 42 et 43, de notre Société industrielle,
» contiennent des notices sur les machines à vapeur, qui ne
» peuvent manquer de vous intéresser ; dans divers autres bul-
» letins, sont encore relatés des essais au frein, des applications
» de l'air chaud pour alimenter les foyers ; objets que je vous
» engage à lire, et qui pourront vous être utiles pour l'ouvrage
» que vous vous proposez de publier.

» Je désire que les renseignements que je viens de vous don-
» ner répondent à ce que vous vouliez connaître.

» Recevez, Monsieur, etc.,

» J.-A. Schlumberger. »

que le degré de tension auquel elle est admise dans le piston, et celui qui lui reste lorsqu'elle en sort, soit qu'elle se répande dans l'atmosphère ou que son ressort soit brisé par l'effet de la condensation; ces éléments sont suffisants pour apprécier en dynamies sa force et la quantité de travail qu'elle peut produire.

La consommation d'une machine de Watt de la force de 30 chevaux étant égale à $0^m,4164$ cubes de vapeur par seconde (voir page 407), il s'ensuit que la force d'un cheval est représentée par un peu plus d'un demi-pied cube,

$$\frac{0,4164}{30} = 0^{m3},01388,$$

ou 50 mètres cubes de vapeur à l'heure; ce qui représente en nombre rond 30 kil. d'eau. Cette masse de vapeur, si elle était employée entièrement à produire un effet utile, représenterait une quantité de travail de 500 dynamies; mais comme nous avons vu que l'on avait été amené par l'expérience à ne calculer que sur un effort, que l'on peut estimer en moyenne à 80 kil., avec une vitesse de 1 mètre par seconde, sa véritable puissance sera exprimée par

$$\frac{80 \times 3600}{1000} = 288 \text{ dynamies.}$$

D'après les observations que j'ai faites et que j'ai rapportées, page 375, sur la force des chevaux, dans les conditions que j'ai indiquées, on peut calculer que l'effort dont ils sont susceptibles s'élève en moyenne à 53,50, et le résultat de la journée à 1.058 dynamies; d'où il suit que la force du cheval n'est que les deux tiers de celle de la machine mesurée directement sur le piston, indépendamment de la vitesse des deux moteurs; et que la machine peut accomplir la journée du cheval en travaillant pendant

$$\frac{1058}{288} = 3 \text{ heures } 40 \text{ minutes.}$$

Une machine à vapeur du système de Watt, consomme 6 kil. au plus de houille par heure et par cheval ; et comme l'usage de ces machines, sauf quelques exceptions commandées par des circonstances particulières, ne prend une grande extension que dans les localités où il existe des facilités pour se procurer de la houille à un prix modéré, on peut estimer que les 6 kil. de houille menue, à raison de 20 fr. le tonneau, coûteront $0^r,12$.

Pour évaluer la dépense totale de la machine, il faut ajouter à ce chiffre l'intérêt de l'argent employé à son achat, le loyer du local, les frais d'entretien, les réparations journalières, l'amortissement, le salaire du chauffeur mécanicien, etc. Toutes ces dépenses peuvent s'élever annuellement à 7,500 fr. pour une machine à 30 chevaux, ce qui peut équivaloir à une augmentation de dépense de 4 à 6 centimes par heure et par cheval ; ensorte que la dynamie reviendrait dans les conditions que je viens d'exprimer à

$$\frac{0,17}{288} = 0^r,0006,$$

le huitième environ de ce qu'il en coûte par les moteurs animés.

Les machines dans lesquelles on emploie d'abord la vapeur à haute pression, que l'on condense ensuite après l'avoir laissé détendre, sont les plus compliquées, mais en même temps les plus avantageuses de toutes. Woolf est le premier qui ait fait aux machines à vapeur l'application de ce principe. Son appareil est composé de deux cylindres ABCD, EFGH parallèles (pl. 6, fig. 32), dont l'un ABCD a une capacité plus grande que celle de l'autre, ordinairement dans le rapport de 4 à 1.

La vapeur est d'abord introduite dans le petit cylindre au-dessus du piston IK, à l'instant où, après avoir fait son mouvement de C en A, ce piston est sur le point de revenir de A en C. A cette époque le mécanisme de la machine fait ouvrir en D un tiroir qui met le cylindre ABCD en communication avec EFGH. Le vide est alors opéré dans la partie LMGH du cylindre qui a été mise au même instant en communication avec le condenseur.

A l'origine du mouvement, la pression sur le piston IK est nulle, puisque la vapeur est également tendue au-dessus et au-dessous de lui ; sur le piston LM, au contraire, elle est la même que dans la partie du cylindre IKCD. Mais à mesure que IK marche vers CD, LM marche vers GH, et l'espace EFLM

augmente d'une quantité quatre fois plus grande
que celle dont IKCD diminue ; en sorte que la pression de la vapeur sur IK augmente, et celle sur LM
diminue pendant le mouvement des pistons de I en C
et de L en H. Les pistons arrivés en DC et en HG,
la pression sur IK est la plus grande et sur LM la
plus petite possible.

L'ensemble de ces pressions, d'après ce que nous
avons dit, n'est pas aisé à calculer. La vapeur, en
remplissant le cylindre ABCD, éprouve un refroidissement qui tend à diminuer sa tension et à en condenser une partie ; mais comme elle est alors en
communication avec la chaudière, une partie de
ces pertes est aussitôt réparée par la nouvelle vapeur qui y afflue en vertu de son excédant de pression, et par la chaleur fournie par les cylindres et
leurs enveloppes. D'un autre côté, à l'instant où le
piston IK est arrivé au bout de sa course et que la
vapeur contenue dans IKCD est mise en communication avec le cylindre EFGH, c'est uniquement en
vertu du ressort dû à sa dilatation qu'elle presse le
piston LM ; et l'on voit évidemment que le refroidissement qu'elle éprouve dans ces diverses phases ne
lui permet pas d'exercer sur les pistons, pendant
leur trajet dans les cylindres, toute la pression qui
est indiquée par le calcul direct.

Ces machines ont l'inconvénient d'être compliquées et de multiplier les surfaces exposées à l'air. On
commence aujourd'hui à les remplacer par des ma-

chines à un seul cylindre dans lequel on laisse entrer
la vapeur, avec toute la tension qu'elle a dans la
chaudière pendant le quart, le tiers ou toute autre
proportion de la course du piston; après quoi on
ferme la communication, et on laisse la vapeur se
détendre jusqu'à la fin de sa course, en la condensant
ou en la laissant échapper.

Il me parait hors de doute que, pendant ce mouvement, il doit y avoir de l'eau produite par suite de
l'abaissement de la température, et de la perte de
calorique par les surfaces des appareils ; mais la plus
grande partie reste probablement à l'état vésiculaire,
et passe dans le condensateur ou se répand dans
l'air sous cette forme. Ces conjectures, au reste, sont
appuyées par les observations de tous ceux qui font
usage des machines à détente, et qui savent combien
les résultats qu'ils obtiennent restent au-dessous
de ce que la théorie indique.

Que le cylindre soit en communication avec la
chaudière, ou que la vapeur agisse seulement en
se détendant et en vertu de son ressort, la pression
de la vapeur sur les pistons est constamment inférieure à celle qui est indiquée par le calcul [1]; en
sorte que pour obtenir en pratique le maximum
d'effet utile, on est obligé de laisser entrer dans les
cylindres une quantité de vapeur qui dépasse tou-

---

[1] *Théorie de la machine à vapeur*, **Guyonneau de Pambour**,
p. 24.

jours celle qui serait indiquée par le calcul direct des tensions.

Les constructeurs, qui sont identifiés avec toutes ces difficultés, ont cherché à les surmonter en élevant la température des appareils dans lesquels agit la vapeur. Pour arriver à ce but, ils ont fait circuler la vapeur dans de doubles enveloppes autour des conduits et des cylindres, afin d'y maintenir une chaleur qui pût réparer celle que perdait la vapeur pendant le travail ; mais comme ils ne faisaient qu'augmenter l'étendue des surfaces exposées à l'air, et que, si la température et la tension de la vapeur étaient maintenues plus élevées dans les cylindres, elles s'abaissaient d'autant dans les enveloppes, on a enfin reconnu que ce mode, sans offrir aucun avantage, compliquait la construction des machines, et on a fini par y renoncer.

Quelles que soient les dispositions que l'on adopte, il est évident que l'effet de la vapeur dans les machines, abstraction faite des pertes inhérentes au système employé, est toujours relatif à l'état où elle se trouve au moment où elle commence à agir sur le piston, comparé à celui où elle est lorsqu'on la laisse échapper dans l'air, ou bien qu'on la condense ; et il suffit que ces deux circonstances soient semblables pour que ces effets soient les mêmes dans tous les cas.

Il serait très-difficile d'apprécier en nombres la quantité de puissance mécanique que peuvent fournir les machines à haute pression, à détente, avec ou sans condensation. Le calcul indique que de la vapeur à 140° comprimée par un poids de $3^{kil},61$ par centimètre carré, que l'on emploierait à cet état, sans détente, en faisant le vide derrière le piston, devrait produire un effet un peu supérieur à celui que l'on obtiendrait si sa température n'était qu'à 100°; et, qu'en la laissant détendre jusqu'à ce que sa pression fût égale à celle de l'atmosphère, on obtiendrait encore, par l'effet de sa détente, une quantité de travail à peu près égale à celle déjà obtenue; en sorte qu'une machine à haute pression, à détente et à condensation, dans laquelle on emploierait de la vapeur tendue par quatre atmosphères, devrait produire un effet double de celui qu'on obtiendrait d'une machine de Watt avec la même quantité de vapeur.

Ce résultat est même le moins exagéré de tous ceux qui sont indiqués par les méthodes que l'on emploie le plus ordinairement pour calculer la puissance mécanique que l'on peut obtenir d'une quantité déterminée de vapeur à une pression élevée; et cependant il est bien supérieur à ce que l'on obtient en pratique, puisque l'on voit qu'à Mulhouse, M. Schlumberger (note, page 411) n'estime qu'à 20 pour 100 environ l'économie de vapeur produite par les machines de Woolf sur celles de Watt.

On ne peut cependant attribuer l'existence de ce déficit ni aux pertes de vapeur, ni au refroidissement des surfaces, ni même à la perte de ressort et de chaleur de la vapeur, conséquence nécessaire de son entrée dans les cylindres et de sa dilatation ; il faut donc qu'il existe quelque autre phénomène qui échappe encore à la science et aux observations, et qu'il serait du plus haut intérêt pour la pratique de découvrir.

Les avantages que la théorie semblerait attribuer à l'emploi de la vapeur à des pressions et à des températures élevées, se trouvent ainsi complétement démentis par la pratique ; c'est pour cela qu'aucun système de machine n'a encore prévalu, et que les nombreux raisonnements que l'on a faits contre les machines de Watt, pour démontrer leur infériorité sur celles de Woolf, n'empêchent pas qu'il ne s'en construise encore un grand nombre. Du calorique que contient la vapeur, la seule portion qui soit utilisée est celle qui sert à élever sa température après sa formation ; l'expérience a toujours démontré que cette quantité est insensible, eu égard à celle qui est nécessaire pour faire passer l'eau de l'état liquide à l'état gazeux ; mais dans toutes les machines, cette dernière partie de la chaleur est absolument perdue pour l'effet utile, puisque la vapeur, après avoir servi, cède à l'air dans lequel on la rejette, le calorique dont elle était pourvue, ou bien le communique à l'eau dans laquelle on la condense pour faire le vide sous les pistons.

Cette difficulté fut sentie et appréciée par le célè-

bre Montgolfier, et ce fut lui qui me communiqua,
lorsque j'étais bien jeune encore, l'opinion bien
arrêtée dans laquelle il était : qu'il existe une véritable identité entre le calorique et la puissance mécanique qu'il sert à développer, et que ces deux effets
ne sont que la manifestation apparente à nos sens
d'un seul et même phénomène.

Imbu de cette idée, il pensa que le mode le plus
avantageux d'employer la chaleur à la production
de la force, était d'utiliser directement le ressort
qu'acquiert l'air par suite de son élévation de température dans l'acte de la combustion. Cette vaste
conception qu'il essaya de réaliser pratiquement,
donna naissance à une machine qu'il nomma *Pyro-
Bélier*, et dont le principe, ayant devancé le siècle
comme la majeure partie de ses autres conceptions,
ne put à cette époque se répandre dans le monde
industriel. Depuis lors il a été tenté un grand nombre d'expériences pour arriver au même but. Une
machine d'une grande puissance ayant pour principe de son mouvement l'emploi de l'air dilaté par
l'acte même de la combustion, a été placée, en Amérique, à bord d'un bateau à vapeur, et les premiers
résultats ont été couronnés d'un succès qui a dépassé
tout ce que l'on pouvait espérer.

Mais, comme dans toutes les autres innovations
qui se rapportent à des applications aussi délicates
et aussi difficiles de la science à la pratique, un grand
nombre de dispositions de détail n'ont pas été suffi-

samment étudiées, et la machine n'a pu encore acquérir dans toutes ses parties cette harmonie et cet
ensemble de bonne exécution qui seuls peuvent en
réaliser l'emploi au bénéfice du public. On sait combien le public exige de régularité dans tout ce qui
est destiné à pourvoir à ses besoins; on connaît la
juste sévérité de ses jugements contre toute innovation qui lui est présentée avant d'avoir été suffisamment mûrie. Cette sévérité est souvent funeste aux
inventions, parce que les inventeurs, toujours trop
disposés à négliger les détails et les résultats matériels qui peuvent être sentis de tout le monde, se
laissent très-facilement éblouir par la considération
de perfectionnements qui ne sont souvent appécia-
bles et appréciés que par eux-mêmes; mais il n'en
est que plus important, lorsqu'on s'occupe d'une
invention ou d'une amélioration capitale, qui doit
être soumise au jugement public, de ne pas se presser de les mettre au jour tant qu'on ne s'est pas bien
assuré que les résultats auront toute la certitude et
toute l'évidence nécessaires.

III. Des machines locomotives.

Les machines locomotives sont d'une création
trop récente et sont trop peu avancées, pour que
j'espère que les considérations dans lesquelles je viens
d'entrer puissent encore de sitôt servir à leur perfectionnement. Mais comme l'art d'employer la chaleur à la production de la force se trouve essentiel-

lement lié à leur progrès futur, j'ai cru convenable de faire précéder ce que j'avais à dire sur les locomotives, des réflexions qui m'ont été suggérées par l'étude d'un sujet si intéressant.

La tension à laquelle on a employé jusqu'ici la vapeur dans les machines locomotives, n'a jamais dépassé 4 à 5 fois celle de l'air atmosphérique, ce qui répond sur le piston à une pression égale à 3 ou 4 atmosphères; car la vapeur ne commence à produire un effet utile que lorsque son ressort commence à surpasser celui de l'air atmosphérique.

Cette pression est donnée immédiatement par la charge de la soupape de sûreté; en sorte que dès que l'on connaît sa surface, et la charge en kilogrammes qui répond à la combinaison des leviers à l'extrémité desquels sont placés les poids, on peut calculer l'effet de la machine sans être obligé de faire aucune réduction.

La pression qui répond à une atmosphère est représentée par la charge résultant d'une colonne d'eau de $10^m,33$ de hauteur, ce qui équivaut à un poids de $1^{kil},033$, ou, en nombre rond, 1 kil. pour chaque centimètre carré. La véritable force d'une machine qui est mise en jeu par de la vapeur dont la tension est plus grande que celle de l'air atmosphérique, est donc mesurée par l'excès de la tension de la vapeur sur celle de l'air. Le poids de l'air qui presse sur tous les corps avec lesquels il est en contact n'est pas le même partout; ce poids est relatif à la densité de l'air et à la hauteur de la colonne, à partir du point où se trouve placé le corps que l'on considère jusqu'à l'extrémité supérieure des couches atmosphériques; en sorte que le mode d'action d'une machine serait tout différent dans un lieu très-élévé et au niveau de la mer.

Les machines locomotives qui ont été construites jusqu'ici, admettent la vapeur dans le cylindre avec toute la pression sous laquelle elle est formée dans la chaudière. Cette disposition, qui est la plus simple de toutes, a été adoptée par suite de la nécessité où l'on s'est trouvé de réduire le plus possible le poids des machines, afin de ne pas trop fatiguer les rails. L'art de construire les machines locomotives étant, à l'origine des chemins de fer, dans sa première enfance, celles qui furent construites et employées alors étaient très-lourdes et entrainaient promptement la détérioration des rails. La première chose à laquelle les constructeurs durent s'attacher, fut donc d'en diminuer le poids en cherchant, par le choix de meilleurs matériaux et de dispositions plus convenables, à leur donner les qualités qui leur manquaient. Le poids de la chaudière contribuait principalement à la pesanteur des machines; mais au moyen des tubes générateurs, on est devenu maître de le réduire bien au-dessous de ce qui était nécessaire pour que l'adhérence des roues sur les rails restât égale à l'effort qu'elles devaient faire pour entraîner les convois.

Les machines locomotives ont reçu aujourd'hui, dans les détails de leur exécution, presque tous les perfectionnements que comportent les ressources de l'art. La nouvelle disposition, qui tend à se généraliser, et qui consiste à les établir sur six roues au lieu de quatre, et l'augmentation de force que l'on donne aux rails, ont levé les obstacles qui s'opposaient à ce que l'on augmentât leur poids; on peut donc s'occuper à chercher, et peut-être trouvera-t-on bientôt le moyen d'utiliser la détente de la vapeur, surtout si quelques perfectionnements permettaient d'employer la vapeur à un degré de tension supérieur à celui sous lequel on l'utilise aujourd'hui.

Les machines locomotives que l'on construisait avant 1823 ne pouvaient suffire à la production que de 300 kil. de vapeur à l'heure. Je dus à la protection éclairée que, dès cette époque, le gouvernement accordait à l'industrie, de pouvoir introduire en France, exemptes de droits, deux machines du célèbre constructeur sir Robert Stewenson, de Newcastle-sur-Tyne, telles qu'on les employait alors sur le chemin de fer de Darlington. L'une d'elles fut envoyée à M. Halete, constructeur distingué de machines à Arras, pour qu'il l'étudiàt; et l'autre fut transportée à Lyon pour servir de modèle à celles que je devais y faire construire pour le service du chemin de fer. Il résulta des essais multipliés qui furent faits sur ces machines à Arras et à Lyon, que leur production ne pouvait dépasser 300 kil. de vapeur à l'heure, quantité qui resta exactement la même, quelle que fût d'ailleurs la pression, et, par suite, la température à laquelle cette vapeur se formait, sans qu'il fût possible de remarquer aucune différence dans la quantité de combustible employé.

Ces machines étaient calculées pour travailler avec des soupapes de sûreté chargées de 60 livres anglaises par pouce carré, soit 4 kil. par centimètre, ce qui répondait à 4 atmosphères.

Nous avons vu, page 413, que la force d'un cheval de machine à vapeur, dans le système de Watt répond à une consommation de 50 mètres cubes de vapeur à 100°, par heure ; les 300 kil. d'eau évaporée par les chaudières des machines anglaises devant produire 300 × 1700 = 518 mètres cubes de vapeur auraient donc suffi pour alimenter une machine de Watt de 10 chevaux environ.

Mais la vapeur étant produite à 151°,68, sous une pression cinq fois plus grande que celle de l'atmosphère son volume, par suite de la dilatation due à l'élévation de température, était représenté par

$$\frac{510 + 510 \times 51.68 \times 0,00375}{5} = 121,76.$$

Si l'on suppose que le mode d'action de la vapeur dans les cylindres, et l'abaissement de température dû à sa dilatation soient les mêmes que dans une machine de Watt, et que de plus l'excès de refroidissement qu'elle éprouve par suite de sa température élevée, et les pertes résultant de sa plus grande tension, compensent l'imperfection du vide qui a lieu dans le condensateur de Watt, on trouvera que son effet est égal à

$$121,76 \times 4 = 487,04,$$

représentant la force de

$$\frac{487,04}{50} = 9,7 \text{ chevaux.}$$

Le diamètre des cylindres de ces machines, était de $0^m,22$, la course du piston de $0^m,60$; la pression sur les deux cylindres qui agissaient simultanément était par conséquent représentée par

$$\left(\frac{22}{2}\right)^2 \times 3,14 \times 4 \times 2 = 3040 \text{ kil.},$$

et la capacité de chaque cylindre étant de

$$\left(\frac{0,22}{2}\right)^2 \times 3,14 \times 0,60 = 0^{m3},0228,$$

la machine à chaque tour de roue dépensait

$$0,0228 \times 4 = 0^{m3},0912 \text{ de vapeur.}$$

Les $121^{m3},76$ de vapeur par heure que fournissait la chaudière ne pouvaient suffire à procurer à la machine que la vitesse qui répondait à

$$\frac{121,76}{0,0912} = 1338 \text{ tours,}$$

et comme le diamètre des roues était de quatre pieds anglais ($0^m,3048$), cette vitesse répondait par seconde à

$$\frac{1338 \times 0,3048 \times 3,14 \times 4}{3600} = 1^m,42,$$

soit environ 5 kilomètres à l'heure.

Pour ramener la pression de la vapeur sur les pistons à l'effort que la machine exerce dans le sens de sa marche, il faut multiplier la résistance que la vapeur exerce sur eux par le rapport de leur vitesse à celle de la roue à l'extrémité de sa circonférence, ce qui nous donne

$$3040 \times \frac{1,20}{0,3048 \times 4 \times 3,14} = 954 \text{ kil.}$$

L'insuffisance de vitesse de ces machines, les seules en usage en Angleterre jusqu'en 1829, me fit reconnaître la nécessité d'augmenter les moyens de production de vapeur; aussi dès l'année 1827 j'avais commencé à mettre à exécution le projet que je mûrissais depuis longtemps, de multiplier les surfaces échauffantes en faisant passer l'air chaud provenant de la combustion à travers une série de tubes plongés dans l'eau de la chaudière. Il me parut que le non succès de la méthode inverse de multiplier les surfaces en faisant circuler l'eau dans des tubes, tenait principalement à ce qu'il ne pouvait s'établir un mouvement assez rapide dans le liquide, à cause du peu de hauteur des colonnes d'eau enfermées dans les tubes, ce qui ne permettait pas à toutes les parties du liquide de venir successivement se présenter aux surfaces échauffantes; je remarquai qu'il se formait dès lors, entre l'eau et le métal, une couche de vapeur très-chaude, très-mince, très-rare et par conséquent très-mauvais conducteur de calorique, qui s'opposait d'autant plus efficacement à sa transmission que la température était plus élevée. C'est pour obvier à ces inconvénients que je voulus faire l'essai du système contraire qui a confirmé si pleinement toutes les espérances que j'en avais conçues.

Ces chaudières ont été appliquées à toutes les machines locomotives qui se sont construites depuis, et l'on s'explique difficilement pourquoi l'on a attendu jusqu'aujourd'hui à en faire usage pour la navigation à vapeur.

Le plus grand obstacle que j'entrevoyais à l'accomplissement de mon projet, était la difficulté de parvenir à obtenir, dans le foyer, un courant d'air assez fort pour déterminer les produits de la combustion à passer au travers les tubes qui remplaçaient la cheminée de la chaudière. Je craignais que la faiblesse de leur diamètre, en augmentant les surfaces, ne causât assez de retard dans la marche de l'air pour anéantir entièrement le tirage ; il fallait donc avoir recours à un moyen d'alimentation artificielle absolument indépendant du tirage de la cheminée. C'est ce que j'obtins au moyen des ventilateurs à force centrifuge ; après quelques essais, je parvins à produire jusqu'à 1,200 kil. de vapeur à l'heure, en employant des chaudières de 3 mètres de longueur sur $0^m,80$ de diamètre, renfermant 43 tuyaux de $0^m,04$ de diamètre.

Je regardai alors la question comme complétement résolue, et pris, le 12 décembre 1837, un brevet de cette invention.

Cette manière de procéder laissait cependant quelque chose à désirer, relativement à l'emploi du ventilateur à l'alimentation du fourneau. Cette application avait présenté dans la pratique quelques inconvénients très-graves. Mais ils furent heureusement levés quelque temps après, par la découverte d'un moyen aussi simple qu'ingénieux, qui consistait à injecter, dans la cheminée, la vapeur qui avait servi au jeu des cylindres.

L'activité de combustion que procurent l'un et l'autre de ces deux moyens est si grande, que l'on ne connaît d'autre limite à la quantité d'eau évaporée, que l'étendue des surfaces évaporantes. Les machines actuellement en usage pèsent de 8 à 9 tonnes, elles évaporent de 15 à 1,800 kil. d'eau par heure[1].

J'ai fait aussi diverses expériences pour déterminer le diamètre le plus avantageux à donner aux tubes bouilleurs, et il m'a paru en résulter qu'il convient de le maintenir à 4 centimètres. Au reste, comme les quantités de vapeur ont toujours jusqu'ici dépassé les besoins, on a attaché une bien moindre importance à ces essais qu'à trouver les moyens de faciliter le service, et surtout d'éviter l'engorgement des tubes par les fragments de coke embrasé qui sont transportés et s'engagent dans leur intérieur par suite du mouvement rapide de l'air.

Indépendamment de cette amélioration, j'eus en-

G. de Pambourg. *Traité des Machines locomotives*, p. 264

core à faire, dans un ordre inférieur, plusieurs changements aux premières machines qui m'avaient servi de modèle. J'augmentai un peu le diamètre des cylindres et le portai à $0^m,225$ et même dans quelques-unes jusqu'à $0^m,23$; j'établis entre la soupape de sûreté et les poids dont elle était chargée, un ressort qui l'empêchât de s'ouvrir à chaque instant pendant les secouses occasionnées par le mouvement de la marche; je fis porter tout le corps de la machine sur les roues par l'intermédiaire de forts ressorts; enfin, plus tard, j'adoptai toutes les améliorations qui furent faites en Angleterre aux diverses parties des locomotives, et qui me parurent susceptibles d'être heureusement appliquées à celles du chemin de Saint-Étienne.

La capacité du cylindre des machines locomotives en usage sur le chemin de fer de Saint-Étienne ayant un peu augmenté par suite des changements faits aux modèles que j'avais reçus d'Angleterre, j'estime qu'au moment où j'ai fait mes observations, le diamètre des cylindres pouvait être regardé comme ayant en moyenne $0^m,225$, et par conséquent la pression sur les deux pistons était de

$$\left(\frac{225}{2}\right)^2 \times 3,14 \times 4 \times 2 = 3180^{kil.}$$

l'effort dans le sens de la marche,

$$3180,00 \times \frac{1,20}{3,048 \times 4 \times 3,14} = 1000^{kil.}$$

la capacité de chaque cylindre,

$$\left(\frac{225}{2}\right) \times 3{,}14 \times 0{,}60 = 0^{m3}{,}0236,$$

et la dépense de vapeur pour chaque tour de roue

$$0{,}0236 \times 4 = 0^{m3}{,}0946.$$

En supposant la production de vapeur de 1500 kil. à l'heure, ou cinq fois plus grande que celle des premières machines, son volume devient

$$121{,}76 \times 5 = 608{.}80,$$

et la vitesse de la machine,

$$\frac{608{,}80 \times 0{,}3048 \times 4 \times 3{,}14}{0{,}0946} = 24650^m \text{ par heure ;}$$

soit

$$\frac{24420}{3600} = 6^m{,}85 \text{ par seconde.}$$

Si l'on voulait ramener la force de ces machines, au nombre de chevaux qu'elles représentent, en se servant pour cela des mêmes données que nous avons employées, page 413, pour les machines de Watt, nous aurions à multiplier le volume de la vapeur par sa pression, et à diviser par 50, qui exprime le nombre de mètres cubes de vapeur dont la dépense par seconde représente la force d'un cheval ; soit

$$\frac{608{,}80 \times 4}{50} = 48{,}7 \text{ chevaux ;}$$

mais comme la vitesse joue un grand rôle dans cette appréciation, il faut, pour l'en dégager et ramener la force de la machine à l'effort qu'elle exercerait si cette vitesse était réduite à un mètre par seconde, la diviser par l'espace qu'elle parcourt dans ce même de temps ; ce qui nous donne

$$\frac{48,7}{6,79} = 7,25.$$

Ce résultat nous indique combien est vague la comparaison que l'on fait de la force des machines avec le nombre de chevaux qu'elles peuvent remplacer, et nous fait comprendre la nécessité de renoncer aux dénominations vulgairement employées, pour y substituer un autre mode plus en rapport avec l'avancement de l'art.

En supposant que l'effort du cheval fût représenté par un poids de 80 kil., celui de la machine deviendrait

$$7,25 \times 80 = 580 \text{ kil.}$$

Cette quantité est beaucoup au-dessous de la puissance que développent les machines sur le chemin de fer entre Givors et Lyon. Nous avons vu, en effet, que la résistance du convoi est représentée par

$$100,000 + 14000 \times \tfrac{3}{4} \times (0,0004 + 0,005) + 50 = 705^{kil},40.$$

Et si l'on considère que les machines doivent nécessairement être pourvues d'un excédant de force pour mettre les convois en mouvement, et qu'elles franchissent quelquefois avec cette charge une partie de chemin sur laquelle il existe une rampe de 0,005, on restera convaincu qu'il est des circonstances où l'effort qu'elles exercent pour entraîner

28

le convoi est bien près d'atteindre les 1000 kil. qui sont indiqués par la théorie.

Les machines que l'on emploie actuellement en Angleterre ont des cylindres de $0^m,28$ de diamètre et de $0^m,40$ de course, et 100 tubes bouilleurs en cuivre jaune de $0^m,04$ de diamètre. Je crois qu'il est superflu de répéter tous les détails de la construction et des effets de ces machines, si bien observées, calculées et décrites par M. de Pambourg, à l'ouvrage duquel je renverrai mes lecteurs. Chaque jour d'ailleurs voit naître de nouveaux modèles et de nouvelles modifications, qui m'exposeraient à signaler comme neuves des dispositions qui auraient déjà été abandonnées au moment où ce livre parviendra au public.

Le diamètre du cylindre des machines du chemin de Manchester à Liverpool étant de $0^m,28$ et la course du piston de $0^m,40$, la surface du piston est donc représentée par

$$\left(\frac{28}{2}\right)^2 \times 3,14 = 0^{m2},60544,$$

et la pression exercée sur les deux pistons par la vapeur, par

$$605,44 \times 4 \times 2 = 4843^{kil.}52$$

En multipliant cette quantité par le rapport de la double course du piston à la circonférence de la roue, dont le diamètre est de $1^m,53$, on obtient, pour l'effort de la machine rapporté dans le sens de sa marche

$$\frac{4843,52 \times 0,40 \times 2}{1,53 \times 3,14} = 1091 \text{ kil.}$$

Ce qui nous montre que l'effort de ces machines n'excède pas d'un dixième celui des machines du chemin de Saint-Étienne.

En supposant, comme ci-dessus, la production de la vapeur de 1,500 kil. à l'heure, et observant que la capacité des cylindres est égale à

$$0,605 \times 0,4 = 0,^{m3}02421,$$

on trouvera, par un calcul analogue à celui que j'ai fait, page 432, que la vitesse de la machine est représentée par

$$\frac{608,80 \times 1,53 \times 3,14}{0,02421 \times 4} = 30,203 \text{ mètres par heure},$$

ou $\dfrac{30203}{360} = 8^m,40$ par seconde.

Cette vitesse suppose que toute la puissance de la machine est employée à vaincre la résistance du convoi. Mais lorsque les machines développent pendant leur marche un excès de puissance, il y a nécessairement accélération de vitesse; la depense de vapeur devenant dès lors plus considérable, sa tension baisse dans la chaudière, et la charge que peut entraîner la machine diminue dans la même proportion, jusqu'à ce qu'il s'établisse une nouvelle relation entre sa puissance modifiée relativement à la tension de la vapeur, la résistance du convoi et sa vitesse.

Les convois ne peuvent parvenir à acquérir cette vitesse que successivement, par une accélération qui suit la loi du carré des temps écoulés depuis l'origine du mouvement, loi à laquelle sont assujettis les corps qui gravitent à la surface de la terre. Lorsque cette vitesse est atteinte, le machiniste réduit la quantité de vapeur, jusqu'à ce que la puissance que développe la machine soit égale à la résistance passive du convoi, sa vitesse continuant à se maintenir par suite de l'impulsion qu'il a reçue. C'est pour cela que les machinistes doivent mettre le plus grand soin à donner la vapeur d'une manière régulière, afin d'éviter des changements brusques de vitesse qui exposeraient à des chocs, à des secousses, ou à d'autres accidents.

Une autre condition non moins indispensable à l'action de la machine, c'est que le frottement que ses roues exercent sur les rails, soit supérieur à la résistance du convoi; il faut donc que, dans les changements qui ont pour but d'augmenter sa force, on s'occupe en même temps de rendre le frottement plus grand dans la même proportion.

Les constructeurs des premières machines locomotives ne supposèrent pas que le simple frottement des roues sur des rails polis par l'usage, pût suffire pour entraîner les convois et empêcher les roues de glisser. Pendant longtemps il fut fait une foule d'inventions et exécuté un grand nombre de machines pour prévenir ce danger imaginaire, jusqu'à ce que, plus tard, l'expérience fît reconnaître que le moyen le plus simple était aussi le plus sûr, le moins coûteux et le plus facile à mettre en pratique.

L'adhérence des roues sur les rails est d'autant plus grande que ces corps sont mieux polis, et que le contact, par conséquent, est plus immédiat. Aussitôt que le contact cesse d'avoir lieu sur un point, les quatre roues se mettent rapidement en mouvement; l'excès de dépense de vapeur en fait aussitôt baisser la tension, et sa pression sur le piston devenant inférieure au frottement que les roues exerçaient sur les rails, celles-ci s'arrêtent aussitôt.

On pense généralement que lorsque les quatre roues de la machine sont liées entre elles par des bielles qui les font participer aux mêmes mouvements, elles ont moins de disposition à glisser sur les rails que lorsque deux d'entre elles seulement reçoivent le mouvement de la machine. Mais cette opinion, basée sur un raisonnement qui n'est point confirmé par la pratique, a toujours laissé des doutes dans mon esprit, et j'aurais eu besoin pour m'éclairer, de me livrer à une suite d'expériences, d'observations et de comparaisons directes que je n'ai jamais eu occasion de faire; j'ai même cru, dans quelques circonstances, remarquer qu'il arrivait précisément le contraire : soit que l'augmentation de poids que l'on fait porter, dans ce dernier cas, sur les deux roues motrices, joint à l'excédant de diamètre qu'on leur donne, détermine un excès de frottement; soit que la difficulté d'établir un parallélisme parfait entre les quatre roues, commandées en même temps par les tiges de piston des deux cylindres, occasionne de légers retards ou temps d'arrêt qui déterminent les roues à abandonner les rails.

Cette dernière opinion se trouve étayée par la rapidité avec laquelle gagne le système des machines à six roues, dont les deux du milieu seulement d'un diamètre de beaucoup supérieur aux autres, sont liées aux bielles des pistons, et mises en jeu par la force expansive de la vapeur. On augmente le nombre de roues des machines, parce que leur poids portant alors sur un plus grand nombre de points fatigue moins les rails.

Lorsque les locomotives doivent travailler sur des lignes dont l'inclinaison est près d'atteindre la limite après laquelle il cesse d'être avantageux d'en faire usage, il faut, pour faire remonter les convois sur ces rampes, que les roues des machines exercent une plus grande adhérence sur les rails que lorsqu'on parcourt des lignes horizontales. Un moyen très-simple d'obtenir cette augmentation d'adhérence consisterait à faire communiquer directement le mouvement de rotation des roues des machines à une partie de celles qui forment le convoi. Pour atteindre ce but, je m'étais proposé, à l'époque où j'étais chargé de la direction du chemin de fer de Saint-Étienne, de lier avec des courroies les roues de la machine à celles d'un wagon chargé de marchandises ou même du train d'approvisionnement. Les dispositions eussent été tellement calculées, que le frottement que

ces roues auraient exercé sur les poulies eût été le
même que celui qu'elles produisent sur les rails. Il
eût fallu en outre que la résistance du convoi eût déterminé dans les courroies un degré de tension suffisant pour les empêcher de glisser. Peut-être ce
moyen, que je n'ai pu essayer, serait-il suivi
d'heureux résultats.

L'état des rails exerce une grande influence sur
le glissement des roues des machines; lorsque les
rails sont enduits de poussière de houille délayée
avec de l'eau, les wagons et les machines réduisent
le mélange en une espèce de bouillie impalpable qui
favorise singulièrement le glissement; c'est un des
plus grands obstacles que j'aie éprouvés pour exécuter le service avec les machines dans les percements, surtout dans celui de Terre-Noire, qui est
très-humide, très-long, et dont la faible section ne
permet pas qu'il s'y établisse un courant d'air assez
rapide et assez puissant pour sécher les rails.

L'adhérence des roues produit son plus entier
effet lorsque les rails sont parfaitement secs ou
inondés d'eau. Sur le chemin de fer de Saint-
Étienne, on a eu soin de ménager, sur les locomotives, quatre petits jets d'eau qui puisent dans le
tender ou réservoir d'eau destiné à alimenter la
chaudière, et tiennent les roues continuellement
arrosées. Ce moyen est celui qui a le mieux réussi
parmi tous les essais que j'ai tentés.

La matière qui est employée pour les roues des

locomotives influe aussi sur le glissement. M. Chap-
man [1] pense que l'on doit préférer le fer à la fonte,
parce que la dureté que la trempe procure à cette
dernière en diminue l'adhérence sur les rails. Il
croit aussi que les roues en fonte ont l'inconvénient de favoriser la disposition qu'a le fer des rails,
dont la contexture est toujours plus ou moins fi-
breuse, à se diviser en lames, ce qui entraîne leur
prompte destruction. Toutes ces considérations
viennent à l'appui de l'opinion que j'ai déjà eu occasion d'exprimer relativement au même sujet.

On peut déterminer le frottement que les roues
des machines exercent sur les rails, en observant
le point auquel les roues des machines commencent
à glisser sur elles-mêmes, lorsqu'on augmente successivement leur charge.

La force de la machine peut être considérée
comme ayant deux emplois bien distincts : le premier, destiné à vaincre la résistance provenant du
frottement des diverses parties de son mécanisme,
et à se transporter elle-même sur un terrain horizontal; le second, employé à entraîner le convoi.
Cette seconde quantité est la seule que l'on doive
regarder comme la mesure du frottement.

La résistance qui répond à cette partie de la
puissance de la machine, est variable avec la mul-

---

[1] *Traité pratique des chemins de fer*, par Nich Wood. Paris,
1834, page 20.

litude des causes que j'ai déjà signalées (pages 223
et suivantes); elle se complique encore, dans le
cas actuel, de l'état des rails, de la résistance de l'air,
de la régularité de la marche du convoi, de sa vitesse,
de sa masse, de son étendue, etc.. On ne peut donc
déterminer qu'approximativement, et seulement
pour quelques cas particuliers, la limite à laquelle les
roues des machines, n'exerçant pas sur les rails un
frottement suffisant, commenceront à tourner sur
elles-mêmes sans faire avancer la machine.

Sur le chemin de fer de Saint-Étienne, la résis-
stance totale est de 700 kil.; environ savoir :

Pour la machine 150 kil.,

Et pour le convoi qu'elle entraîne 550 kil.

Mais, pendant la marche, les roues ne tournent
pas sur elles-mêmes; cela arrive seulement dans
des cas exceptionnels, lorsque les rails sont cou-
verts de boue, que la machine est au moment du
départ, ou que quelque circonstance particulière
augmente momentanément la résistance de toute
la masse.

Il ne m'a jamais été possible de faire traîner à
la machine, dans le percement de Terre-Noire,
plus de quinze wagons vides, ce qui offrait une
résistance, au plus, de 300 kil.; et les roues des
machines glissent souvent sur les rails dans le percement de Rive-de-Gier, lorsque leur charge s'élève
à trente wagons vides; ce qui représente à peu près
la même résistance.

La machine, en développant entièrement sa puissance, est parvenue quelquefois à entraîner le convoi, dans des circonstances où la résistance est
supérieure de beaucoup à celle de 550 kil., qui
représente l'effort de la machine pendant son service habituel. Je vais donc supposer que le frottement exercé par les quatre roues d'une machine,
qui sont liées entre elles par des bielles, mises en
mouvement par les tiges du piston, est mesuré,
dans les circonstances favorables, par une résistance
de 800 kil., peu inférieure à celle qui se déduit du
calcul direct de la pression de la vapeur sur les pistons; et que, dans les cas les plus désavantageux,
elle est réduite à 300 kil. Le poids de la machine
étant de 10,000 kil., cette résistance représentera,
dans le premier cas, un frottement qui sera exprimé
par

$$\frac{800}{10,000} = 0,08 = \frac{1}{12,5}$$

soit un douzième et demi du poids de la machine;
et dans le second

$$\frac{300}{10,000} = 0,03 = \frac{1}{33}$$

un trente-troisième de ce même poids.

Je n'ai pas eu occasion de faire des observations
sur le chemin de fer de Manchester, pour savoir
si les roues des machines glissaient sur les rails
lorsqu'elles avaient à vaincre une résistance considérable; M. de Pambourg ne fait, dans son ouvrage,

aucune mention de ce fait si fréquent sur le chemin de Saint-Étienne, et si intéressant à constater. Cependant, dans une expérience faite le 24 juillet 1834[1] sur le Fury, l'effort que faisait cette machine représentait une résistance égale à celle de 244 tonneaux sur une ligne horizontale.

Le poids de la machine était de $8^t,20$, et celui qui portait sur les roues de derrière, seules adhérentes, de $5^t,5$. Comme le frottement sur le chemin de Manchester est de 0,0036, l'effort que faisait la machine pour entraîner le convoi était représenté par

$$244,000 \times 0,0036 = 878 \text{ kil.}$$

Les deux roues de la machine qui seules recevaient le mouvement étant chargées de $5,500^{kil}$, et le frottement qui résultait de ce poids sur les rails étant supérieur à une résistance de 878 kil., puisque la machine continuait à avancer, il s'ensuit que le frottement était exprimé par

$$\frac{878}{5,500} = 0,16 = \frac{1}{6,25}$$

MM. Simons et de Ridder estiment[2], d'après des expériences faites en Angleterre, qu'ils ne citent point, que l'adhérence des roues des locomotives, comparée au poids dont elles sont chargées, est égale, savoir :

[1] *Traité des locomotives,* par M. de Pambourg, p. 240 et 336.
[2] *Route d'Anvers à Cologne et Bruxelles,* 1838, p. 61.

Sur des parties de niveau. . . à $\frac{1}{22}$ = 0,045.

Pour une inclinaison de 0,005 à $\frac{1}{24}$ = 0,041.

Pour *idem* de 0,010 à $\frac{1}{27}$ = 0,037.

Et, cependant, ils font mention de machines du poids de 11 à 12 tonneaux, qui, sur le chemin de Darlington, auraient entraîné 250 tonneaux[1]; ce qui porterait le frottement à 0,10 environ du poids de la machine.

Les grandes différences qui existent entre ces divers résultats, nous montrent que la mesure du frottement est extrêmement variable, et qu'elle est assujettie à une foule de conditions, qui toutes doivent être prises en considération lorsque l'on veut établir la relation qui doit exister entre le poids et la puissance d'une machine locomotive. On ne peut donc tracer des règles à ce sujet; elles doivent découler de la considération du cas particulier dans lequel on se trouve, en se servant, pour le résoudre, des expériences que je viens de citer, ou de celles que l'on pourra faire pour mieux éclaircir une question si délicate.

Le frottement des roues des wagons sur les rails étant compris entre $\frac{1}{30}$ et $\frac{1}{10}$ (voir page 212), j'ai estimé qu'il devait être en moyenne de $\frac{1}{20}$, soit 0,05; mais le moyen que j'ai pris pour arriver à ce résultat, est tout différent de celui que j'ai employé pour déterminer l'adhérence des roues des machines sur les rails. On peut douter d'ailleurs,

[1] *Traité des chemins de fer*, par Nich Wood, Paris, 1834, p. 20.

malgré l'analogie qu'on croit apercevoir au premier
coup d'œil , qu'il y ait identité d'effet entre une
roue qui , fixée au wagon, glisse sur les rails en leur
présentant toujours le même point de sa circonférence, et une roue de machine locomotive qui tourne
sur elle-même en présentant successivement tous
les points de sa circonférence au même point du
rail. Lors même que la théorie indiquerait que cette
identité existe dans les effets , les choses ne se passe-
raient certainement pas d'une manière semblable
dans la pratique.

Il est encore probable que l'extrême dureté que
procure la trempe à laquelle on soumet la partie
extérieure de la jante des roues des wagons , facilite le glissement, et les roues des locomotives
étant moins dures et d'un plus grand diamètre ,
contractent avec les rails une adhérence plus grande,
à poids égal , que celles des wagons.

En rapprochant aussi les résultats que nous avons
obtenus sur le chemin de fer de Saint-Étienne ,
pour les machines locomotives dont les quatre
roues sont accouplées , nous aurons pour la mesure
du frottement dans les circonstances favorables , il
est vrai , mais qui, cependant, se présentent le
plus ordinairement,

$$0,08 \text{ ou } \frac{1}{12,6}$$

et pour les circonstances les plus défavorables

$$0,03 \text{ ou } \frac{1}{33}$$

sur le chemin de Manchester

$$0,16 \ \text{soit} \ \frac{1}{6,26}$$

Cette différence de résultat me semble pouvoir être attribuée en partie à l'unité de puissance qui résulte de ce que, dans ce dernier cas, deux roues seulement sont commandées par la machine.

Le frottement résultant du glissement des roues des wagons sur les rails étant estimé, suivant les cas, à 0,104, 0,034, 0,051, on voit que si les roues étaient fixées aux wagons de manière à ce qu'elles ne pussent pas tourner, elles descendraient en glissant sur les rails, par le seul effet de la gravité, sur des plans respectivement inclinés de 0,104, 0,034, 0,051. La disposition des machines et des wagons à glisser sur les rails est donc favorisée par la pente dans le rapport de la limite, passé laquelle ils descendraient par le seul effet de la gravité, à la différence qui existe entre cette même pente et l'inclinaison de la ligne.

Si, au milieu des écarts que nous présentent les observations relatives au glissement des roues des machine locomotives nous prenons, quoiqu'un peu arbitrairement peut-être, pour moyenne de tous les résultats $\frac{1}{10}$ du poids, pour mesure du frottement ou de l'adhérence des roues sur les rails, sur des parties horizontales, il s'ensuit que cette quantité deviendra:

Sur une ligne inclinée de 0,005,

$$0,100 - 0,005 = 0,095 ;$$

Sur une ligne inclinée de 0,010 ,

$$0,100 - 0,010 = 0,090.$$

D'après les expériences faites en Angleterre, et citées par M. Simons et de Ridder, ces quantités sont respectivement

0,045. 0,041. 0,037.

En réduisant les premiers termes de chaque série à la même valeur pour comparer les autres entre eux, nous aurons :

Par les expériences faites par les Anglais sur l'influence de la pente pour diminuer le frottement:

Sur niveau. . 0,000.	. . . .	1,00
Sur une pente de 0,005.	. . . .	0,91
Sur une pente de 0,010.	. . . .	0,82

Les mêmes quantités calculées d'après le taux de la pente, en supposant la limite du frottement de $\frac{1}{10}$.

Sur niveau. . 0,000.	. . . .	1,00
Sur une pente de 0'005.	. . . .	0,95
Sur une pente de 0,010,	. . . .	0,99

Ces valeurs, données par le calcul, représentant la progession du frottement, s'écartent, comme on voit, d'une manière assez sensible des résultats donnés par l'observation ; pour peu que ces expériences aient été faites avec quelque exactitude, on peut les prendre à leur tour comme point de départ pour déterminer la limite du frottement.

Nous servant donc de cette donnée, nous désignerons par x la fraction décimale qui représente le frottement; et observant qu'une diminution de 0,005 dans la pente doit le faire varier proportionnellement aux observations rapportées ci-dessus, nous aurons :

$$45 : x :: 41 : x - 0,005 ,$$

d'où

$$x = 0,056 = \tfrac{1}{18} ,$$

Et l'on voit en, en effet, que les quantités :

$$0,056, \ 0,051, \ 0,046,$$

sont entre elles comme les nombres.

$$0,045, \ 0,041, \ 0,037.$$

On peut conclure de tout ce qui précède, que lorsque l'on n'a pas l'espérance de pouvoir entretenir les rails constamment propres et en bon état, lorsque les chevaux font le service simultanément avec les machines, lorsque le public est admis à circuler sur le chemin de fer, lorsqu'il existe des percements humides dans lesquels les rails sont enduits de boue ou de débris des objets transportés, enfin lorsque les machines sont exposées à vaincre de grandes résistances par suite de la nature du service qu'elles ont à faire , il est nécessaire de leur donner un poids très-considérable, eu égard à l'effort qu'on en exige. J'estime que cet effort sur des lignes horizontales ne doit pas excéder 0,05, soit $\tfrac{1}{20}$ du poids de la machine.

Mais si les machines, comme à Manchester, sont

destinées, dans leur service habituel, à transporter de faibles charges, avec une excessive rapidité, sur des rails toujours propres et maintenus en bon état, aucune expérience jusqu'ici ne me paraît démontrer que l'on ne puisse s'en tenir à 0,16, soit $\frac{1}{6,25}$.

IV. Des machines locomotives sur les routes ordinaires.

On a souvent agité la question de savoir jusqu'à quel point il serait possible d'employer les machines locomotives sur les routes ordinaires ; mais faute de s'être demandé quels en seraient les résultats financiers, les auteurs des essais qui ont été entrepris n'en ont presque toujours retiré que des pertes plus ou moins considérables.

La résistance au frottement sur les chemins de fer étant de 0,005 du poids entraîné dans les circonstances les plus défavorables, on peut calculer que, sur une bonne route, cette résistance est environ huit fois plus grande, c'est-à-dire

$$0,005 \times 8 = 0,04\,[1].$$

Si l'on suppose que les machines locomotives soient destinées à pratiquer des routes pavées et à franchir des rampes de 0,03, la résistance totale deviendra

$$0,03 + 0,04 = 0,07.$$

[1] G. de Pambourg, *Traité des machines locomotives*, 1835, page 341.

Nous avons vu, page 431, que, sur le chemin de fer de Saint-Étienne, la quantité de vapeur produite par les chaudières d'une machine du poids de 10,000 kil., peut suffire à vaincre une résistance de 1000 kil. avec une vitesse de 6 lieues à l'heure.

Si l'on suppose que cette vitesse soit réduite à moitié par l'effet de nouvelles dispositions introduites dans la construction de la machine, il est évident qu'elle pourra suffire à vaincre une résistance double, soit 2000; et le maximum de l'effet utile que l'on pourra en obtenir, sera de

$$\frac{2000}{0,07} = 28,571^{\text{lil.}}$$

avec une vitesse de trois lieues.

Les moyens que l'on possède actuellement suffisent donc pour assurer le succès des machines que l'on établirait sur des routes dans les conditions exprimées ci-dessus, et la machine pourrait évidemment entraîner à sa suite un poids de 10,000 kil.

Mais la dépense d'une pareille machine s'élève, sur un chemin de fer, à 0^f,80^c par kilomètre, dont la majeure partie est applicable aux frais d'entretien et de réparations; ce n'est pas trop de supposer que ces frais s'élèveront au double lorsqu'elle fonctionnera sur une route ayant beaucoup d'inégalités. Si l'on considère que l'espace parcouru répond à un emploi de temps et à une dépense aussi doubles, on voit que le convoi coûtera environ

6^f,40^c par lieue de 4000 mètres, ce qui dépasse évidemment le prix auquel revient actuellement, sur les routes ordinaires, le transport d'un poids égal; et il reste au désavantage des machines la nécessité d'organiser un matériel très-coûteux et très-compliqué, astreint à faire le service sur des routes toujours dans un état parfait d'entretien, et dont le taux de pente ne dépasserait jamais une certaine limite; d'avoir un mouvement assez grand pour permettre l'emploi d'un nombre de machines tel, qu'en cas d'accident, on pût toujours remplacer celles qui seraient avariées; enfin, il faudrait que le service se fît sur une assez grande échelle pour permettre d'établir des ateliers spéciaux assez rapprochés, pour l'entretien ou la réparation, sur les lieux mêmes, des accidents qui surviendraient.

La question n'est donc point encore assez avancée pour être résolue d'une manière affirmative, et il est nécessaire que l'emploi de la vapeur ou de tout autre agent mécanique analogue, reçoive des perfectionnements en rapport avec cette nouvelle application. Quand ces perfectionnements seront opérés, l'emploi de l'asphalte, qui paraît aussi venir se mettre sur les rangs pour améliorer et faciliter notre système de communications, aura peut-être fait assez de progrès pour être appliqué à la construction de nouvelles routes, sur lesquelles on pourrait établir des machines locomotives. Il est un grand nombre de points qui n'ont pas encore acquis assez d'importance, et dont le mouvement commercial n'est pas assez développé pour que l'on puisse penser à y créer des chemins de fer, et sur lesquels ce nouveau mode pourrait être utilisé avec avantage.

CHAPITRE VIII.

DE LA CONSTRUCTION DES MACHINES LOCOMOTIVES.

—

1. De la disposition générale des machines.

Les machines locomotives étant destinées à faire un service qui les expose, non-seulement à un grand nombre d'accidents très-graves, mais encore à une multitude de petits dérangements, suite de la fatigue et des secousses qu'elles éprouvent pendant leur marche, toutes les parties de leur mécanisme doivent être simples, et disposées de telle sorte que l'on puisse facilement les visiter et les réparer.

Il est certaines réparations majeures qui ne peuvent être faites que dans les principaux ateliers des compagnies ; mais il en est d'autres moins importantes pour lesquelles il suffit de remplacer ou de réparer quelques pièces ; celles-ci sont, le plus souvent, du ressort du conducteur de la machine. Indépendamment des ateliers pour la construction et les grandes réparations des machines et des wagons, il est donc nécessaire d'en établir aussi de petits, dirigés par des maîtres-ouvriers, partout où l'importance du mouvement commercial nécessite le stationnement d'une partie du matériel. Ces ateliers se placent à proximité, et souvent même dans l'intérieur des abris destinés aux machines; ils sont pourvus de pièces de rechange pour remplacer celles qui pourraient être brisées ou détériorées de manière à ne pouvoir permettre à la machine de rentrer dans le grand atelier, et qui cependant peuvent être remises en place par les moyens dont dispose la succursale.

La construction des machines fait de si rapides progrès, que l'on peut rarement en construire de nouvelles sans avoir quelques améliorations à y introduire. On profite, toutes les fois qu'on le peut, des grandes réparations pour faire les changements et les améliorations que l'on a reconnus utiles au service. Mais il peut résulter de ces modifications un disparate qui rend les réparations bien moins faciles et plus coûteuses. La perfection idéale consisterait à avoir un matériel comme celui des armées, où toutes les pièces des machines pourraient réciproquement se suppléer les unes les autres. Les choses sont loin d'en être arrivées là; et l'on ne doit espérer que du temps et de l'expérience un mode de construction assez étudié, pour qu'on doive le regarder comme n'ayant plus à subir désormais que des changements insignifiants.

L'entretien et la réparation des machines locomotives exigent des dépenses hors de tout rapport avec les frais de premier établissement ; aussi doit-on se faire une loi de tout sacrifier pour obtenir un système durable, et qui remplisse le double but de la solidité et de la facilité des réparations.

Les dispositions des locomotives, comme de toute autre machine en général, doivent être calculées de manière à ce que les diverses parties de leur mécanisme puissent résister aux petits chocs auxquels elles sont exposées dans les manœuvres qu'on leur fait faire au moment du départ ou de l'arrivée. Mais si l'on voulait les mettre à l'abri des chocs et des accidents auxquels elles sont exposées en parcourant la ligne, on serait visiblement amené à donner aux pièces une force qui entraînerait, en pratique, à une impossibilité d'exécution. Le mieux est donc de calculer l'effort que chaque pièce est appelée à faire dans les circonstances les plus ordinaires de son service, et de donner à cette pièce une force suffisante pour résister aux accidents journaliers. Mais on a toujours trouvé une si grande difficulté à prévoir quel sera l'effet du choc d'un corps contre un autre, que la détermination de cette force est plutôt une affaire d'instinct et de sentiment, que le résultat d'aucun calcul.

Tous les matériaux, chacun suivant sa nature, se comportent d'une manière différente au choc et à la pression ; le talent du constructeur consiste à

faire un choix qui soit en rapport avec l'espèce de
fatigue à laquelle ils sont destinés à résister. La
fonte de fer est très-résistante à l'écrasement, très-
dure, très-cassante ; le fer forgé est tenace et duc-
tile ; le bois, léger et élastique; enfin l'acier fondu,
que son haut prix a empêché jusqu'ici d'employer
à la construction des machines, allie les principales
qualités de ces divers matériaux, et est exempt d'une
partie de leurs défauts.

Les premiers essais de locomotives furent faits par
M. Stewenson, sur le chemin de Leeds. Ces machines produisaient peu de vapeur; la fonte de fer
avait été prodiguée dans leur construction, ce qui
les rendait très-lourdes. Depuis que l'expérience a
éclairé cet habile constructeur, il a introduit dans
son système une foule d'importantes améliorations.
Le fer forgé et le bois ont remplacé la fonte; le
cuivre a été substitué au fer partout où il y avait
avantage à le faire; l'adoption des chaudières à tubes
bouilleurs, de l'injection de la vapeur dans les cheminées, des foyers propres à la consommation du
coke, ont permis de disposer d'une quantité de
vapeur surabondande à tous les besoins; et par
l'ensemble de toutes ces modifications on est parvenu à donner à la machine aussi peu de poids
qu'on peut le désirer.

On possède donc aujourd'hui les principales bases
qui peuvent servir à déterminer les conditions les
plus essentielles pour obtenir de bonnes machines;

mais il reste à trouver des dispositions qui, tout en leur procurant une grande puissance, leur permettent d'exercer sur les rails un frottement suffisant, sans toutefois surcharger ces rails au delà de la limite où ils commencent à s'altérer.

La construction des machines doit être subordonnée, non-seulement à l'emploi auquel elles sont destinées, mais encore au développement des facultés des ouvriers qui seront chargés de les conduire. Comme leur entretien est un renouvellement continuel de chacune de leurs parties, il est indispensable qu'il y soit pourvu par les mêmes ouvriers qui les ont construites. La réparation présente plus de difficultés que la construction, par la raison que toutes les pièces se placent, au montage, chacune à son rang, parfaitement à l'aise; qu'elles ont été ajustées préalablement dans les ateliers, les unes après les autres, et avec toute commodité; mais lorsqu'il s'agit de remplacer une pièce qui se trouve engagée dans la machine, c'est tout autre chose. Cependant si c'est l'ouvrier qui l'a faite et mise en place une première fois, qui la remplace ou en ordonne le remplacement, il saura suppléer à une partie des mesures qu'il ne pourra pas prendre; il aura les plans, les dessins, les outils qui lui avaient servi d'abord, et la machine ne présentera pas, après la mise en état, ces disparates de dispositions que l'on remarque dans celles qui ont été réparées hors des ateliers où elles ont été construites; disparates qui finissent toujours par en déterminer, en très-peu de temps, la destruction complète.

Il y a, d'ailleurs, toujours avantage pour le constructeur à se livrer exclusivement à la fabrication d'un genre unique de machines; les frais d'établissement pour les outils sont alors extrêmement restreints; chaque ouvrier s'occupe spécialement, et continuellement, de faire les mêmes pièces; on n'a donc point à supporter les énormes frais de modèles et d'apprentissage des ouvriers, frais et embarras qui sont une véritable plaie pour les directeurs des grands ateliers français. En Angleterre, les conditions sont un peu différentes; les constructeurs de machines se restreignent ordinairement à des spécialités dont ils s'écartent peu, et se refusent à tout changement, soit dans le système qu'ils ont adopté, soit dans leurs habitudes de travail. Ce mode, très-favorable à l'intérêt des constructeurs, est loin de l'être au progrès de l'art; aussi voit-on que, dans ce pays, d'anciens systèmes très-perfectionnés ne laissent rien à désirer pour l'exécution; mais que, par contre, l'art reste presque stationnaire, et ne fait que des progrès insensibles.

Les constructeurs français, au contraire, contraints, pour attirer du travail à leurs ateliers, de se prêter à tous les caprices du génie inventif de notre nation, sont obligés de s'épuiser à étudier, à combattre, et finalement, de guerre las, à faire exécuter toutes les idées qui passent par la tête des chefs d'établissement. Ceux-ci ont rarement assez de confiance en eux pour s'abandonner à leur expérience et à leurs lumières ; et comme rien n'est plus difficile que de s'identifier dans tous les détails où il est nécessaire d'entrer pour amener à exécution une idée qui n'est pas sienne, les constructeurs se consument en efforts pour contenter leurs commettants, et finissent encore, le plus souvent, par succomber, sans que ni l'art, ni le public retirent aucun fruit de ces efforts isolés, de ces tentatives trop peu soutenues.

Un atelier spécial est dans une situation tout à fait différente. Le chef étudie continuellement les besoins de l'entreprise ; il reçoit les observations des employés, des conducteurs de machines, des ouvriers, de tous ceux enfin à qui la pratique ou la vue des machines peut permettre d'en raisonner avec connaissance de cause. Il va observer ce qui se fait à l'étranger ; lit, compulse, interroge, et finit toujours par s'éclairer sur les nombreuses questions qu'il doit résoudre pour guérir les vices ou introduire des améliorations. Son imagination, celle de ses employés étant toujours tendues sur le même objet, il finit par atteindre le but ; et chaque pas fait dans le progrès est un nouveau gage pour améliorer encore, à mesure que l'on est obligé de recommencer à nouveaux frais sur d'autres machines.

II. Du foyer.

Les dimensions et la disposition du foyer des machines doivent être subordonnées à la quantité et à la qualité du combustible que l'on consomme. Leur proportion ordinaire est de $0^m,80$ à $0^m,90$ carrés, sur $0^m,50$ à $0^m,60$ de hauteur. L'épaisseur de la couche de coke en combustion pendant la marche, varie en raison de sa qualité et de la masse d'eau que l'on doit évaporer ; elle s'élève ordinairement de $0^m,30$ à $0^m,50$. Les nombreuses questions que laissait à résoudre la construction des machines locomotives, n'ont pas permis jusqu'ici de donner une bien sérieuse attention à l'économie du coke. Cette dépense ne comprend généralement que du tiers au quart des frais que nécessite l'emploi des machines. La différence de rapport que l'on remarque dans les autres frais comparés à ceux des machines ordinaires, tient à ce que le service des locomotives demande à être dirigé par des ouvriers expérimentés. La journée de ces ouvriers se paie à un prix ordinairement assez élevé, et qui porte en entier sur le peu de temps employé par les machines pour faire leur service journalier, et sur celui pendant lequel elles sont en réparation.

Indépendamment des frais de coke et de machinistes, les locomotives coûtent énormément d'entretien. La rapidité de leur marche, les nombreux accidents auxquels elles sont sujettes, exigent que l'on développe dans leur construction toutes les ressources de l'art, pour leur assurer une longue durée.

Le plus grave inconvénient auquel on puisse se trouver exposé dans le service, c'est de manquer de vapeur en route; c'est pour cela que l'on a toujours intérêt à employer le meilleur coke possible. Ce qui constitue la qualité du coke, c'est d'être fabriqué avec du charbon bien pur. Comme la combustion du coke, pour être bonne, doit être opérée à une température très-élevée, les débris de schistes, de grès, ou autres substances analogues qu'il peut contenir, entrent en fusion et coulent jusqu'au voisinage de la grille. Mais à mesure qu'ils s'en approchent, ils sont refroidis par le courant d'air qui y afflue, et forment des mâchefers ou scories qui engorgent la grille, rendent la combustion paresseuse, et finiraient par l'arrêter complétement si l'on n'y remédiait en nettoyant le fourneau.

Un autre défaut assez commun du coke est d'avoir été fabriqué avec des houilles sulfureuses, et de conserver encore une certaine quantité de soufre, qui, en se dégageant pendant la combustion, se combine avec les métaux qui composent le fourneau, et forme avec eux des sulfures qui les rendent cassants et en entraînent la destruction. Cet accident est bien plus à craindre dans les fourneaux des machines locomotives que dans ceux des machines

fixes, parce que dans les premières, le combustible
est en contact de toutes parts avec le métal de la
chaudière.

Pour obtenir du coke exempt de ces inconvénients, il faut apporter la plus sévère surveillance
à sa fabrication ; faire choix de houilles bien propres, bien pures, et sacrifier, s'il est nécessaire, le
prix à la bonne qualité. Les débris de houilles grasses qui sont susceptibles d'éprouver une demi-fusion,
sont ordinairement employés, à cause de leur bas
prix, à fabriquer le coke. Mais lorsque la qualité des
houilles ne se prête pas à s'agglomérer dans la carbo-
nisation, on fabrique le coke avec la grosse houille
ou les gaillètes ; ce moyen en élève beaucoup le prix,
mais en même temps il fournit un produit bien supérieur à celui que l'on obtient des menus.

III. Des chaudières.

Les parois du foyer des locomotives sont toujours
formées de doubles enveloppes métalliques qui contiennent de l'eau dans leur intervalle. Cette disposition est indispensable pour profiter de toutes les
surfaces qu'il est possible de mettre directement en
contact avec les sources d'où émane la chaleur, et
éviter d'exposer à son action des surfaces qui n'étant
pas continuellement refroidies par l'eau, seraient
déformées en peu de temps et détruites par l'oxydation.

Ces surfaces, au milieu desquelles la combustion a lieu, remplissent donc l'office de chaudières ; elles en sont, en effet, la continuation et contribuent d'une manière très-puissante à l'évaporation , à cause de leur voisinage des points du foyer où l'intensité du calorique est la plus grande. Elles doivent donc être établies avec les mêmes précautions que les chaudières, puisqu'elles sont appelées de même à résister à toute la pression de la vapeur.

Les chaudières destinées à travailler à haute pression sont ordinairement terminées par des surfaces courbes, sur tous les points desquelles la vapeur exerce une égale pression ; mais il n'est pas aisé d'adopter cette disposition pour les enveloppes du foyer. Il faut alors nécessairement employer des surfaces planes, ce qui augmente beaucoup la difficulté, lorsque la tension de la vapeur est portée à plusieurs atmosphères.   .

La difficulté de donner une trop grande dimension au fourneau, et le besoin de conserver au foyer le plus d'étendue possible, forcent de réduire à $0^m,07$, à $0^m,08$ et tout au plus à $0^m,10$, l'intervalle rempli d'eau qui se trouve entre les enveloppes extérieure et intérieure. Cette dernière, qui reçoit le premier coup de feu avec toute l'intensité de chaleur que développe la combustion du coke, détermine l'évaporation d'une quantité d'eau bien plus considérable, eu égard à sa surface, que le reste de la chaudière.

D'après les expériences faites en Angleterre par
M. Robert Stephenson , il résulte que la quantité
d'eau évaporée par les surfaces qui enveloppent le
foyer, s'élève à 122 kilog. par mètre carré et par
heure [1].

Dans les coups de feu, la violence de l'ébullition est quelquefois si grande, il se forme derrière l'enveloppe intérieure en contact avec le foyer
une telle quantité de vapeur, que l'eau n'ayant pas
le temps de la remplacer, les surfaces s'échauffent
et arrivent quelquefois jusqu'au rouge. La vapeur
exerce alors sur le métal une pression à laquelle,
en cet état, il ne peut résister; il en résulte des
poussées intérieures et des déformations qui pourraient causer des explosions, si les fissures qui se
forment, en donnant issue à la vapeur, ne permettaient pas aussitôt à l'eau de venir refroidir de nouveau les surfaces.

Cet accident est fréquemment arrivé aux machines que j'ai fait établir au chemin de fer de Saint-
Étienne. Pour le prévenir, je faisais arriver l'eau
d'alimentation derrière les points où le feu était le
plus violent ; j'avais aussi donné successivement
plus d'écartement aux deux enveloppes du foyer;
mais je n'ai jamais pu réussir à parer à cet inconvénient aussi parfaitement que je l'aurais désiré.

On emploie la tôle ou le cuivre pour les chaudières

---

[1] *Traité des machines locomotives*, G. de Pambourg, p. 210.

et les enveloppes du foyer. Ce dernier métal est préférable au premier à cause de sa durée, de la plus grande facilité qu'il présente pour les réparations, et de sa valeur intrinsèque lorsque les chaudières sont hors de service. Comme le cuivre laminé est ordinairement moins pailleux, plus sain et mieux fabriqué que les feuilles de tôle, j'ai l'habitude, dans la pratique, de me contenter de lui donner la même épaisseur que j'aurais adoptée pour la tôle, bien que la cohésion du cuivre soit moindre que celle du fer.

On évalue l'épaisseur qu'il convient de donner aux parties de la chaudière qui sont des surfaces de révolution, en déterminant la pression que la vapeur exerce sur un anneau ayant pour largeur l'unité que l'on a prise pour point de départ, et la comparant avec la section du métal qui y correspond.

Soit ACBD (pl. 6, fig. 33), la section d'une chaudière circulaire ayant $0^m,80$ de diamètre; la pression qu'exerce la vapeur sur les deux parties ACB, ADB pour faire rompre le métal aux points A et B, est composée de la somme de toutes les pressions CD, GH, EF, etc., dans le sens des diamètres, décomposées dans les directions DC, GF, EH, perpendiculaires à la section AB.

Si nous considérons la pression de la vapeur sur une portion infiniment petite de la circonférence sy, et que l'on tire les lignes sx, xy perpendicu-

30

laires aux rayons **AB, CD.** On pourra considérer le
petit arc sy' comme représentant l'intensité de la
pression dans la direction de **GH.**

Si l'on transporte sy' sur **GH**, et que l'on décompose
la pression exercée en sy, représentée par sy, suivant
sx, xy parallèles aux directions **AB, CD,** la compo-
sante sx représentera l'effort de la vapeur pour faire
rompre la chaudière suivant la section **AB,** et xy
suivant **CD.** Tirant ensuite les lignes sy', $x'y'$ perpendiculaires et évidemment égales à sx, xy, prolongeant $x'y'$, sx, jusque sur le diamètre **AB**, on aura
$tu = x's = sx$.

La pression exercée par la vapeur sur sy', décomposée suivant **CD,** pour faire éclater la chaudière,
sera donc exprimée par tu : et comme on peut
faire le même raisonnement pour tous les points de
la circonférence, on en conclut que la somme de
toutes les pressions sera égale au diamètre **AB.**

Partant de là, supposons que les chaudières soient
destinées à travailler habituellement sous une pression de quatre atmosphères, et que l'administration
exige qu'elles soient éprouvées en les soumettant à
une pression trois fois plus considérable, ou de
douze atmosphères, soit **12** kil. par centimètre
carré; la section **AB** ayant $0^m,80$ de longueur sur
$0^m,01$ de largeur, représentera une surface de
80 centimètres carrés, ce qui, à raison de **12** kil.
par chaque centimètre, équivaut à une pression
totale de **960** kil.

Si l'épaisseur de la chaudière est de 6 millimètres, les deux parties AB ayant chacune 0,01 ou 10 millimètres de longueur, la section de métal qui devra résister à cet effort sera de

$$10 \times 2 \times 6 = 120 \text{ millimètres carrés,}$$

soit : $\dfrac{960}{120} = 8^{\text{kil.}}$ par millimètre carré dans l'épreuve, et 3 kil. environ pendant le travail habituel. C'est à peu près la règle que je suis ordinairement dans la pratique ; je pense cependant que l'on pourrait sans inconvénient dépasser un peu cette limite, et la porter, pour le fer et le cuivre, à 4 kil. par millimètre carré, et même à 5 kil., lorsqu'on a pu s'assurer de la qualité et de la bonne fabrication des feuilles de tôle ou de cuivre que l'on a intention d'employer.

Le mécanisme du calcul indique que les pressions croissent comme les diamètres ; il faut donc donner plus d'épaisseur aux chaudières, en raison directe et composée de leurs dimensions et de la pression de la vapeur.

Il est rare que les chaudières présentent, dans tous leurs points, des surfaces courbes disposées de manière à ce que le métal oppose à la vapeur le plus de résistance possible ; ainsi, les enveloppes du fourneau, formées presque entièrement par des surfaces planes, les tubes bouilleurs qui doivent résister à une pression en sens inverse de celle des chaudières, c'est-à-dire de dehors en dedans, etc., sont, pour cela, dans des situations très-défavorables ;

Le calcul des dimensions qu'il faut donner au métal devient alors si compliqué et si difficile, et ses résultats peuvent être tellement déjoués par des circonstances et des considérations particulières, qu'il vaut mieux y suppléer instinctivement par l'habitude et l'exemple du passé.

La pression de la vapeur, dans ce cas, tend toujours à ramener la forme de la chaudière à un solide de révolution ; pour y obvier, on lie entre elles les deux enveloppes du foyer ou toutes les autres surfaces planes au moyen d'*entretoises* en fer espacées les unes des autres de 12 à 15 centimètres, de manière à les maintenir dans la position qu'elles doivent conserver. On place aussi, dans l'intérieur de la chaudière, une tringle de fer qui retient les deux fonds, et empêche la vapeur de forcer les assemblages des tubes bouilleurs, inconvénient qui détermine des fuites par où s'échappe l'eau contenue dans la chaudière.

On doit se hâter, aussitôt que cet accident se manifeste, de porter un prompt remède aux pertes de la chaudière, quelque légères qu'elles soient ; elles présentent d'autant plus de dangers qu'elles sont plus faibles ; lorsqu'elles sont réduites à de légers suintements, l'eau qu'elles produisent ne peut s'opposer, par son évaporation, à l'élévation de température du métal ; elle est alors décomposée par ce métal qui passe à l'état d'oxyde en absorbant l'oxygène de l'eau, tandis que son hydrogène concourt, par sa combustion, à élever vers ces points la température du foyer.

Lorsque l'eau coule avec abondance, il y a d'autant moins de danger pour les chaudières, que le ralentissement de la combustion fait sentir la nécessité d'une prompte réparation , et que les surfaces métalliques voisines du point par où l'eau s'échappe, étant continuellement refroidies, ne sont pas exposées à éprouver d'altération.

IV. Des tubes bouilleurs.

Il existe une grande variété d'opinions sur les dimensions qu'il convient de donner aux tubes bouilleurs ; il a été fait à ce sujet beaucoup d'essais qui tous ont réussi, et ont eu pour résultat de produire à peu de chose près la même quantité de vapeur. Ce fait suffit pour démontrer que l'avantage de ces chaudières consiste principalement en ce que l'air chaud étant divisé en un grand nombre de filets dont chacun a une faible hauteur, les parties supérieures, après avoir communiqué aux surfaces métalliques tout le calorique dont elles étaient pourvues, ont le temps d'être remplacées dans leur trajet par celles auxquelles elles sont superposées, jusqu'à ce que la température de toute la série des couches d'air qui composent la hauteur de la colonne enfermée dans le tube, se soit assez abaissée pour les avoir fait tomber successivement à la partie inférieure.

Il est possible aussi que le mouvement de l'air dans les tubes ait lieu en spirale. La régularité de leur section se prêterait assez à vérifier cette conjecture. On sait que les fluides qui s'écoulent par un orifice circulaire s'y engagagent en tournoyant, mouvement que j'ai aussi remarqué dans l'air chaud, au moment où il s'engorge dans les tubes bouilleurs.

Les foyers des chaudières ordinaires sont privés de tous ces avantages, l'air y circule en grande masse, et quelle que soit l'étendue de son trajet, il est impossible que toutes ses parties puissent venir au contact de la chaudière. On ne peut d'ailleurs donner une section circulaire et partout égale, aux divers conduits qu'il parcourt, ni obtenir un mouvement aussi régulier que dans les tubes.

Une autre cause de la grande faculté évaporante de ces chaudières, c'est la facilité du remplacement de l'eau sur les surfaces, à mesure qu'elle est réduite en vapeur. Dans les chaudières ordinaires, le mouvement a lieu tumultueusement ; chaque bule de vapeur qui se forme au contact de la surface échauffée tend à s'élever. L'eau des couches supérieures qui descend pour la remplacer, gêne son mouvement, et éprouve de sa part un obstacle dans sa marche; en sorte qu'une portion du métal se trouve toujours en contact avec une portion de vapeur dont la température tend à s'élever, et qui devient de plus en plus mauvais conducteur de calorique pour trans-

mettre la chaleur aux parties d'eau qui lui sont superposées.

La quantité d'eau évaporée est relative à l'intensité de chaleur de la partie du foyer avec laquelle les
surfaces métalliques qui la contiennent sont en con
tact. La haute température à laquelle brûle le coke
dans les chaudières à tubes bouilleurs, détermine
une évaporation d'eau qui s'élève jusqu'à 122 kil. [1]
par chaque mètre carré, dans les parties exposées directement à l'action du feu, et au tiers de cette
quantité sur les surfaces des tubes bouilleurs; tandis
que dans les chaudières ordinaires, l'évaporation
moyenne de toute la surface exposée à l'action de
l'air chaud ne s'élève que de 30 à 36 kil. par mètre
carré.

La consommation du coke des machines locomotives en marche est de 200 kil. environ par heure, représentant une évaporation de 15 à 1,600 kil. d'eau,
soit 7 à 8 parties d'eau pour une de combustible.
Les machines locomotives, dans le principe de leur
établissement, étaient chauffées avec de la houille,
et il fut aussi constaté que l'évaporation suivait à
peu près le même rapport. Le nouveau système
présente donc, quant à l'économie, des avantages
analogues à celui de la production de la vapeur,
sous un poids et un volume moins considérables que
ceux de tous les appareils qu'il a remplacés. Il est

[1] *Traité des locomotives*, G. de Pambour, p. 210.

difficile de comprendre d'après cela pourquoi l'industrie a mis tant d'indifférence et de lenteur à faire l'application de ce mode à la navigation, puisqu'à bord des bateaux à vapeur la production actuelle ne dépasse jamais quatre à cinq fois le poids du combustible employé.

L'expérience a appris que les tubes bouilleurs doivent être faits en laiton ou cuivre jaune laminé; les premiers, pour lesquels on avait employé du cuivre rouge, furent rongés et détruits par le feu avec une extrême rapidité. Leur épaisseur est ordinairement de 3 millimètres. Il est difficile d'assigner aucun terme à leur durée moyenne, parce que la nature du combustible que l'on emploie, la manière dont est fabriqué le coke, et les substances étrangères qu'il contient, principalement le soufre, exercent à cet égard une influence qui fait beaucoup varier les résultats. Lorsque le coke est de bonne qualité, on peut calculer sur une durée moyenne équivalant à un parcours de 30 à 40,000 kilomètres.

V. De l'alimentation d'air dans le fourneau.

Lorsque je consultai des constructeurs de machines sur le projet que j'avais conçu d'essayer un système inverse de tous ceux que l'on tentait alors, c'est-à-dire de faire circuler de l'air chaud dans des tubes isolés, de petites dimensions et immergés dans l'eau, au lieu d'échauffer dans un foyer com-

mun une grande quantité de tuyaux remplis de ce
liquide, chacun me reproduisit la première objection que je m'étais faite d'abord : que l'insuffisance
du tirage ferait plus que compenser les avantages
que je me proposais d'obtenir par suite de l'augmentation des surfaces exposées au feu. Je sentis dès
lors qu'il était indispensable de créer artificiellement
une alimentation d'air. L'emploi du ventilateur à
force centrifuge me parut être le moyen le plus
simple et le plus sûr d'obtenir un courant d'air
aussi intense que je pouvais le désirer. J'adaptai
donc au wagon qui portait l'eau et le combustible
destinés à alimenter mes premières machines, deux
tambours circulaires, ayant $1^m,60$ de diamètre et
$0^m,32$ de largeur ; le milieu de ces tambours était
traversé par des axes portant quatre branches en fer
sur lesquelles étaient fixées autant d'ailes en bois. Les
axes recevaient le mouvement par le moyen d'une
courroie qui les mettait en communication avec
des poulies adaptées aux roues du wagon sur lequel
était établi tout cet appareil.

J'obtins de cettte manière un tirage aussi complet que je pouvais le désirer. Dans plusieurs expériences que je fis avec MM. Albert Schlumberger
et Émile Kœchlin pour apprécier l'intensité du courant d'air, il fut constaté que la pression de l'air dans
le cendrier équivalait à une colonne d'eau de $0^m,015$
à $0^m,020$, c'est-à-dire qu'elle était égale à celle que
l'on n'obtient que dans les hautes et bonnes che-

minées [1]. Mais ce moyen présentait le grave inconvénient d'exiger que le combustible fût toujours
réparti d'une manière parfaitement égale et régulière sur la grille, parce que vers tous les points où
la grille présentait des parties dégarnies par lesquelles
l'air pouvait s'introduire en masse un peu considérable, il s'établissait des courants faisant l'effet d'un
soufflet de forge, qui déterminaient des coups de feu,
ou foyers d'incandescence auxquels rien ne résistait;
les parois du fourneau, les chaudières, les barreaux
qui étaient exposés à cette action, s'altéraient rapidement et ne tardaient pas à être complétement
détruits. Cette partie du nouveau système restait
donc très-incomplète, et aurait exigé plusieurs modifications, si elle n'eût été remplacée par le mode
bien plus avantageux de l'injection de la vapeur dans
les cheminées. Ce moyen est à l'abri du danger que
je viens de signaler; mais il exige l'emploi de la vapeur à haute pression, et ne permet pas d'utiliser
son ressort; on est forcé, après s'en être servi, de
la rejeter dans l'air, avec toute la tension sous laquelle elle a été produite. Il est donc permis de
croire que les ventilateurs, principalement lorsqu'ils
seront employés à bord des bateaux à vapeur, et
appliqués aux orifices des cheminées pour aspirer la
fumée, seront susceptibles de remplacer les chemi-

---

[1] *Bulletin de la Société de Mulhouse*, n° 22, décembre 1831,
page 182.

nées, d'une manière avantageuse, dans les machines à détente et à basse pression.

VI. Des pompes alimentaires.

La plupart des avaries et des accidents qui arrivent aux chaudières des locomotives et des machines à vapeur en général, proviennent de ce que, par suite de quelque dérangement dans le mécanisme, les pompes destinées à alimenter la chaudière cessent de faire leur office. Les surfaces qui ne sont pas couvertes d'eau s'échauffent alors rapidement, et ne tardent pas à rougir. Si, dans cet état, quelque mouvement détermine une nappe d'eau à couvrir ces surfaces incandescentes, la grande quantité de vapeur qui se forme instantanément n'a pas le temps de s'échapper ni même de soulever les soupapes de sûreté, et il y a explosion.

Le jeu des pompes alimentaires est souvent interrompu par suite du mauvais état de la soupape qui doit s'opposer au retour de l'eau de la chaudière dans le corps de la pompe ; il suffit du plus léger obstacle, d'un petit morceau de bois, d'un grain de sable engagé dans les soupapes, pour établir la communication. Le ressort de la vapeur qui se forme alors dans le corps de pompe, ne permet pas à l'eau du réservoir de s'y introduire, et l'alimentation cesse. Cet accident est d'autant plus fréquent que la température de la vapeur est plus élevée. On l'éprouve principalement lorsque la plus légère perte a pu permettre l'introduction d'une petite quantité d'eau de la chaudière dans le corps de pompe, pendant l'une des nombreuses interruptions que son jeu éprouve toujours pendant la marche.

Dans les premiers essais des machines locomotives que j'avais fait construire, je trouvai convenable de faire alimenter la chaudière par de l'eau à 100°, dans le but d'éviter l'abaissement de température et la diminution dans la production de vapeur, qui se remarquent toujours dans les moments où se trouvent réunies les deux circonstances d'une alimentation très-active opérée avec de l'eau très-froide. A cet effet, j'avais disposé, entre la chaudière et le tender qui contenait l'eau froide, un réservoir qui servait de parois au foyer, et dans lequel puisaient les pompes alimentaires. Je trouvai, dans ce mode d'opérer, les avantages que j'en attendais; mais l'on éprouvait bien plus fréquemment que lorsque l'on fait usage d'eau froide, l'inconvénient que je viens d'exposer. Pour le prévenir, je fus obligé d'avoir recours à une disposition particulière qui me semble propre à être employée avec avantage dans quelques cas, et me paraît à ce titre, mériter d'être décrite.

L'emploi de cette pompe exige que le réservoir d'alimentation soit en contre-haut d'un mètre environ du corps de pompe. Le piston est formé d'un étrier ABC, (pl. 6, fig. 34) qui porte à sa partie inférieure une soupape D, s'ouvrant de haut en bas, en sorte que le piston, en montant, ne détermine pas l'ouverture de la soupape E. Ce mouvement est produit, et l'eau du réservoir I s'introduit dans le corps de pompe, par l'effet de la pesanteur de la colonne IE.

Pendant la marche ou lorsque la machine est arrêtée, si la pression de la vapeur fait rétrograder, dans le corps d'une pompe alimentaire telle qu'on les construit ordinairement, et à travers les soupapes G, H, lorsque pour plus de précaution on en a placé deux, une petite quantité d'eau à une température supérieure à celle de l'ébullition, cette eau arrivée dans KL, se réduira en vapeur et fermera la soupape E ; et si elle ne peut trouver une issue à travers le piston, celui-ci comprimera et laissera alternativement dilater la vapeur dans son mouvement, sans aspirer du réservoir ou envoyer dans la chaudière aucune quantité d'eau. Mais si l'on suppose l'existence de la soupape D, il est visible que le ressort de la vapeur ne pouvant jamais être bien considérable dans le corps de pompe, la soupape D, pendant son mouvement ascendant, après quelques oscillations, tombera de son propre poids, et la vapeur s'échappera par son ouverture. Pendant la descente du piston, la faible densité de la vapeur ne suffira pas à faire fermer la soupape, qui arrivera en donnant toujours issue à la vapeur, jusqu'à ce qu'elle parvienne en M à la surface de l'eau bouillante. Celle-ci, quelle que soit sa température, opposera à la soupape une résistance qui la fera fermer, et le piston, dans son mouvement, forcera l'eau contenue de M en L, à passer dans la chaudière; ainsi de suite.

Cet essai fut suivi d'un succès complet et l'appareil a été mis en usage et conservé aussi longtemps que j'ai employé l'eau bouillante pour alimenter les chaudières des machines locomotives. Mais de nouvelles dispositions ayant depuis lors simplifié et perfectionné le système des machines locomotives, et permis de négliger l'avantage que présente l'emploi de l'eau chaude, on a pu revenir sans inconvénient au système des pompes alimentaires ordinaires.

VII. De la distribution de la vapeur.

Tous les appareils qui sont destinés à distribuer la vapeur dans les cylindres des machines, ont l'inconvénient de ne découvrir les ouvertures qui doivent lui ouvrir passage, que d'une manière graduelle et relative au mouvement de la machine. Comme la même ouverture par où la vapeur s'introduit dans le cylindre doit également servir à la conduire soit dans l'air, soit au condenseur, le temps employé à son entrée est exactement égal à celui qu'elle met à sortir.

Tous les calculs par lesquels on cherche à s'assurer que les communications que l'on ménage entre la chaudière et les cylindres seront assez grandes pour permettre à la vapeur de se mettre sensiblement et partout à la même pression, pendant le mouvement du piston, tendent à faire croire que les ouvertures sont, en général, dans toutes les machines, bien au-dessus du besoin.

La pratique cependant démontre qu'il en est tout autrement. Il se passe alors, ainsi que je l'ai fait remarquer, page 397, un phénomène inconnu qui complique les résultats, et force à laisser à la vapeur de vastes ouvertures, et à adopter, pour lui permettre d'exercer toute son action sur les pistons, des dispositions que la pratique seule a pu faire découvrir.

Pour fixer un peu les idées sur cette question, nous allons examiner les circonstances qui accompagnent le passage de la vapeur, de la chaudière dans les cylindres d'une machine qui marche avec une vitesse de 15 mètres par seconde, le diamètre des roues étant de $1^m,53$, et la course du piston de $0^m,40$. Lorsque le piston est au milieu du cylindre, sa vitesse devient

$$\frac{15 \times 0,40}{1,53} = 3,92 ;$$

la section des tiroirs qui laisse alors passage à la vapeur étant $\frac{1}{12}$ environ [1] de celle du cylindre, la vitesse de la vapeur sera

$$3,92 \times 12 = 46^m,04.$$

[1] G. de Pambour, *Traité des locomotives*, p. 282.

Il suit de là que la vapeur ne commence à exercer son action sur le piston que passé la limite de tension, répondant à la vitesse qu'elle doit prendre dans les passages et ouvertures qu'elle parcourt, pour suivre le mouvement du piston.

Nous venons de voir que cette vitesse est au chemin de Manchester de 46 mètres. En reprenant l'équation

$$(2) \ldots \ldots \ldots v^2 = 20\,e,$$

qui exprime l'espace parcouru en fonction de la vitesse, nous aurons

$$e = \frac{v^2}{20} = \frac{(46)^2}{20} = 105^{\mathrm{m}},80,$$

c'est-à-dire qu'il faudrait le poids d'une colonne d'air de $105^{\mathrm{m}},80$ de hauteur, pour représenter une vitesse de 46 mètres.

Le poids de l'air, comparé à celui du mercure, étant dans le rapport de 10,366 à 1, cette pression serait représentée par une colonne de mercure de

$$\frac{105,80}{10366} = 0,01,$$

ce qui n'atteint pas la deux centième partie du ressort de la vapeur pendant la marche. Mais il est vrai de dire que la perte de force due à cette cause est nécessairement augmentée par le ralentissement que la vapeur éprouve dans sa marche, en traversant des passages dont la section est irrégulière, et qui sont alternativement ouverts et étranglés par le tiroir, au point de distribution, jusqu'à interruption complète.

L'intermittence du mouvement dans les machines à mouvement alternatif, force, à chaque oscillation de la machine, la masse de la vapeur à se mettre en mouvement et à revenir au repos immédiatement après. Mais comme les corps, sans en excepter probablement les gaz, ne peuvent acquérir de la vitesse que par des gradations insensibles, et en suivant une loi dans laquelle entre nécessairement les carrés des temps écoulés depuis l'origine du mouvement, il est probable que le temps employé par la vapeur pour se mettre en mouvement, ne lui permet pas d'exercer sur le piston qui fuit devant elle toute la pression mesurée par son ressort. La vitesse de la machine étant calculée sur le pied de 15 mètres par seconde, et les roues développant par seconde

$$1^m,53 \times 3,14 = 4^m,80$$

la machine devra faire

$$\frac{15}{4,8} = 3,125 \text{ tours par seconde;}$$

mais comme le piston fait deux mouvements pendant un tour de roue, le nombre des occillations simples sera de

$$3,125 \times 2 = 6,250;$$

et le temps employé à l'une de ces oscillations, de

$$\frac{1}{6,250} \text{ de seconde; soit } 0'',16 \text{ ou } 9''',6,$$

dix tierces environ.

La détermination des circonstances qui accompagnent ce phènomène pourrait aider à expliquer les

31

résultats auxquels a amené la pratique. J'ignore même s'il n'a pas été fait quelque travail pour éclairer cette question ; mais comme sa solution s'éloigne de mon sujet, il me suffira de l'avoir indiquée en y appelant l'attention.

Les ouvertures qui établissent la communication entre la chaudière et le cylindre ne sont mises à découvert par le tiroir, que successivement et à mesure que la machine fait son mouvement. Il s'ensuit que si la machine était réglée de manière à ce que le piston fût exactement au milieu de sa course lorsque la manivelle de l'arbre est perpendiculaire au cylindre, et que l'on négligeât l'épaisseur du recouvrement du tiroir sur le bord des ouvertures, la vapeur ne commencerait à s'introduire sur le piston qu'à l'instant même où il vient d'atteindre le fond du cylindre pour commencer à faire un autre mouvement dans un sens opposé. Or, l'expérience a appris que cette disposition n'est pas la plus favorable pour obtenir des machines le plus grand effet, et qu'il faut au contraire que le tiroir devance le mouvement du piston de manière à ce que l'ouverture qu'il laisse à la vapeur pour s'introduire dans le cylindre ait déjà acquis une certaine étendue, lorsque le piston commence son mouvement.

Il résulte de là deux inconvénients : le premier, c'est que la vapeur commence déjà à presser sur le piston en sens contraire de sa marche, un peu avant son arrivée au fond du cylindre ; le second, c'est que la vapeur est elle-même interceptée un peu avant l'arrivée du piston au fond opposé. Mais comme l'expérience a constaté que ces deux quantités sont plus que rachetées par les avantages de la disposition qui offre à la vapeur un passage déjà assez grand pour qu'elle puisse exercer librement son action sur le piston à l'origine de son mouvement, il est permis de croire que la difficulté qu'elle éprouve à s'introduire à travers les ouvertures avec une vitesse suffisante, doit être prise en considération pour déterminer quelle étendue on doit donner à ces ouvertures afin d'obtenir de la vapeur le meilleur effet possible.

Cette disposition, que l'on appelle *avance du tiroir*, a été décrite, et ses effets ont été calculés par M. de Pambourg, d'une manière très-développée[1] ; je renverrai donc à son ouvrage pour tous les détails que l'on pourrait désirer sur ce sujet.

VIII. De la soupape de sûreté.

Chaque centimètre carré de surface de la soupape de sûreté, chargé d'un poids de $1^{kil},033$, ou, en nombre rond, d'un kilogramme, représente, ainsi que nous l'avons vu, une pression susceptible d'être utilisée, égale à celle qu'exerce l'atmosphère sur un piston au-dessous duquel on a fait le vide. Mais

---

[1] *Traité des locomotives*, **page 286.**

comme il faut toujours réserver, à l'ouverture des soupapes de sûreté, une certaine étendue, pour laisser à la vapeur une libre issue lorsqu'elle n'est pas utilisée, on est forcé, pour éviter de charger directement la soupape de poids trop embarrassants, d'employer un système de leviers ou de ressorts dont la combinaison représente, sur la soupape, une pression qui réponde à la tension sous laquelle on employe la vapeur.

Il est très-essentiel de bien déterminer l'étendue de la partie de la soupape de sûreté sur laquelle presse la vapeur, afin de la charger de poids qui indiquent bien exactement sa tension. Diverses causes, et entre autres la manière dont la soupape a été établie et rodée, peuvent faire singulièrement varier les résultats et induire en erreur, lorsque l'on n'a pas le soin ou la possibilité de vérifier les pressions en faisant usage d'un manomètre.

Supposons, en effet, que dans l'établissement d'une soupape de sûreté, la partie supérieure AB (pl. 6, fig. 35) soit la seule qui ait été rodée assez exactement pour contenir la vapeur; il est évident que si l'on compare le poids dont elle est chargée avec la surface du cercle qui aura AB pour diamètre, on ne commettra aucune erreur; mais si le contact a lieu seulement en CD (fig. 36), en laissant vers la partie supérieure AB un espace même insensible, le poids dont on aura chargé la soupape représentera, dans la chaudière, une pression supérieure au calcul que l'on aura établi, dans le rapport du carré de AB au carré CD.

A cet effet, il s'en ajoute un autre qui a été signalé, par M. Clément-Désormes, comme ayant occasionné l'explosion de plusieurs chaudières, et dont les circonstances présentent quelque analogie avec celles que je viens de signaler.

Pour mieux faire comprendre en quoi consiste le principe sur lequel repose l'observation qu'a faite M. Clément-Desormes, j'exagérerai à dessein la disposition dont il a indiqué le vice.

Supposons donc qu'une ouverture AB (pl. 6 , fig. 37) faite à une chaudière dans laquelle il se forme de la vapeur, soit recouverte par un disque dont le diamètre CD soit égal à 10 AB.

Tant que la vapeur n'aura pas dépassé la pression de l'atmosphère, le disque CD restera appliqué sur l'ouverture AB. La tension augmentant dans la chaudière, la vapeur finira par s'échapper en rayonnant tout autour du disque CD. Mais comme elle trouvera un espace plus grand à mesure qu'elle s'éloignera de l'ouverture AB, et que la grande vitesse dont elle était pourvue ne lui permettra pas de ralentir son mouvement en raison de l'augmentation d'étendue de cet espace, sa tension supérieure en A à celle de l'atmosphère, pourra lui devenir égale en un point x, et inférieure en C. Et si la soustraction de pression de la surface de la zone Cx est plus grande que l'excès de pression qui répond à la surface du cercle xx', la tension de la vapeur augmentera indéfiniment dans la chaudière, sans que le disque CD soit soulevé, et il pourra y avoir rupture et explosion.

Comme la température de la vapeur est liée à sa pression par des relations invariables, on a imaginé de munir les chaudières de plaques de métal, fusibles à la température qui répond à une pression qui ne doit pas être dépassée; on a de plus exigé que les chaudières fussent essayées par une pression qui excédât cinq fois celle à laquelle elles doivent travailler habituellement; mais ces mesures n'ont abouti qu'à soumettre les appareils à des épreuves qui les épuisent, et à les rendre impropres à résister à l'effort qu'ils peuvent avoir à faire dans des cas extraordinaires. S'il existe, au voisinage des rondelles de métal fusible, quelque légère perte de vapeur, et que cette vapeur, en se condensant, humecte le métal, il ne participe pas à la température de la masse, et ne peut entrer en fusion lorsque la vapeur a atteint la température qui devrait produire cet effet. Je crois d'ailleurs que les accidents qui arrivent dans les chaudières par suite d'une augmentation de pression successive et graduée, sont extrêmement rares; tous ceux dont j'ai ouï raconter les détails étaient dus à quelque cause particulière qui avait déterminé une production instantanée et considérable de vapeur, et toutes les soupapes de sûreté, et toutes les plaques fusibles n'auraient pu prévenir ni empêcher l'explosion. Je regarde donc l'intérêt particulier du chef d'établissement comme la sauve-garde la plus sûre pour éviter ces catastrophes; c'est à lui à ne pas rester étranger aux progrès des sciences qui peuvent guider sa pratique, et à faire choix d'hommes intelligents dont il puisse être compris, auxquels il puisse donner les instructions et faire les recommandations nécessaires, et qui n'oublient pas que la conservation de leur vie dépend de leur prudence et de leur vigilance.

IX. Du prix des machines.

J'ai insisté d'une manière toute particulière pour que les machines fussent construites dans les ateliers des compagnies, quelle que fût d'ailleurs l'importance des transports qu'elles dussent exécuter, par la raison qu'il était indispensable que les ouvriers destinés à les réparer fussent ceux-là même qui les ont construites. C'est ainsi que j'en ai agi sur le chemin de fer de Saint-Etienne, aussi longtemps que j'en ai gardé la direction. Je pense qu'il pourra être utile aux personnes qui se trouveront dans une position semblable, de connaître ce qu'il m'en coûtait pour faire établir une machine sur le modèle de celles que j'avais reçues d'Angleterre, et dont douze fonctionnent encore sur le chemin de fer de Saint-Etienne à Lyon. Je vais donc donner en détail les divers prix qui ont été payés aux ouvriers pour la façon, après avoir été discutés et arrêtés avec eux. J'y ajouterai tous les autres déboursés qui ont été faits pour mettre la machine en état de fonctionner sur les rails.

1° — 4 *Roues montées sur leurs essieux.*

	fr.	c.
Façon et fournitures de 4 roues en blanc, convenu avec le charron, à 30 fr. l'une. . .	120	»
4 Cercles en fer pesant, brut, 236 kil., à 63 fr. les 100 kil.	148	70
Forge et pose.	20	»
Tournage du bois et du fer des cercles. .	36	»
4 Cercles en fer, superposés aux premiers, 466 kil., à 63 fr.	293	60
Façon et pose.	40	»
Tournage.	84	»
4 Moyeux en fonte avec leurs couronnes. .	105	»
4 Frètes circulaires pour lesdits moyeux. .	15	»
168 Boulons et écrous pour l'assemblage des 4 roues.	40	»
Alésage et tournage des moyeux et cou- ronnes.	20	»
2 Essieux pesant 265 kil., à 63 fr. . . .	166	95
Tournage et ajustage des essieux. . . .	40	»
4 Tourillons ou boutons pour communi- quer le mouvement aux roues.	80	»
8 Cercles pour recevoir et assujettir les tourillons, fourniture, façon et mise en place.	124	»
Calage, perçage et assemblage des quatre roues sur leurs essieux.	5	»

                                                   1,338   25

2° — *Bâti armé de ses ferrures.*

	fr.	c.		
2 Pièces en chêne pour les sablières du bâti, façon comprise.	60	»		
Esplanade en chêne pour le machiniste. .	30	»		
6 Équerres en fonte pour supporter l'es- planade, 34 kil.	14	30	296	90
4 Bandages en fer pour armer les faces ho- rizontales du bâti, 321 kil., à 60 fr. . . .	192	60		
A reporter.	296	90	1,338	15

Report.	296	90	1,338	25

Ferrures pour accoupler la machine avec le tender, 150 kil., à 60 fr. . . . . . . — 90 »

Idem pour lier le foyer au bâti, 140 kil., à 60 fr.. . . . . — 84 »

Brides et équerres pour supporter le foyer, 200 kil., à 60 fr. . . . . — 120 »

66 Boulons pour armer le bâti et y fixer les pièces ci-dessus, 131 kil., à 60 fr. . . . — 78 60

4 Pièces en fonte pour lier la chaudière aux bâtis, 749 kil., à 40 fr. . . . . — 299 60

4 Colonnes en fonte pour supporter le parallélogramme, 94 kil., à 40 fr. . . . . . — 39 20

8 Plaques à oreilles pour embrasser les boîtes, 400 kil., à 42 fr. . . . . — 168 »

4 Boîtes pour le graissage, 73 kil.50, à 42 f.. — 30 85

4 Contreboîtes ou réservoirs d'huile, 30 k., à 40 fr.. . . . . — 12 »

Alésage des quatre boîtes . . . . . . — 8 »

4 Ressorts en acier, 200 kil., à 2 fr. . . — 400 »   1,627 15

3° — *Foyer.*

Charpente en fer servant de soutien au foyer, 200 kil., à 90 fr. . . . . — 180 »

Une planche en cuivre rouge, ceintrée pour le doublage intérieur du foyer, 221 kil., à 315 fr. . . . . — 696 15

Une *idem* droite pour *idem*, 114 kil. à 300 f. — 342 »

10 Feuilles tôle pour l'extérieur du foyer, 359 kil., à 92 fr. . . . . — 330 30

Une feuille en tôle pour le cendrier, 32 kil., à 80 fr. . . . . — 25 60

Rivets en cuivre, 37 kil., à 4 fr. . . . . — 148 »

Rivets en fer, 36 kil., à 1 fr. . . . . . — 36 »

Façon du foyer, 776 kil., à 90 fr. . . . . — 698 50

3 Portes en tôle, armées de gonds et coulisses, à 20 fr. . . . . — 60 »

17 Barreaux en fonte pour la grille, 246 k., à 35 fr. . . . . — 86 25   2,602 80

A reporter. 5,568 20

Report. 5,568 20

4° — *Chaudière et ses accessoires.*

	fr.	c.
Tôle pour la chaudière, façon comprise, 450 kil., à 180 fr.	710	»
Un fond de chaudière, *idem*, 36 kil., à 80 f.	28	80
Perçage des trous des tubes et du joint. .	31	20
Un fond de chaudière en cuivre rouge, 45 kil., à 325 fr.	146	25
Perçage et pose.	30	»
83 Tubes bouilleurs en cuivre jaune, 600 kil., à 290 fr.	1,740	»
Façon desdits pour soudage.	180	»
Soudure forte et rondelles pour ajustage. .	50	»
Tournage des tuyaux aux deux bouts. . .	63	»
500 Boulons pour l'assemblage des diverses parties de la chaudière, 89 kil., à 1 fr. .	89	»
Un réservoir pour la vapeur, en forme de cloche, qui surmonte la chaudière, 86 kil., à 40 fr.	34	40
Une calote en fonte formant la partie inférieure de la cheminée, percée et ajustée, 171 kil., à 57 fr.	97	45
Une cheminée en tôle.	30	»
Une boîte de distribution pour introduire la vapeur dans le cylindre, 40 kil., à 57 fr. .	22	80
2 Soupapes de sûreté, prêtes à être mises en place, 10 kil.50, à 5 fr. 20 c.	54	60
2 Robinets en bronze pour indiquer le niveau de l'eau dans la chaudière, 2 kil., à 5 fr. 20 c.	10	40
Plomb pour la charge de la soupape de sûreté, 16 kil., à 1 fr. 50 c.	12	»

3,329 90

5°—2 *Cylindres et leurs accessoires.*

2 Cylindres pesant ensemble 370 kil., à 57 f.	210	90
2 Couvercles et deux fonds, tournés et percés, 67 kil.50, à 57 fr.	38	45
2 Pistons, *idem*, 41 kil., à 47 fr. . . .	19	25

A reporter. . . . 268 60   8,898 10

Report. . . .	268	60	8,898	10

2 Chapelles ou recouvrement de tiroir, avec leurs portes percées et ajustées, 102 kil., à 57 fr. . . . . — 58 15 (fr. c.)

4 Ressorts en hélice, en bronze, pour garniture de piston, tournés et ajustés, 15 kil.50, à 6 fr. . . . . — 93 »

2 Grands stuphembox et 2 douilles pour cylindre, tournés et ajustés, 8 kil., à 5 f. 20 c. — 41 60

3 Petits stuphembox pour les chapelles et la soupape de distribution de la vapeur, tournés et ajustés, 3 kil.50, à 5 fr. 20 c.. . . . — 18 20

2 Tiroirs pour la distribution de la vapeur, ajustés, 4 kil.50, à 5 fr. 20 c. . . . . . — 23 40

6 Paires de coussinets : 4 pour les arbres des tiroirs, et 2 pour l'arbre de communication du mouvement de la mise en train, 9 kil.50, à 5 fr. 20 c.. . . . . — 49 40

2 Guides pour la tige des tiroirs, 2 kil., à 5 fr. 20 c. . . . . — 10 40

2 Corps de pompe alimentaire, 26 kil., à 5 fr. 20 c. . . . . — 135 20

2 Stuphembox pour lesdites, 4 kil., à 5 fr. 20 c. . . . . — 20 80

2 Porte-soupapes avec soupapes pour la tige des tiroirs, tournés, limés, ròdés et ajustés, 7 kil.,50, à 5 fr. 20 c. . . . . — 39 »

2 Robinets droits pour la communication avec l'eau froide, 3 kil., à 5 fr. 20 c. . . . — 15 60

2 Robinets pour la communication avec l'eau chaude, 3 kil.25, à 5 fr. 20 c. . . . . — 16 90

Tuyaux d'aspiration et de refoulement du soufflage à la vapeur, y compris la façon, 33 kil.50, à 4 fr. . . . . — 134 » | 924 25

6°—*Communication de mouvement.*

Fer brut de divers échantillons pour la confection des pièces dont le détail suit, 1,100 kil., à 66 fr. . . . . — 660 »

Main-d'œuvre pour forge desdites pièces, 1,100 kil., à 40 fr. . . . . — 440 »

A reporter.	1,100	»	9,822	35

Report.	1,100 »	9,822 35
Tournage, *idem.*	400 »	
2 Balanciers, limés et ajustés, à 30 fr. . .	60 »	
8 Chapes de parallélogramme, limées et ajustées, à 5 fr.	40 »	
8 *Idem* plus petites, à 3 fr. 75 c. . . .	30 »	
8 Douilles de parallélogramme, à 5 fr. .	40 »	
2 Tiges de tiroir avec leurs leviers, et arbre transversal, à 12 fr.	24 »	
Communication de mouvement pour régler la vapeur, leviers, poignées, douilles, etc. . .	53 »	
4 Fléaux de parallélogramme, à 9 fr. . .	36 »	
2 Excentriques, tout montés, à 6 fr. . .	12 »	
2 Cylindres montés, à 90 fr.	180 »	
2 Pistons montés, à 6 fr. 25 c.	12 50	
2 Pistons alésés, à 9 fr.	18 »	
2 Cylindres alésés, à 30 fr.	60 »	
12 Têtes de bielles, à 25 fr.	300 »	
4 Paires de grands coussinets en bronze pour les douilles du parallélogramme, 21 kil. 50, à 5 fr. 20 c.	111 80	
4 *Idem* pour les bielles verticales, 8 kil., à 5 fr. 20 c.	41 60	
4 *Idem* petits pour *idem*, 4 kil. 25, à 5 fr. 20 c.	22 10	
4 *Idem* pour les bielles horizontales, 4 kil. 25, à 5 fr. 20 c.	22 10	
		2,573 10

7° — *Montage général.*

Ajustage des soupapes de sûreté des appareils de distribution de la vapeur et du régulateur.	225 »	
Mise en place des diverses pièces de la machine, pour les ouvriers monteurs et ajusteurs.	1,200 »	
Pour le travail de forge relatif au même objet.	200 »	
Charbon pour la forge.	100 »	
A reporter.	1,725 »	12,395 45

Report.	1,725 »	12,395 45
Outils, limes, acier pour burins, crochets, cuir, etc..	200 »	
Frais de surveillance et location de l'atelier.	300 »	
	2,225 »	
A déduire, diverses rognures de cuivre. .	300 »	
		1,925 »
TOTAL GÉNÉRAL.		14,320 45

Il faudrait encore ajouter à ce prix celui du tender ou chariot d'approvisionnement pour l'eau et le coke. Ceux que j'ai fait construire revenaient, tout compris, à 1000 fr. ; mais leur forme, imitée de M. Stewenson, a été abandonnée et remplacée par une autre plus commode, plus solide, et d'un prix beaucoup plus élevé.

Ces prix se rapportent à des machines construites sur le premier système adopté par M. Stewenson. Elles diffèrent de celles qui sont généralement employées aujourd'hui, en ce que les deux cylindres sont placés verticalement de chaque côté de la chaudière. Le mouvement communiqué aux pistons par la vapeur, est transmis aux roues au moyen de longues bielles qui mettent en communication le balancier placé au bout de la tige du piston avec des boutons fixés à la moitié de la longueur de l'un des rayons de chaque roue.

Cette disposition ne se prête pas aussi bien à un mouvement rapide que les dernières machines qui ont été livrées à l'industrie par divers constructeurs. Dans celles-ci, les cylindres sont placés horizonta-

lement au-dessous de la chaudière, et le mouvement est communiqué directement de la tige du
piston à la manivelle d'un arbre coudé, sur lequel
sont établies les roues, ce qui simplifie beaucoup
le mécanisme; mais les résultats, considérés relativement à la quantité de travail obtenu, et du prix
auquel reviennent les transports, ne diffèrent pas
beaucoup; les deux systèmes sont employées concurremment sur le chemin de fer de Saint-Etienne.

Voici l'état du travail de ces diverses machines,
du 1er mai au 31 octobre 1838 :

MACHINES A MOUVEMENT VERTICAL.

NUMÉROS de la machine.	NOMBRE de tubes bouilleurs.	DISTANCES parcourues en kilomètres.	QUANTITÉS de wagons remorqués.	QUANTITÉ DE COKE consommé par wagon et kilomètre.
1	65	13,776	9,665	1,65
2	57	10,924	7,334	1,85
3	43	12,802	8,456	1,72
4	43	7,971	5,114	2,03
5	43	9,988	6,876	1,75
6	49	15,691	10,612	1,75
7	49	3,053	2,092	1,86
8	43	8,509	5,479	1,79
9	49	15,487	10,315	1,68
10	82	11,426	8,111	1,68
11	82	10,372	6,914	1,72
12	82	679	556	1,79
		120,678	81,504	21,27
Moyennes. .		10,056	6,792	1,77

MACHINES A MOUVEMENT HORIZONTAL.

NUMÉROS de la machine.	NOMBRE de tubes bouilleurs.	DISTANCES parcourues en kilomètres.	QUANTITÉS de wagons remorqués.	QUANTITÉ DE COKE consommé par wagon et kilomètre.
13	82	11,990	6,550	2,05
14	107	7,156	5,929	1,88
15	107	15,574	8,521	1,87
16	82	14,137	9,112	1;60
		48,837	27,892	7,40
Moyennes. .		12,209	6,973	1,85

Le genre de machines que l'on emploie doit être subordonné, ainsi que je l'ai déjà fait remarquer, à la nature du service auquel elles sont destinées, et aux habitudes de ceux qui sont appelés à les diriger. Rien n'est plus aisé que de modifier le système des machines, de manière à les rendre lourdes ou légères, propres à entraîner des fardeaux considérables avec peu de vitesse, ou à franchir de grands espaces avec une extrême rapidité. Dans ces diverses circonstances, l'adhérence des roues sur les rails, l'entretien de la machine, la consommation de combustible, etc., éprouvent des variations qui toutes doivent être prises en considération dans le choix d'un système de moteurs.

X. Des ouvriers machinistes.

On ne saurait trop, lorsque l'on importe une industrie là où auparavant elle n'existait pas, se hâter de former la population dont on est environné, et de faire prendre aux classes ouvrières des habitudes qui soient en rapport avec les nouveaux services que l'on a intention d'exiger d'elles. J'ai toujours remarqué qu'il y a les plus graves inconvénients à attirer des ouvriers étrangers en même temps que l'on déplace les industries. Il est bien rare que ceux qui se décident à abandonner leur pays ne soient pas mus par l'appât du salaire, qu'on est toujours obligé de leur offrir plus élevé que celui qu'ils recevaient. Ordinairement aussi, ce sont ceux auxquels le manque de conduite ou de talent ne permet pas d'aspirer, dans les lieux où ils sont connus, au même traitement que les autres; en sorte que l'on finit toujours, en définitive, par avoir les plus mauvais ouvriers, que l'on paie aussi cher, et souvent même plus cher que les meilleurs des ateliers d'où on les a tirés.

Ces ouvriers sont souvent extrêmement jaloux de leur savoir; ils souffrent avec peine les jeunes gens que l'on met auprès d'eux afin de les initier dans leur art, et de les mettre en état de remplacer plus tard leurs maîtres. Ces jeunes gens, dans tous les cas, s'autorisent de la paye de ces maîtres pour élever leurs prétentions et exiger d'être salariés à l'égal de ceux dont ils partagent le travail. Les vices et les mauvaises habitudes qui sont la suite de toutes les grandes réunions d'ouvriers, s'introduisent dans le nouvel atelier dès son origine, et y portent les germes de mécontentement et d'insubordination, qu'il est ensuite si difficile de contenir.

Il vaut mieux, lorsqu'il y a possibilité de le faire, dresser des jeunes gens intelligents à conduire, à réparer et à construire les machines. L'obligation où l'on est toujours d'élever des ateliers dès la mise à exécution de toute grande entreprise, donne au chef la facilité de faire choix, pour les destiner à ces emplois, de jeunes ouvriers qui, par leur capacité, leur zéle, leur bonne conduite, sont dignes de cette distinction. Il est aisé de leur faire comprendre tout l'avantage qui résulte pour eux de lier leur sort à celui d'une entreprise naissante, qui n'exige d'eux aucun sacrifice pour leur apprentissage, et qui a intérêt à leur faire acquérir une industrie qui leur offrira tous les avantages des professions les mieux rétribuées.

De cette manière, on peuple les ateliers de jeunes garçons chez lesquels se manifeste le goût de la mécanique, en les nourrissant de l'espérance de les préposer plus tard à la direction des machines qui se confectionnent sous leurs yeux. A mesure qu'une machine sort de l'atelier, celui qui est choisi pour en devenir le conducteur, commence ses essais

32

avec elle, et finit très-promptement par se mettre en état de la diriger aussi bien que pourraient le faire les ouvriers les plus expérimentés.

Les enfants peuvent être élevés dans cette carrière dès leur bas-âge; ils commencent par devenir chauffeurs; ils passent de là aux ateliers pour se mettre au fait de la construction et de la réparation, et en sortent pour conduire les machines. C'est ainsi que j'en ai agi sur le chemin de fer de Saint-Etienne, et la compagnie en éprouve aujourd'hui les heureux effets. Elle a à sa disposition une masse d'ouvriers actifs, intelligents, dévoués à son service, et dont elle n'est pas obligée de tenter la cupidité par des salaires exagérés, afin de les retenir à son service.

FIN.

TABLE DES MATIÈRES.

CHAPITRE IV.

DE L'EXCÈS DE RÉSISTANCE QUE LES COURBES OPPOSENT A LA MARCHE DES CONVOIS.

CHAPITRE V.

DES TRAVAUX D'ART.

CHAPITRE VI.

DES WAGONS.

FIN DE LA TABLE.

Fig. 1.

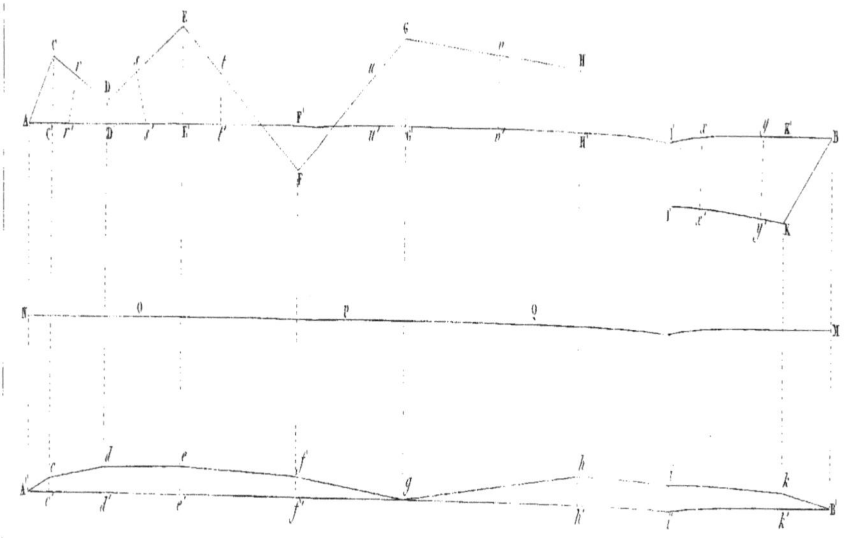

Fig. 2.

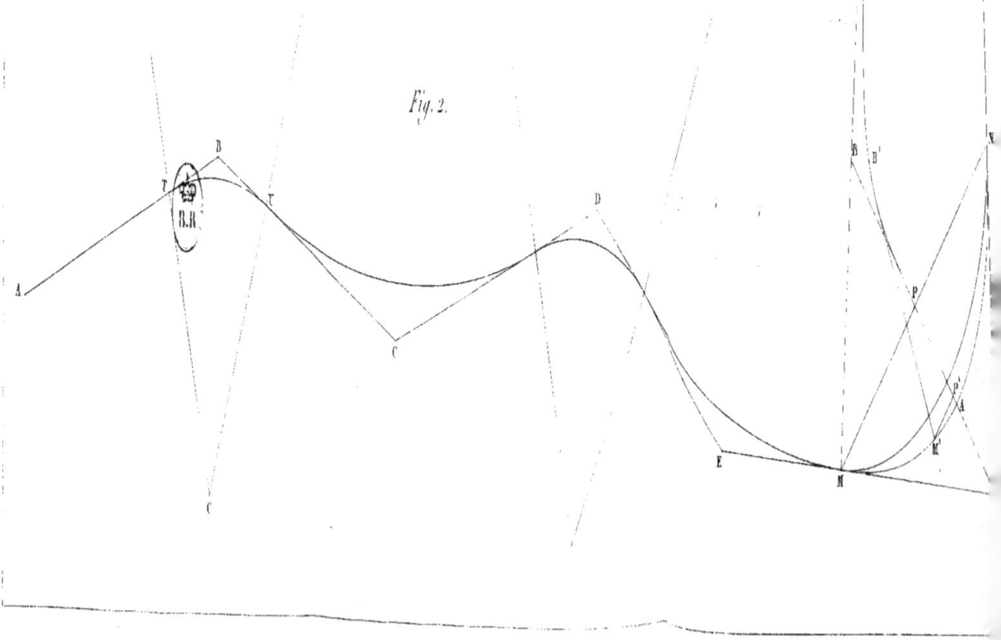

Pl. 2.

Fig. 3.

Fig. 5.

Fig. 4.

Fig. 6.

Fig. 8.

Fig. 7.

Fig. 9.

Fig. 10.

Fig. 11.

Fig. 12.

Fig. 13.

Fig. 14.

Fig. 15.

Fig. 23.

Fig. 22.

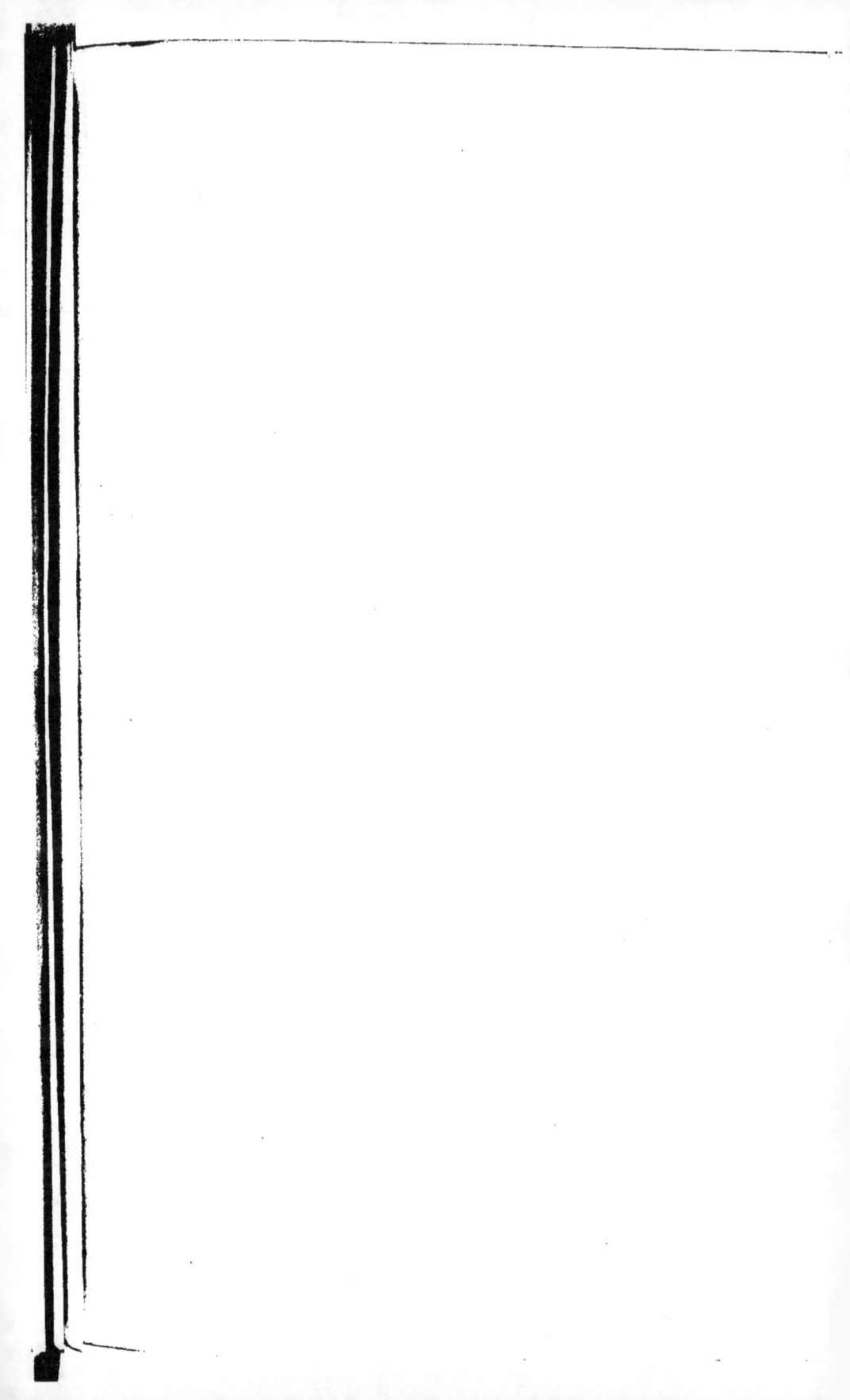

Fig.16.

Fig.17.

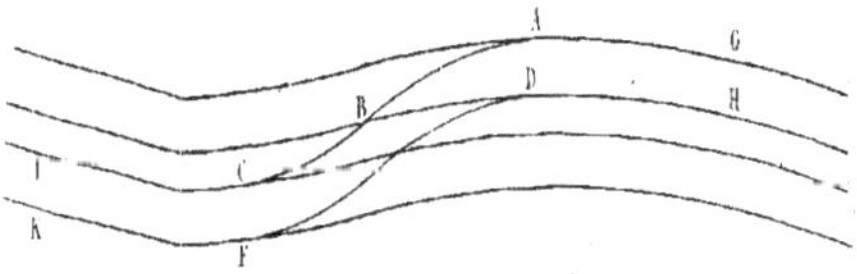

Fig.18.

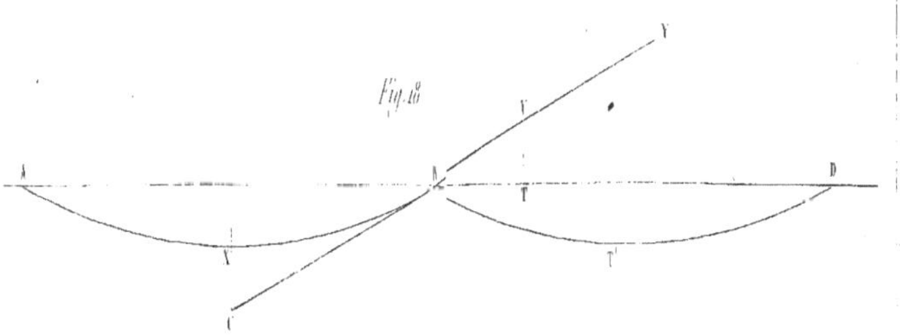

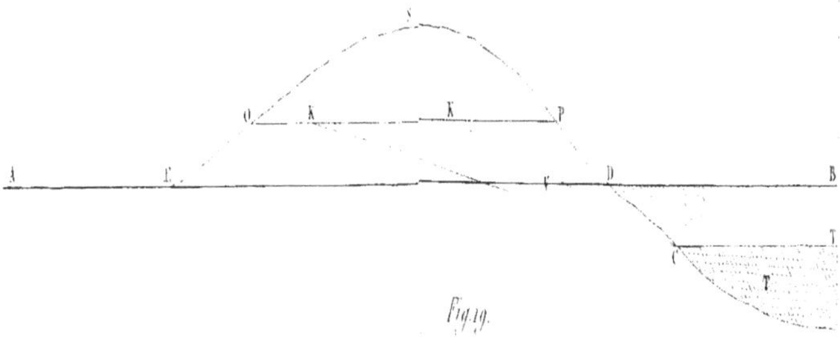

Fig.20.

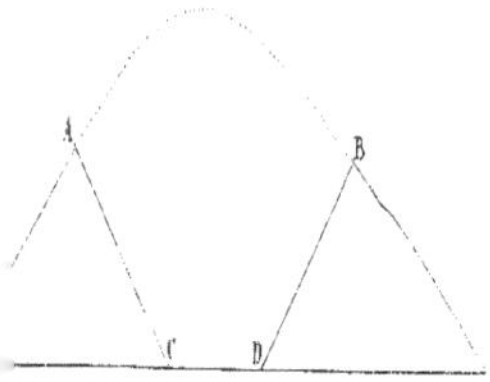

Fig.19.

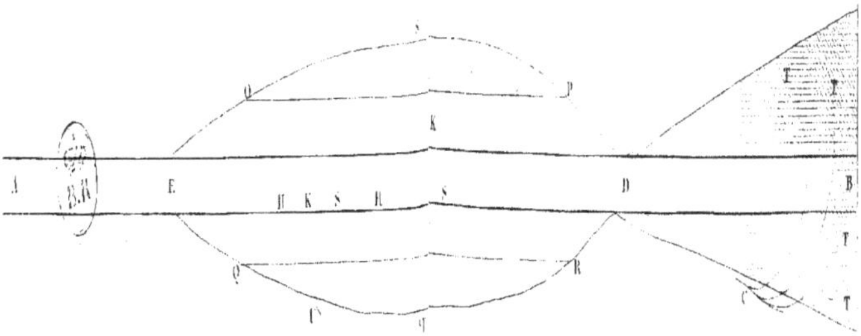

V

Fig. 26.

Fig. 3o.

Fig. 29.

Fig. 3o.

Fig. 24.

Fig. 25.

Fig. 27.

Fig. 28.

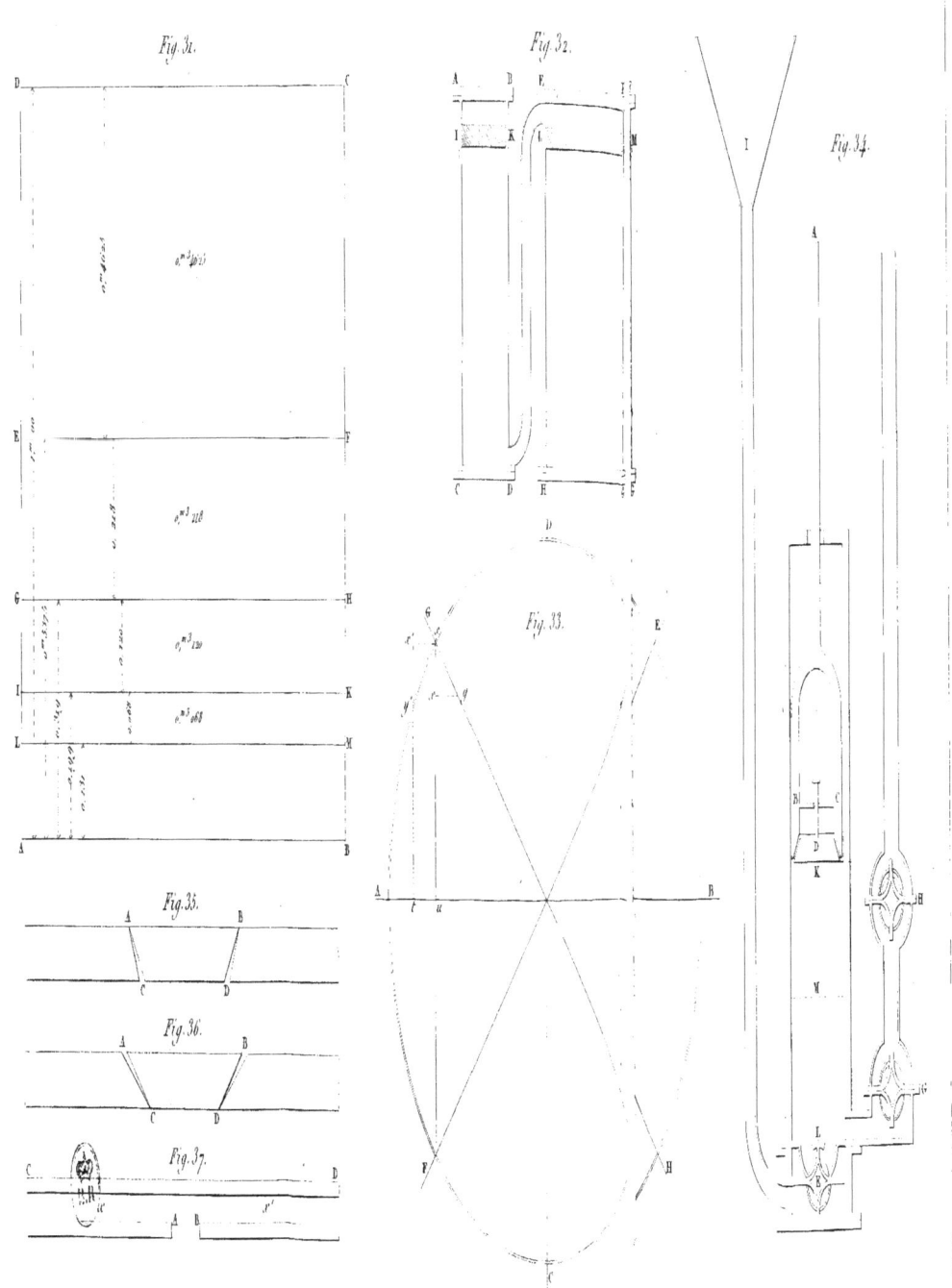

Fig. 31.

Fig. 32.

Fig. 33.

Fig. 34.

Fig. 35.

Fig. 36.

Fig. 37.